JN281695

詳しく学ぶ 電気回路
― 基礎と演習 ―

工学博士　南谷　晴之
博士(工学)　松本　佳宣
共著

コロナ社

まえがき

　「電気回路」理論は，電磁気学とともに電気工学，電子工学の基礎をなすものであり，習得した知識は，種々の電気・電子機器，計測・制御装置などを設計したり，製作したり，操作したりする場合に大いに役立つ。その分野の技術者，研究者になるには必ず知っておかなければならない学問である。また，応用物理学，機械工学，情報通信工学，最近では医用工学，生体工学などの新しい分野を学ぶ者にとっても「電気回路」の基礎を理解しておくことは，重要なことである。一方，「電気回路モデル」という言葉が，よく使われるようになってきたことは，「電気回路」理論が，普遍的かつ単純な数理的記述で表され，他の分野にも応用可能であることを示している。

　本書は，おもに大学の理工学系基礎科目である「電気回路基礎」や「電気回路演習」を学ぶ者を対象に著したものであるが，電気電子工学の専門分野だけでなく，他の分野へ進む者にとっても電気回路理論の考え方や取扱い方を十分に理解できるように配慮して執筆した。重要なことは，例題や演習問題を通して，実例を解くことであり，それなくしては真の理解に至らない。本書では，難易度の低いものから高いものまで多くの例題と演習問題を用意し，また，詳細な解答を付け加えることによって，理解を助け，学習効果が上がるように配慮した。ぜひ，全問解答されることを奨める。

　本書の構成について簡単に触れておく。1章では電気回路の基本素子である抵抗の性質とオームの法則，コイルとコンデンサの性質，電圧源と電流源の働きについて説明する。2章では電気回路理論で最も重要なキルヒホッフの法則と回路内の電圧と電流の取扱いについて説明する。3章ではキルヒホッフの電圧則と電流則を使ったいろいろな回路方程式の立て方と解き方を説明する。4章では電気回路における諸定理を説明し，それぞれの特徴と応用について述べ

る。5章では回路状態が突然に変化したときの過渡現象について説明し，微分方程式の解の求め方，初期値の取扱い，現象の時間領域解析について述べる。6章は回路の過渡状態を複数の状態変数で表す状態微分方程式の求め方とその連立1階微分方程式の解き方について説明する。7章では正弦波定常状態における交流回路の電圧と電流の関係，その記述理論であるフェーザ法の取扱いについて説明し，インピーダンスとアドミタンスの性質，正弦波交流の電力と実効値の求め方，三相交流の取扱いについて詳述する。8章では結合回路素子である相互インダクタンスと従属電源の性質，ならびに従属電圧源と電流源の取扱いについて説明する。9章では二端子対回路の特性と各種パラメータの意味と求め方，さらに二端子対回路の信号伝送特性とその応用としてのフィルタ特性について説明する。10章では9章までの集中定数回路とは異なり，分布定数回路の特性について説明し，分布定数回路の基礎方程式の導き方，いろいろな種類の分布定数線路の特性，正弦波定常状態における分布定数線路の特性や共振などについて述べる。付録では，回路の微分方程式を解くうえで重要なラプラス変換と逆ラプラス変換について簡単に説明し，よく使われる関数の変換例を表にまとめた。

　最後に本書の上梓に当たり，大変お世話になったコロナ社各位に深謝する次第である。

2005年2月

南　谷　晴　之
松　本　佳　宣

目　　次

1. 電気回路と回路素子の性質

1.1 電気回路とは …………………………………………………………… *1*
1.2 抵抗の性質とオームの法則 …………………………………………… *2*
　1.2.1 抵抗とコンダクタンス ………………………………………… *2*
　1.2.2 抵抗で消費する電力 …………………………………………… *3*
　1.2.3 抵抗の接続 ……………………………………………………… *4*
1.3 コンデンサの性質 ……………………………………………………… *6*
　1.3.1 コンデンサと容量 ……………………………………………… *6*
　1.3.2 コンデンサに蓄えられるエネルギー ………………………… *7*
　1.3.3 コンデンサの接続 ……………………………………………… *9*
1.4 コイルの性質 …………………………………………………………… *10*
　1.4.1 コイルとインダクタンス ……………………………………… *10*
　1.4.2 コイルに蓄えられるエネルギー ……………………………… *11*
　1.4.3 インダクタンスの接続 ………………………………………… *12*
1.5 電源の種類と働き ……………………………………………………… *14*
　1.5.1 電　圧　源 ……………………………………………………… *14*
　1.5.2 電　流　源 ……………………………………………………… *16*
　1.5.3 電源の変換 ……………………………………………………… *16*
演　習　問　題 ……………………………………………………………… *18*

2. キルヒホッフの法則

2.1 キルヒホッフの電流則 ………………………………………………… *21*

2.2 キルヒホッフの電圧則 …………………………………… 24
演 習 問 題 ……………………………………………………… 26

3. 回 路 方 程 式

3.1 節点方程式 ………………………………………………… 28
3.2 網路方程式 ………………………………………………… 31
3.3 閉路方程式 ………………………………………………… 33
演 習 問 題 ……………………………………………………… 35

4. 電気回路における諸定理

4.1 重ね合わせの理 …………………………………………… 37
4.2 テブナンの定理 …………………………………………… 40
4.3 ノートンの定理 …………………………………………… 43
4.4 補 償 の 定 理 ……………………………………………… 45
4.5 相 反 定 理 ………………………………………………… 46
4.6 双 対 の 理 ………………………………………………… 49
演 習 問 題 ……………………………………………………… 52

5. 基本回路の過渡現象

5.1 1階微分方程式で表される回路 …………………………… 54
  5.1.1 RC 回路の過渡現象 …………………………………… 54
  5.1.2 RC 直列回路の過渡現象 ……………………………… 56
  5.1.3 RL 回路の過渡現象 …………………………………… 61

5.2　2階微分方程式で表される RLC 回路の過渡現象 ……………………64
5.3　微分方程式の解法 ……………………………………………………72
　5.3.1　1階線形微分方程式の解法 ………………………………………72
　5.3.2　2階線形微分方程式の解法 ………………………………………74
演　習　問　題…………………………………………………………………76

6.　状態変数と状態微分方程式

6.1　状態変数と状態微分方程式 ………………………………………………78
6.2　状態微分方程式の解法 ……………………………………………………81
6.3　状態遷移行列の求め方 ……………………………………………………84
　6.3.1　ケーリー・ハミルトンの定理を用いる方法 ………………………84
　6.3.2　ラプラス変換を用いる方法 …………………………………………88
6.4　状態微分方程式の解の求め方 ……………………………………………89
　6.4.1　ケーリー・ハミルトンの定理を用いる方法 ………………………89
　6.4.2　ラプラス変換を用いる方法 …………………………………………91
演　習　問　題…………………………………………………………………92

7.　交流回路と正弦波定常状態の解析

7.1　正弦波交流とフェーザ法 …………………………………………………94
7.2　インピーダンスとアドミタンス …………………………………………100
7.3　正弦波定常状態における電力 ……………………………………………102
7.4　正弦波電圧と電流の実効値 ………………………………………………105
7.5　共　振　回　路 ……………………………………………………………107
7.6　三　相　交　流 ……………………………………………………………111
　7.6.1　三相起電力の発生 ……………………………………………………111

7.6.2 三相起電力の結線と負荷の結線 ……………………………… 112
7.6.3 三相交流の電力 ……………………………………………… 117
7.6.4 回転磁界 ……………………………………………………… 119
演習問題 ……………………………………………………………… 119

8. 結合回路素子の特性

8.1 相互インダクタンス ……………………………………………… 122
  8.1.1 相互インダクタンスの性質 …………………………………… 122
  8.1.2 相互インダクタンスを含む回路 ……………………………… 124
  8.1.3 相互インダクタンスの直列・並列接続 ……………………… 127
8.2 従属電源 …………………………………………………………… 129
演習問題 ……………………………………………………………… 132

9. 二端子対回路

9.1 二端子対回路 ……………………………………………………… 134
  9.1.1 インピーダンス行列と Z パラメータ ……………………… 134
  9.1.2 アドミタンス行列と Y パラメータ ………………………… 140
  9.1.3 伝送行列と伝送パラメータ …………………………………… 143
9.2 二端子対回路の接続 ……………………………………………… 146
  9.2.1 縦続接続 ………………………………………………………… 146
  9.2.2 並列接続 ………………………………………………………… 149
  9.2.3 直列接続 ………………………………………………………… 152
9.3 影像パラメータと二端子対回路の信号伝送 …………………… 153
  9.3.1 影像インピーダンス …………………………………………… 153
  9.3.2 信号伝送と影像パラメータ …………………………………… 155
9.4 フィルタ …………………………………………………………… 157
  9.4.1 フィルタの特性 ………………………………………………… 157

9.4.2　低域通過フィルタ ·· 159
9.4.3　高域通過フィルタ ·· 162
演　習　問　題 ·· 163

10. 分 布 定 数 回 路

10.1　分布定数回路の基礎方程式 ··· 166
10.2　特性インピーダンスと反射係数 ·· 169
10.3　無損失無限長線路の特性 ··· 173
10.4　反射のある無損失線路の波動伝搬特性 ································· 174
10.5　損失のある分布定数線路の特性 ··· 179
10.6　正弦波定常状態における分布定数線路の回路特性 ················· 182
　10.6.1　基本方程式 ·· 182
　10.6.2　反射のない分布定数線路の特性 ···································· 185
　10.6.3　反射のある分布定数線路の特性 ···································· 188
　10.6.4　線路の共振 ·· 190
演　習　問　題 ·· 192

付　　　　録 ··· 195
引用・参考文献 ··· 198
演 習 問 題 解 答 ·· 199
索　　　　引 ··· 220

1章 電気回路と回路素子の性質

この章では電気回路に使われる抵抗，コンデンサ，コイルなどの基本的な回路素子の性質ならびに回路素子で消費されるエネルギーや蓄えられるエネルギーについて考える。また，電源の種類と働きについて考え，回路素子に流れる電流と電圧の関係を調べる。

1.1 電気回路とは

電流の流れる道筋を**電気回路**，または単に**回路**という。回路に乾電池などの電源を接続すると電荷の移動が起こり，電流が流れて，回路の一部に電圧が生じる。**電気回路理論**は，回路内の電流や電圧の関係を記述する理論であり，電気製品や電子機器の仕組みを理解するうえで必ず必要となる。また，機械力学，流体力学などの物理現象や生体内の生理現象を数理的に取り扱うときにも電気回路モデルとして解析すると理解しやすい。

例えば，ばねにおもりをつけて力を加えて振らせたとき，おもりの周囲の摩擦抵抗，ばねの柔らかさ，おもりの重さによって，おもりの動きと力の関係は変化するが，これらは抵抗，コンデンサ，コイルを接続した回路内の電流と電圧の関係によく似た振る舞いをする。また，血管やゴム管のような弾性管中を流体が流れ，管内の圧力がどのように変化するかは，圧力を電圧に，流れを電流に例えると理解しやすい。生物の神経線維を伝わる電気インパルスの伝導現象も，抵抗，コンデンサ，コイルが分布している線路上を電圧あるいは電流が伝導していく様子として電気回路モデルを使って解くことができる。これら電

気回路内の電流と電圧の関係を示す基本法則がオームの法則とキルヒホッフの法則である。

1.2 抵抗の性質とオームの法則

1.2.1 抵抗とコンダクタンス

物体には電気の流れやすいものとそうでないものとがある。電流は物体中の電荷の移動によるものであり，負の電荷（電子や陰イオン）が移動する場合と正の電荷（正孔や陽イオン）が移動する場合がある。このような電気を運ぶ担い手を電荷担体（キャリヤ）といい，電気の流れやすさは電荷の動きやすさ（易動度または移動度）と電荷担体の数に依存し，導体，半導体，絶縁体に分類できる。いま，**図 1.1** に示すような電気を導きやすい物体（導体）中を電荷 q が移動して電流 i が流れる場合を考える。

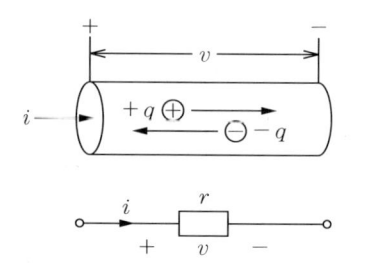

図 1.1 線状導体と抵抗の記号

電流は，導体の断面を単位時間に通過する電荷量

$$i = \frac{dq}{dt} \tag{1.1}$$

と定義され，毎秒1クーロン[C]の電荷が通過するとき1アンペア[A]の電流が流れているという。電荷を移動させるためには導体の両端に電位差，すなわち電圧 v ボルト[V]を加える必要があり，このとき，流れる電流 i は一般に v の関数として表される。両者は比例して

$$i = \frac{v}{r} = gv \quad \text{または} \quad v = ri \tag{1.2}$$

で表される。r は電気抵抗，または単に**抵抗**といい，単位は $[V/A]$ の代わりに**オーム** $[\Omega]$ を用いる．1オームとは，1ボルトの電位差のもとで1アンペアの電流が流れたときの抵抗値である．また，g を**コンダクタンス**といい，単位は**ジーメンス** $[S]$ を用いる．抵抗 r とコンダクタンス g をそれぞれ R と G で表すこともある．

一方，抵抗 r に電流 i が流れると，抵抗の両端に電位差 v が生じ，v と i の関係は，同様に $v = ri$ または $i = gv$ となる．電位差は電流の上流側がプラス，下流側がマイナスである．以上の関係を**オームの法則**という．本書では，以後，電位差をすべて電圧ということにする．

1.2.2 抵抗で消費する電力

つぎに抵抗で消費する電力について考えてみる．電圧，電流を時間的に変化する場合も含めて $v(t)$，$i(t)$ で表すと，瞬時電力 $p(t)$ は

$$p(t) = v(t) i(t) = ri^2(t) = gv^2(t) \tag{1.3}$$

である．電力の単位はワット $[W]$ であり，単位時間当りの仕事量に等しい．1ワットは1ジュール/秒であり，その仕事量は導体の中で熱に変換される．

ここで，r オームの抵抗に電圧 $v(t) = V \cos \omega t$ を加えたとき，この抵抗に流れる電流 $i(t)$ と消費する電力 $p(t)$ の平均値（平均電力）を求めてみよう．r に流れる電流 $i(t)$ は

$$i(t) = \frac{V}{r} \cos \omega t \tag{1.4}$$

であるので瞬時電力は

$$p(t) = v(t) i(t) = \frac{V^2}{r} \cos^2 \omega t = \frac{V^2}{2r} (1 + \cos 2\omega t) \tag{1.5}$$

$p(t)$ の平均値 P_a は $p(t)$ の一周期にわたる積分値を周期 T で割って求め

$$P_a = \frac{1}{T} \int_0^T p(t) \, dt = \frac{V^2}{2r} \tag{1.6}$$

となる．平均値は瞬時電力 $p(t)$ の定数項で表される．

例題 1.1 r オームの抵抗の両端に図 1.2 に示すような電圧 $v(t)$ を加えた。r で消費する平均電力を求めよ。

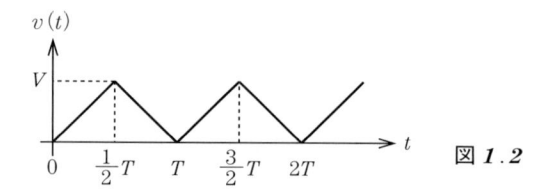

図 1.2

解答 図中の $t=0$ から $T/2$ までの電力の平均を求めればよい。$0 \leq t \leq T/2$ では

$$v(t) = \frac{2V}{T}t, \qquad i(t) = \frac{2V}{rT}t$$

であるから

$$p(t) = v(t)\,i(t) = \frac{4V^2}{rT^2}t^2$$

$$\therefore\quad P_a = \frac{1}{T/2}\int_0^{T/2} p(t)\,dt = \frac{2}{T}\int_0^{T/2} \frac{4V^2}{rT^2}t^2\,dt = \frac{V^2}{3r}$$

1.2.3 抵抗の接続

図 1.3 のように複数の抵抗を直列に接続したとき，全体の抵抗（合成抵抗ともいう）r とコンダクタンス g は

$$v = r_1 i + r_2 i + \cdots + r_n i = (r_1 + r_2 + \cdots + r_n)\,i \tag{1.7}$$

より

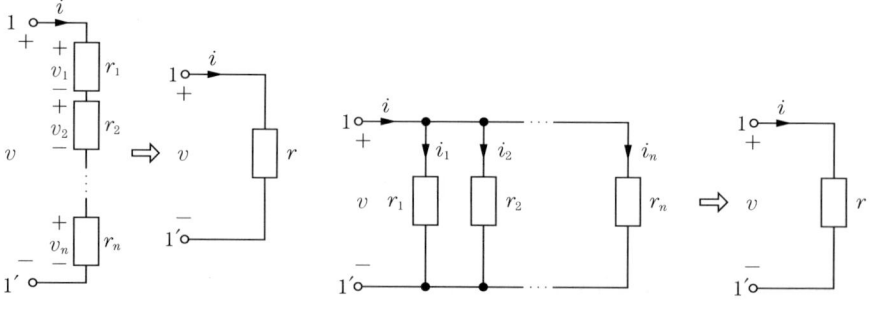

図 1.3 抵抗の直列接続　　　図 1.4 抵抗の並列接続

$$r = \frac{v}{i} = r_1 + r_2 + \cdots + r_n \tag{1.8}$$

$$\frac{1}{g} = \frac{1}{g_1} + \frac{1}{g_2} + \cdots + \frac{1}{g_n} \tag{1.9}$$

すなわち，直列接続したときの全体の抵抗は各抵抗の和に等しく，コンダクタンスの逆数は各コンダクタンスの逆数の和で表される。

一方，図 **1**.4 のように複数の抵抗を並列に接続したとき，全体の抵抗 r とコンダクタンス g は

$$i_1 = \frac{v}{r_1}, \ i_2 = \frac{v}{r_2}, \ \cdots, \ i_n = \frac{v}{r_n} \tag{1.10}$$

$$i = i_1 + i_2 + \cdots + i_n = \left(\frac{1}{r_1} + \frac{1}{r_2} + \cdots + \frac{1}{r_n}\right)v \tag{1.11}$$

$$\frac{1}{r} = \frac{i}{v} = \frac{1}{r_1} + \frac{1}{r_2} + \cdots + \frac{1}{r_n} \tag{1.12}$$

$$g = g_1 + g_2 + \cdots + g_n \tag{1.13}$$

すなわち，並列接続したときの全体の抵抗の逆数は各抵抗の逆数の和に等しく，コンダクタンスは各コンダクタンスの和となる。

例題 1.2 図 **1**.5 に示す回路の全抵抗を求めよ。

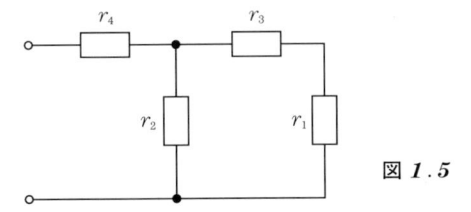

図 **1**.5

解　答　回路左側の二つの抵抗 r_1 と r_3 の合成抵抗 r' を求め，つぎにその値と r_2 の並列接続の合成抵抗 r'' を求める。最後にその値と r_4 の合成抵抗 r（全抵抗）を求める。

$$r' = r_1 + r_3, \qquad r'' = \frac{r' r_2}{r' + r_2}$$

$$r = r_4 + r'' = r_4 + \frac{(r_1 + r_3) r_2}{r_1 + r_2 + r_3}$$

1.3 コンデンサの性質

1.3.1 コンデンサと容量

2枚の電極で絶縁物（誘電体）をはさみ込んだもの，いい換えれば，たがいに絶縁された二つの電極（導体）間に電圧 v を加えると，導体にはそれぞれ $+q$，$-q$〔C〕の電荷が帯電する。このような電荷を蓄える素子を**コンデンサ**（または**キャパシタ**）といい，**図 1.6** の記号で表される。このとき，q は v に比例して

$$q = Cv \tag{1.14}$$

と表される。比例定数 C はコンデンサの容量（静電容量，電気容量，キャパシタンスともいう）といい，単位は**ファラド**〔F〕である。

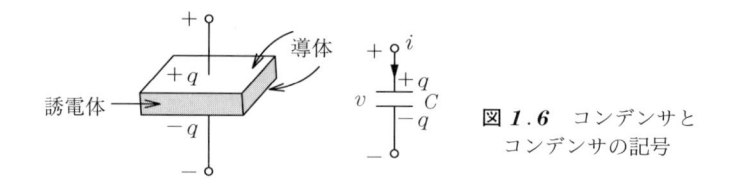

図 1.6 コンデンサとコンデンサの記号

コンデンサは電流 i が流れ込むことによって充電され，コンデンサの電荷が増加する割合 dq/dt は電流 i に等しく

$$i = \frac{dq}{dt} = C\frac{dv}{dt} \tag{1.15}$$

となる。電荷が減少する場合は電流の向きは逆になる。時刻 t における電荷 q は，過去における電流のすべての影響を受けており，q と i の関係は上式とは逆に

$$q = \int_{-\infty}^{0} i(\tau)\,d\tau + \int_{0}^{t} i(\tau)\,d\tau = q_0 + \int_{0}^{t} i(\tau)\,d\tau \tag{1.16}$$

と表される。q_0 は $t=0$ においてコンデンサに蓄えられている電荷である。また $q = Cv$ であるからコンデンサの端子電圧は

$$v = \frac{q_0}{C} + \frac{1}{C}\int_{0}^{t} i(\tau)\,d\tau = v_0 + \frac{1}{C}\int_{0}^{t} i(\tau)\,d\tau \tag{1.17}$$

となる．抵抗の場合と同じように，コンデンサに電流が流れると，その両端には図 1.6 に示すような向きに電圧が生じる．式 (1.15) からわかるようにコンデンサの電流 i は，v が直流で一定の電圧である場合には 0 となり，流れない．すなわち，コンデンサには直流の定常電流は流れない．

以上では，コンデンサの容量 C が時間的に変わらない場合について考えてきたが，容量が時間的に変化する時変容量 $C(t)$ の場合にはどうなるのであろうか．ここで，電流 $i(t)$ と電圧 $v(t)$ の関係を考えてみると

$$i(t) = \frac{dq(t)}{dt} = \frac{d}{dt}\{C(t)v(t)\}$$
$$= C(t)\frac{dv(t)}{dt} + \frac{dC(t)}{dt}v(t)$$

となる．右辺第 2 項に注目すると，$dC(t)/dt$ がコンダクタンスと同じ働きをしていて電流が流れることがわかる．すなわち時変容量を使うことでコンダクタンスの役割をもたせることができる．

1.3.2 コンデンサに蓄えられるエネルギー

コンデンサで消費される瞬時電力 $p_C(t)$ は

$$p_C(t) = v(t)i(t) \tag{1.18}$$

で表され，$t = 0$ から $t = T$ までの間にコンデンサでなされる仕事量 $W_c(T)$ は

$$W_c(T) = \int_0^T p_C(t)\,dt = \int_0^T v(t)i(t)dt \tag{1.19}$$

である．$dq = i dt$，$v = \frac{1}{C}q(t)$ の関係から

$$W_c(T) = \int_{q(0)}^{q(T)} v(t)\,dq(t) = \int_{q(0)}^{q(T)} \frac{1}{C}q(t)\,dq(t) \tag{1.20}$$

これがコンデンサに蓄えられるエネルギーになる．q と v の関係が線形であり，C が一定である場合，初期電荷を $q(0) = 0$ とすると，$t = 0$ から $t = T$ までに蓄えられるエネルギー $W_c(T)$ は

$$W_c(T) = \frac{1}{C}\int_0^{q(T)} q(t)\,dq(t) = \frac{q^2(T)}{2C} = \frac{1}{2}Cv^2(T) \tag{1.21}$$

と表される．

例題 1.3

1 [F] のコンデンサに図 1.7(a), (b) および (c) に示すような電流を流したときのコンデンサの電圧 $v(t)$ の様子を示せ。ただし、コンデンサには初期電荷はないものとする。

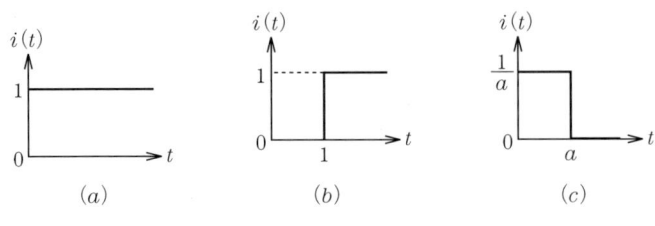

図 1.7

解 答 図 (a) で表される関数を**単位ステップ関数**といい、$U(t)$ の記号で表す。図 (b) の $i(t)$ は $U(t - t_0)$, $t_0 = 1$ で表される。また、図 (c) で表される関数で $a \to 0$、すなわち面積が 1 で幅が無限に狭いような関数を**単位インパルス関数**といい、$\delta(t)$ の記号で表す。

図 (a) の場合、$q_0 = 0$, $v_0 = 0$ であるから

$$v(t) = \int_0^t U(\tau)\,d\tau = t \quad (t \geq 0)$$

図 (b) の場合

$$v(t) = \int_0^t U(\tau - t_0)\,d\tau = \int_{t_0}^t U(\tau - t_0)\,d\tau = U(t - t_0)(t - t_0), \quad t_0 = 1$$

図 (c) の場合、$0 \leq t \leq a$ では

$$v(t) = \int_0^t \frac{1}{a}\,d\tau = \frac{t}{a}$$

$t > a$ では

$$v(t) = 1$$

以上の結果を図示すると、図 1.8(a), (b), (c) のようになる。

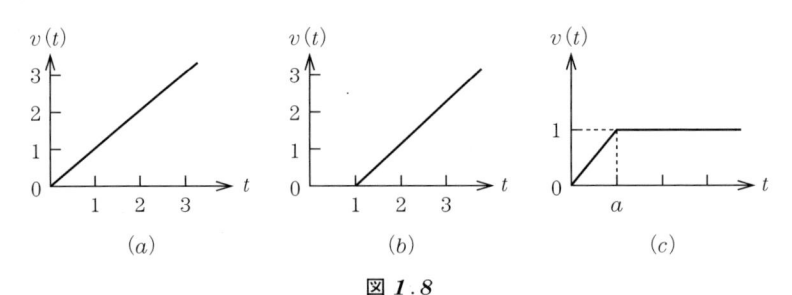

図 1.8

1.3.3 コンデンサの接続

図 **1.9** のように複数のコンデンサを直列に接続し電流を流すと,各コンデンサの電圧降下は

$$v_1 = \frac{1}{C_1}\int_{-\infty}^{t} idt = v_1(0) + \frac{1}{C_1}\int_{0}^{t} idt \tag{1.22}$$

$$v_2 = v_2(0) + \frac{1}{C_2}\int_{0}^{t} idt \tag{1.23}$$

$$\vdots$$

$$v_n = v_n(0) + \frac{1}{C_n}\int_{0}^{t} idt \tag{1.24}$$

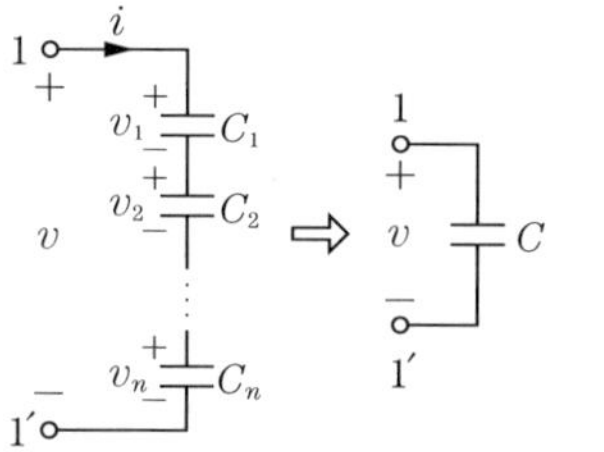

図 1.9 コンデンサの直列接続

1-1′ 端子間の電圧 v は,各コンデンサの端子電圧の総和であるので

$$\begin{aligned}v &= v_1 + v_2 + \cdots + v_n \\&= v_1(0) + v_2(0) + \cdots + v_n(0) + \left(\frac{1}{C_1} + \frac{1}{C_2} + \cdots + \frac{1}{C_n}\right)\int_{0}^{t} idt \\&= v_1(0) + v_2(0) + \cdots + v_n(0) + \left(\frac{1}{C_1} + \frac{1}{C_2} + \cdots + \frac{1}{C_n}\right)q\end{aligned} \tag{1.25}$$

となる。したがって,各コンデンサに充電される電荷量 q は等しく,全体の静電容量 C と初期電圧 $v(0)$ は

$$\frac{1}{C} = \frac{1}{C_1} + \frac{1}{C_2} + \cdots + \frac{1}{C_n} \tag{1.26}$$

$$v(0) = v_1(0) + v_2(0) + \cdots + v_n(0) \tag{1.27}$$

で表される。

一方,図 **1.10** のように複数のコンデンサを並列接続したとき,各コンデ

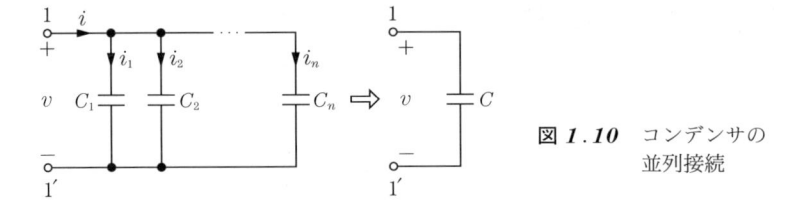

10   1. 電気回路と回路素子の性質

図 **1.10** コンデンサの並列接続

ンサに流れる電流の総和は

$$i = i_1 + i_2 + \cdots + i_n = C_1 \frac{dv}{dt} + C_2 \frac{dv}{dt} + \cdots + C_n \frac{dv}{dt}$$
$$= (C_1 + C_2 + \cdots + C_n) \frac{dv}{dt} \tag{1.28}$$

これより 1-1′ 端子間の全体の静電容量は

$$C = C_1 + C_2 + \cdots + C_n \tag{1.29}$$

となる。

1.4 コイルの性質

1.4.1 コイルとインダクタンス

コイルは，図 **1.11** に示すような巻線状になっている導体であり，電流 $i(t)$ を流すと，磁束 $\phi(t)$ [ウェーバー，Wb] が生じる。

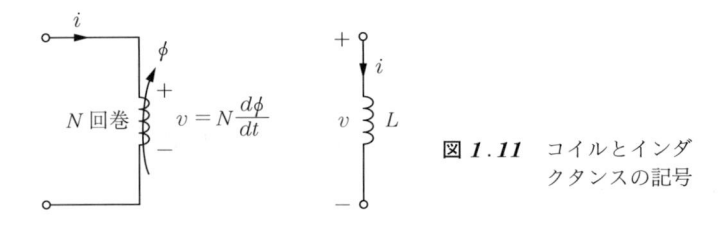

図 **1.11** コイルとインダクタンスの記号

このとき，ファラデーの電磁誘導の法則によってコイルの両端に電圧 $v(t)$ が生じるが，コイルの巻数が N であると

$$v(t) = N \frac{d\phi(t)}{dt} = \frac{d\Phi(t)}{dt} \tag{1.30}$$

となる。$\Phi(t)$ は全磁束といい，$i(t)$ に比例して
$$\Phi(t) = Li(t) \tag{1.31}$$
で表される。比例定数 L は**自己インダクタンス**といい，単位は**ヘンリー**〔H〕を用いる。これより $v(t)$ と $i(t)$ の関係は
$$v(t) = L\frac{di(t)}{dt} \tag{1.32}$$
となり，電流が変化することによりコイルの両端に電圧降下が生じることがわかる。式(1.32)とは逆に i または $\Phi(t)$ と $v(t)$ の関係は
$$i(t) = \frac{1}{L}\int_{-\infty}^{t} v(\tau)\,d\tau = \frac{1}{L}\int_{-\infty}^{0} v(\tau)\,d\tau + \frac{1}{L}\int_{0}^{t} v(\tau)\,d\tau$$
$$= i_0 + \frac{1}{L}\int_{0}^{t} v(\tau)\,d\tau \tag{1.33}$$
$$\Phi(t) = \Phi_0 + \int_{0}^{t} v(\tau)\,d\tau \tag{1.34}$$
と表される。i_0 および Φ_0 は，$t=0$ においてコイルに流れていた電流およびコイルに生じていた全磁束である。

1.4.2　コイルに蓄えられるエネルギー

コイルで消費される瞬時電力 $p_L(t)$ は
$$p_L(t) = v(t)\,i(t) \tag{1.35}$$
で表され，$t=0$ から $t=T$ までの間になされる仕事量 $W_L(T)$ は
$$W_L(T) = \int_{0}^{T} p_L(t)\,dt = \int_{0}^{T} \frac{d\Phi(t)}{dt} i(t)\,dt$$
$$= \int_{\Phi(0)}^{\Phi(T)} i(t)\,d\Phi(t) \tag{1.36}$$
となる。$\Phi = g(i)$，$i = \dfrac{1}{L}\Phi$ の関係から
$$W_L(T) = \int_{\Phi(0)}^{\Phi(T)} \frac{1}{L}\Phi(t)\,d\Phi(t) \tag{1.37}$$
これがコイルに蓄えられるエネルギーになる。Φ と i の関係が線形であり，L が一定である場合，初期磁束 $\Phi(0)=0$ とすると，$t=0$ から $t=T$ までに

蓄えられるエネルギー $W_L(T)$ は

$$W_L(T) = \frac{1}{L} \int_0^{\Phi(T)} \Phi(t)\, d\Phi(t) = \frac{\Phi^2(T)}{2L} = \frac{1}{2} L i^2(T) \qquad (1.38)$$

と表される。

例題 1.4 1〔H〕のインダクタンスの両端に図 **1.12** に示すような電圧 $v(t)$ を加えたとき，インダクタンスに流れる電流 $i(t)$ を求め，その波形を図示せよ。ただし，インダクタンスの初期電流 $i(0) = 0$ とする。

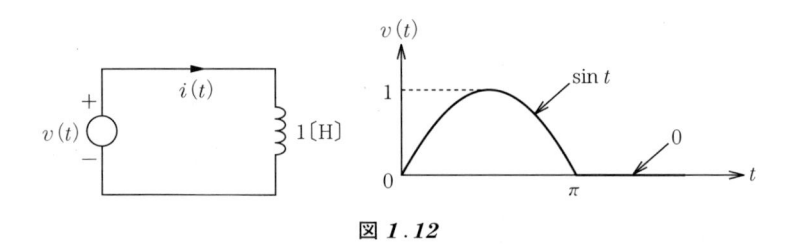

図 **1.12**

解　答　$0 \leq t \leq \pi$ において

$$i(t) = \int_0^t \sin \tau\, d\tau = -\cos t + 1$$

また $t > \pi$ では

$$i(t) = 2$$

したがって，$i(t)$ を図示すると図 **1.13** のようになる。

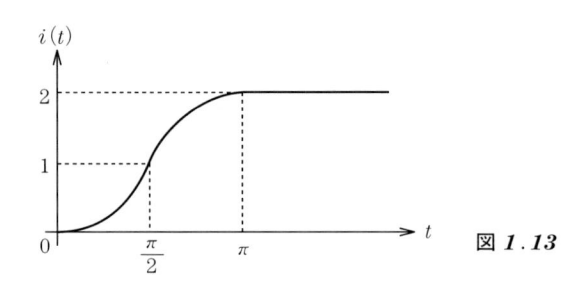

図 **1.13**

1.4.3　インダクタンスの接続

図 **1.14** のように複数のコイルを直列接続して電流を流すと，全体の電圧降下は

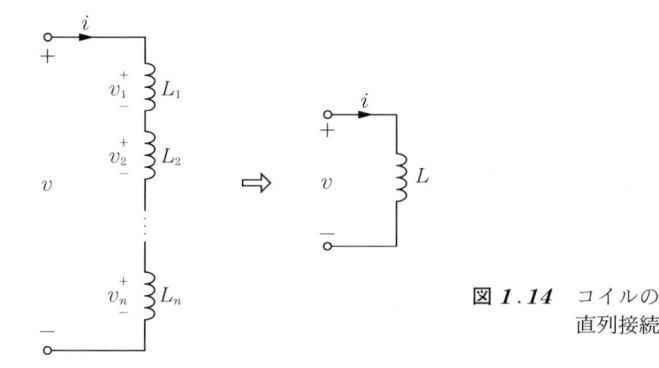

1.4 コイルの性質

図 1.14 コイルの直列接続

$$v = v_1 + v_2 + \cdots + v_n = L_1\frac{di}{dt} + L_2\frac{di}{dt} + \cdots + L_n\frac{di}{dt}$$

$$= (L_1 + L_2 + \cdots + L_n)\frac{di}{dt} \tag{1.39}$$

したがって，全体のインダクタンス L は

$$L = L_1 + L_2 + \cdots + L_n \tag{1.40}$$

一方，図 **1.15** のように複数のコイルを並列接続し，端子間に電圧 v を加えたとき，各コイルに流れる電流は

$$i_1 = i_1(0) + \frac{1}{L_1}\int_0^t v\,dt \tag{1.41}$$

$$i_2 = i_2(0) + \frac{1}{L_2}\int_0^t v\,dt \tag{1.42}$$

$$\vdots$$

$$i_n = i_n(0) + \frac{1}{L_n}\int_0^t v\,dt \tag{1.43}$$

電流 i は，各コイルに流れる電流の総和であるので

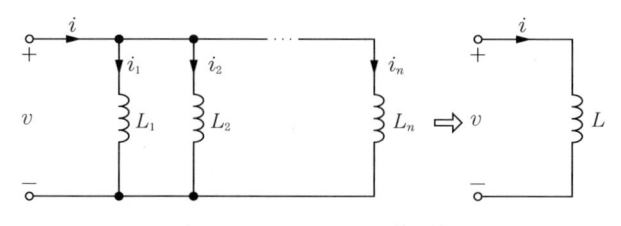

図 1.15 コイルの並列接続

1. 電気回路と回路素子の性質

$$i = i_1(0) + i_2(0) + \cdots + i_n(0) + \left(\frac{1}{L_1} + \frac{1}{L_2} + \cdots + \frac{1}{L_n}\right)\int_0^t v\,dt \tag{1.44}$$

となる。したがって，全体のインダクタンス L と初期電流 $i(0)$ は

$$\frac{1}{L} = \frac{1}{L_1} + \frac{1}{L_2} + \cdots + \frac{1}{L_n} \tag{1.45}$$

$$i(0) = i_1(0) + i_2(0) + \cdots + i_n(0) \tag{1.46}$$

となる。

例題 1.5 図 1.16 に示す回路の 1-1′ 端子からみたインダクタンス L を求めよ。

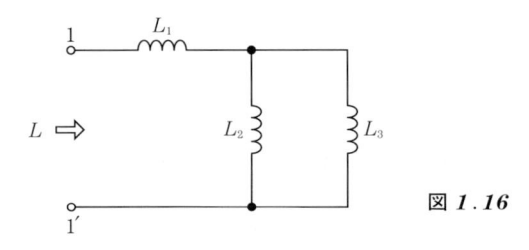

図 1.16

解 答 L_1 は直列に，L_2 と L_3 は並列に接続されているから

$$L = L_1 + \frac{1}{1/L_2 + 1/L_3} = L_1 + \frac{L_2 L_3}{L_2 + L_3} = \frac{L_1 L_2 + L_2 L_3 + L_3 L_1}{L_2 + L_3}$$

1.5 電源の種類と働き

1.5.1 電 圧 源

回路素子に電圧または電流を供給して有効な働きをさせるためには電源が必要である。図 1.17 に示すように，流れ出る電流に無関係で一定の電圧を供給する電源を電圧源という[†]。図(a)は端子電圧が一定の直流の電圧源，図

[†] ほぼ一定の周期で流れの向きを変える電流を交流といい，両方向の電流のそれぞれの平均値がほぼ等しいものを指す。交流電圧も同様に電圧の向きがほぼ一定の周期で変わるものをいう。逆につねに一定の向きに流れる電流を直流という。一般には，時間的に不変な直流成分といろいろな周波数をもつ交流成分の和である場合が多い。

1.5 電源の種類と働き

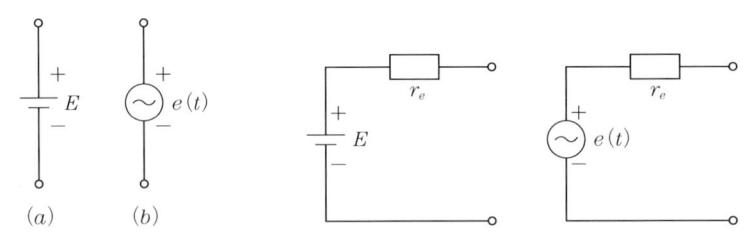

図 1.17 電圧源の記号

図 1.18 一般の電圧源の記号

(b)は時間的に変化する交流の電圧源を記号表示したものである。

一般の電圧源は**図 1.18**のように電源の内部抵抗 r_e を直列に接続した等価回路で表し，理想的な電圧源では $r_e = 0$ である。乾電池に抵抗を接続し，その抵抗の値を減らしていくと，抵抗に流れる電流は増加するが，電池の出力電圧すなわち抵抗への供給電圧は減少してしまう。

この関係は**図 1.19**に示すような電圧源 e に抵抗 r を接続した回路で示され，電流 i と電圧 v が

$$i = \frac{e}{r_e + r}, \ v = ri = \frac{re}{r_e + r} = \frac{e}{(r_e/r) + 1} \qquad (1.47)$$

となり，r の減少により i は増加し，v は減少することがわかる。

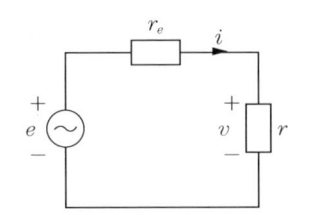

図 1.19 電圧源に接続した抵抗に流れる電流

なお，電圧源では，電源の電圧を 0 にするということは，電源を取り除き，その枝を短絡することであり，この状態の電源側の端子間抵抗（またはインピーダンス）が内部抵抗（内部インピーダンス）になる。なお，インピーダンスについては 7 章で詳しく述べる。

1.5.2 電流源

どのような値の抵抗を接続してもつねに一定の電流を供給する電源を電流源といい，図 1.20 の記号で表し，矢印は電流の向きを示す．一般の電流源は，図 1.21 のように内部抵抗 r_i を並列に接続した等価回路で表し，理想的な電流源では $r_i = \infty$ であり，負荷に全電流を供給する．

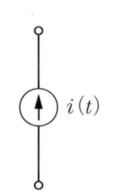

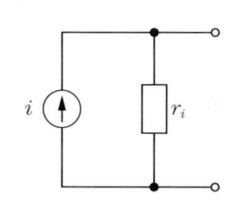

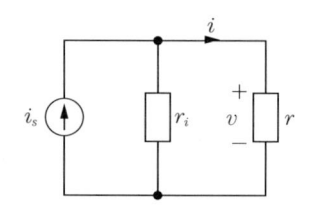

図 1.20 電流源の記号　　**図 1.21** 一般の電流源の記号　　**図 1.22** 電流源に接続した抵抗に流れる電流

いま，図 1.22 に示すように電流源 i_s に抵抗 r を接続したとき，回路内の電圧 v と電流 i の関係は

$$v = ri = r_i(i_s - i) \tag{1.48}$$

$$i = \frac{r_i i_s}{r_i + r}, \quad v = \frac{r r_i i_s}{r_i + r} \tag{1.49}$$

となる．内部抵抗 r_i が負荷抵抗 r に比べてきわめて大きい場合には，$i = i_s$ となり，r に無関係に一定電流を供給する．

なお，電流源では，電源の電流を0にするということは，電源を取り除き，その枝を開放することであり，この状態の電源側の端子間抵抗（またはインピーダンス）が内部抵抗（内部インピーダンス）になる．

1.5.3 電源の変換

図 1.19 と図 1.22 に示した内部抵抗 r_e の電圧源と r_i の電流源は，式(1.47)と式(1.49)の関係からわかるように

$$r_e = r_i, \quad e = r_i i_s \tag{1.50}$$

であれば，電流 i および電圧 v は同じ値となり，負荷抵抗 r の値に無関係に

同じ働きをする。したがって，両電源は等価であり，式(1.50)を満足する形で電圧源と電流源の間で相互に変換が可能である。

例題 1.6 図1.23(a)の回路を図(b)，図(c)の回路に変換せよ。また，1-1′端子間に抵抗 $r = 1\,[\Omega]$ を接続したとき，この抵抗に流れる電流を求めよ。

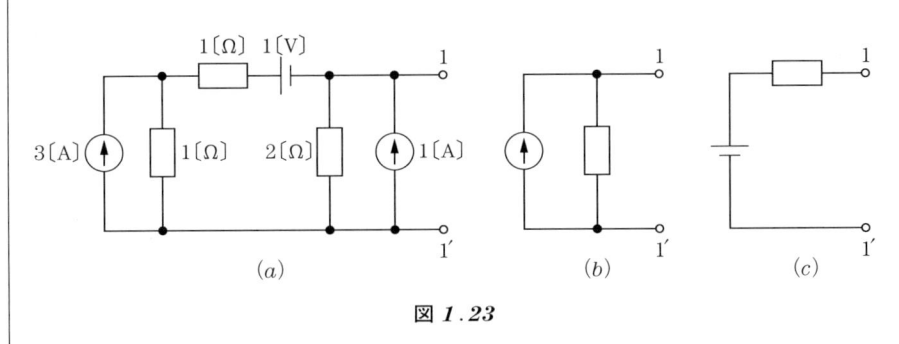

図 1.23

解 答 図(b)の電流源の電流値は $2\,[A]$，抵抗値は $1\,[\Omega]$，図(c)の電圧源の電圧値は $2\,[V]$，抵抗値は $1\,[\Omega]$ である。この回路に $1\,[\Omega]$ の抵抗を接続したとき，この抵抗に流れる電流は $(1+1)i = 2$ より $i = 1\,[A]$ となる。

例題 1.7 図1.24の回路において抵抗 r に流れる電流 i を求めよ。また，抵抗 r で消費する電力が最大となる条件を求め，そのときの電力を求めよ。

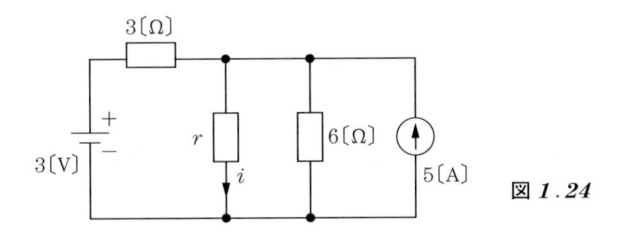

図 1.24

解 答 図1.24の回路を図1.25のように変換することができるので，これより

$$i = \frac{12}{2+r}$$

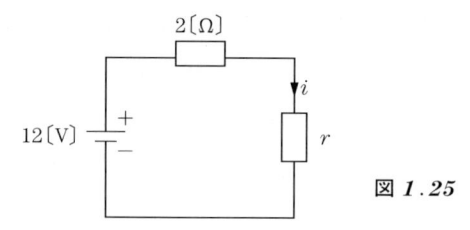

18　　1. 電気回路と回路素子の性質

が得られる。抵抗 r で消費する電力 P は

$$P = ri^2 = \frac{144r}{(2+r)^2}$$

P が最大になる条件は

$$\frac{dP}{dr} = \frac{144\{(2+r)^2 - 2r(2+r)\}}{(2+r)^4} = 0$$

より

$$r = 2\,[\Omega]$$

このとき電力は最大となり

$$P_{\max} = 18\,[\text{W}]$$

が得られる。

◆ 演 習 問 題 ◆

【**1.1**】 $r\,[\Omega]$ の抵抗の両端に図 **1.26** のような電圧 $v(t)$ を加えたとき，r で消費する電力の平均値 P_a を求めよ。

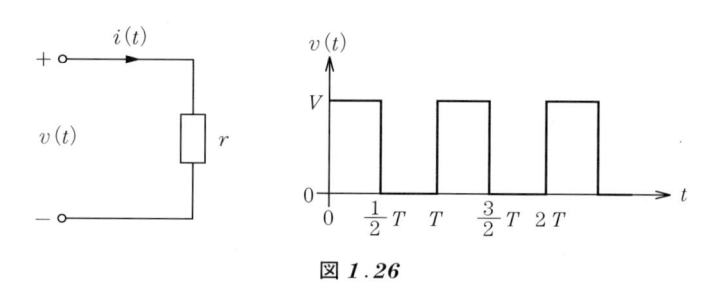

図 **1.26**

【**1.2**】 図 **1.27** に示す回路の全抵抗を求めよ。

【**1.3**】 図 **1.28** に示すような波形の電流 $i(t)$ を 1 [F] のコンデンサに流したとき，コンデンサの電圧波形を図示せよ。ただし，コンデンサには最初電荷が蓄え

図 1.27

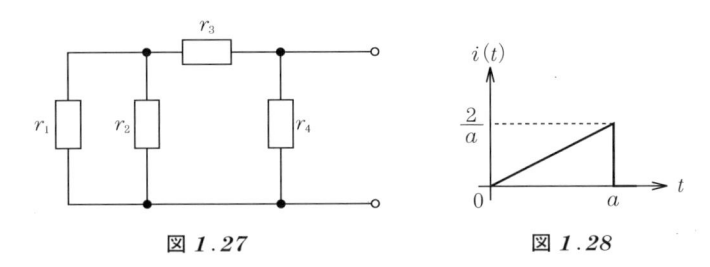

図 1.28

られていないものとする。

【1.4】 静電容量が C_1, C_2, C_3 のコンデンサをそれぞれ v_1, v_2, v_3 に充電し，図 1.29(a) のように接続した。この回路は図(b)のような静電容量 C がいくらのコンデンサを何ボルトに充電したものと等しいかを示せ。

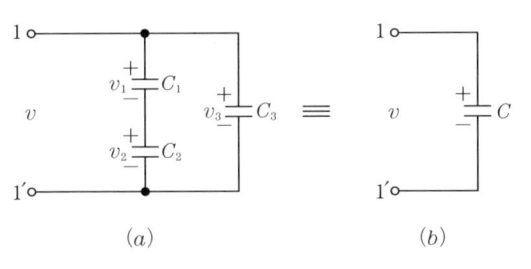

図 1.29

【1.5】 インダクタンス $L_1 = 2$〔H〕，$L_2 = 3$〔H〕，$L_3 = 6$〔H〕のコイルを図 1.30 (a) のように接続した。それぞれの初期電流は，$i_1 = 1$, $i_2 = 2$, $i_3 = 3$〔A〕であるという。この回路は図(b)に示すようにいくらのインダクタンス L に何アンペアの初期電流を流したものと等しいかを示せ。

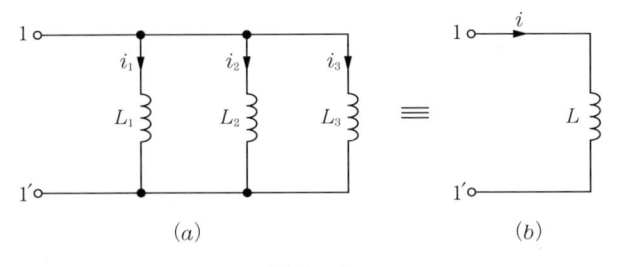

図 1.30

【**1.6**】 図 **1.31**(*a*)の回路を図(*b*)，図(*c*)の回路に変換せよ。1-1′端子間に抵抗 $r=1$〔Ω〕を接続したとき，この抵抗に流れる電流を求めよ。

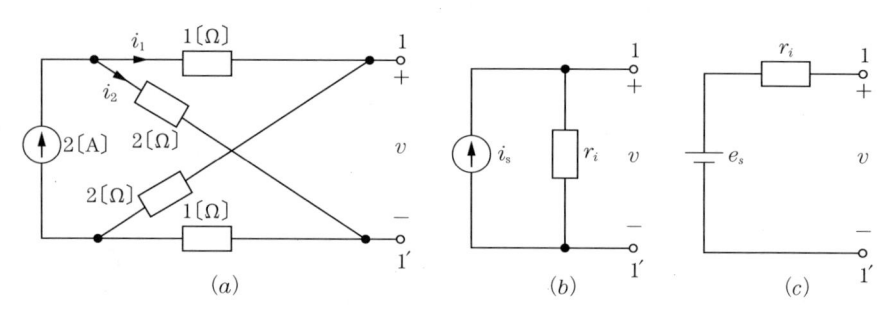

図 **1.31**

【**1.7**】 図 **1.32**(*a*)および(*b*)の回路において，それぞれの抵抗 r に流れる電流 i を求めよ。また，r で消費する電力が最大となるための条件を求め，そのときの電流 i と電力 P を求めよ。

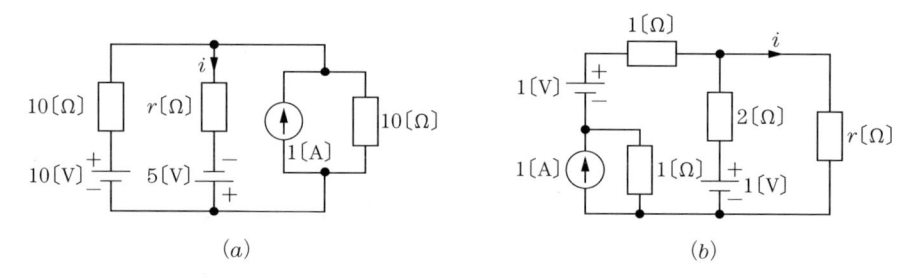

図 **1.32**

2章

キルヒホッフの法則

　この章では，電気回路に流れる電流と回路内の電圧の関係を示すうえできわめて重要な，また基本的な法則であるキルヒホッフの法則について考える。キルヒホッフの法則は，電流則と電圧則からなるが，それぞれは回路内の接続点に流出入する電流の代数和と，一巡する閉路内の電圧の代数和に関する法則である。

2.1　キルヒホッフの電流則

　図 2.1 の抵抗 $R_1 \sim R_6$ と電池 E_1, E_2 で構成される回路で各回路素子を線分で表すと，**図 2.2** のような図形が得られる。これを回路の**グラフ**といい，それぞれの線分 $b_1 \sim b_6$ を**枝**，枝がたがいに接続している点 $n_1 \sim n_4$ を**節点**と呼ぶ。

　また，**図 2.3** のグラフで示すように，ある節点から出て他の節点を通り，

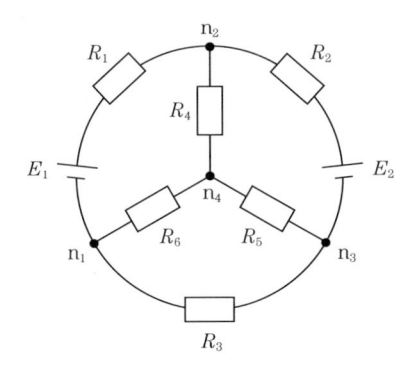

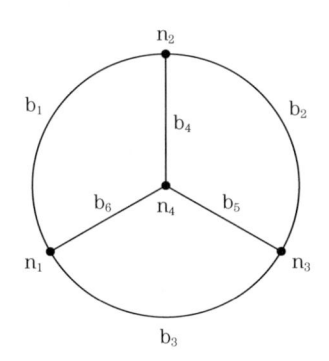

図 2.1　回路の例　　　　　**図 2.2**　図 2.1 の回路のグラフ

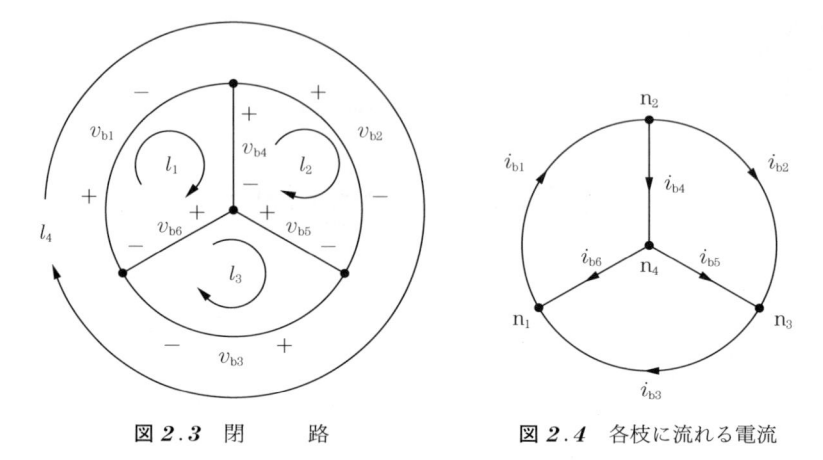

図 2.3　閉　　路　　　　　図 2.4　各枝に流れる電流

元の節点に戻るような道筋を**閉路**という。

いま，図 2.4 のグラフで各枝に流れる電流の向きを矢印のようにとったとき，各節点に流出入する電流 i_{b1}〜i_{b6} の関係は

$$\left.\begin{array}{l} n_1:\ \ \ \ i_{b1} - i_{b3} - i_{b6} = 0 \\ n_2:\ -i_{b1} + i_{b2} + i_{b4} = 0 \\ n_3:\ -i_{b2} + i_{b3} - i_{b5} = 0 \\ n_4:\ -i_{b4} + i_{b5} + i_{b6} = 0 \end{array}\right\} \quad (2.1)$$

となる。すなわち

　任意の節点に流出入する電流の総和はあらゆる瞬間において 0 である。

これを**キルヒホッフの電流則**という。ここで，流出する電流は正，流入する電流は負としている（流出する電流を負，流入する電流を正としても同様な式が得られる）。

　式 (2.1) において個々の方程式は独立でなく，n_1〜n_3 の式の総和をとると n_4 の式と等しくなる。これは四つの式がたがいに独立でないことを意味していて，どれか一つの式が不要であることになる。いま，節点 n_4 に関する方程式を取り除いて，行列の形で表すと

$$\begin{bmatrix} 1 & 0 & -1 & 0 & 0 & -1 \\ -1 & 1 & 0 & 1 & 0 & 0 \\ 0 & -1 & 1 & 0 & -1 & 0 \end{bmatrix} \begin{bmatrix} i_{b1} \\ i_{b2} \\ i_{b3} \\ i_{b4} \\ i_{b5} \\ i_{b6} \end{bmatrix} = \boldsymbol{A}\boldsymbol{i}_b = \boldsymbol{0} \qquad (2.2)$$

となる。

ここで $\boldsymbol{A}$ を**接続行列**という。接続行列の要素 a_{ij} は，i 番目の節点に j 番目の枝が接続されていて，その枝電流が流出していれば 1，流入していれば -1，また j 番目の枝が接続されていなければ 0 となる。一般に，電流則は

$$n_k : \sum_{k=1}^{m} i_{bk} = 0 \qquad (2.3)$$

と表され，回路内の電荷は消失することなく，つねに保存されることを意味している。すなわち，ある節点に流入する電荷は，その節点に蓄積されずに必ず流出していかなければならないことを示している。

例題 2.1 図 2.5 に示すグラフにおいて節点 $n_1 \sim n_5$ についての接続行列 $\boldsymbol{A}$ を求めよ。

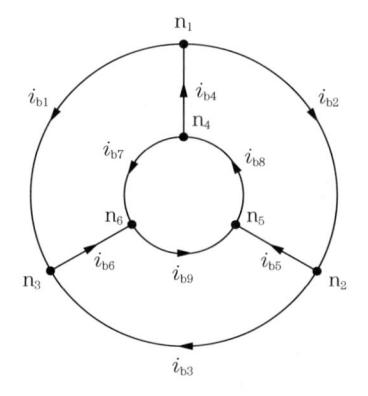

図 2.5

解 答 節点 n_6 を基準点として，独立な節点数は 5，枝数は 9 であるから $\boldsymbol{A}$ は 5 行 9 列の行列となる。求める $\boldsymbol{A}$ は

$$A = \begin{bmatrix} 1 & 1 & 0 & -1 & 0 & 0 & 0 & 0 & 0 \\ 0 & -1 & 1 & 0 & 1 & 0 & 0 & 0 & 0 \\ -1 & 0 & -1 & 0 & 0 & 1 & 0 & 0 & 0 \\ 0 & 0 & 0 & 1 & 0 & 0 & 1 & -1 & 0 \\ 0 & 0 & 0 & 0 & -1 & 0 & 0 & 1 & -1 \end{bmatrix}$$

2.2 キルヒホッフの電圧則

図 2.3 のグラフにおいて任意の節点から始まりいくつかの枝を通って，再び元の節点に戻ってくる閉路を考える。閉路 $l_1 \sim l_4$ において各閉路を一巡するとき，各枝の電圧の関係は

$$\left. \begin{aligned} l_1 &: v_{b1} + v_{b4} + v_{b6} = 0 \\ l_2 &: v_{b2} - v_{b4} - v_{b5} = 0 \\ l_3 &: v_{b3} + v_{b5} - v_{b6} = 0 \\ l_4 &: v_{b1} + v_{b2} + v_{b3} = 0 \end{aligned} \right\} \tag{2.4}$$

となる。すなわち

任意の一つの閉路についてその向きを考え，閉路に沿って一巡したときの各枝の電圧の総和はあらゆる瞬間において 0 である。

これを**キルヒホッフの電圧則**という。

式 (2.4) において個々の方程式は独立でなく，$l_1 \sim l_3$ の式の総和をとると l_4 の式と等しくなる。キルヒホッフの電流則と同様に，閉路 l_4 に関する方程式を取り除いて，行列の形で表すと

$$\begin{bmatrix} 1 & 0 & 0 & 1 & 0 & 1 \\ 0 & 1 & 0 & -1 & -1 & 0 \\ 0 & 0 & 1 & 0 & 1 & -1 \end{bmatrix} \begin{bmatrix} v_{b1} \\ v_{b2} \\ v_{b3} \\ v_{b4} \\ v_{b5} \\ v_{b6} \end{bmatrix} = \boldsymbol{B} \boldsymbol{v}_b \tag{2.5}$$

となる。

ここで B を**閉路行列**という。閉路行列の要素 b_{ij} は、i 番目の閉路に j 番目の枝が含まれていなければ 0、含まれていて枝の向きが閉路の向きと一致していれば 1、逆ならば -1 である。一般に、電圧則は回路内の電源電圧 E_k を含めて

$$l_k : \sum_{k=1}^{m} (v_{bk} - E_k) = 0 \tag{2.6}$$

と表され、単位電荷をある節点から出発して、閉路を一巡して元の節点まで動かしたときになされる仕事が 0 であることを意味していて、エネルギー保存則を表している。

例題 2.2 図 2.6 に示すグラフの閉路行列 B を求めよ。

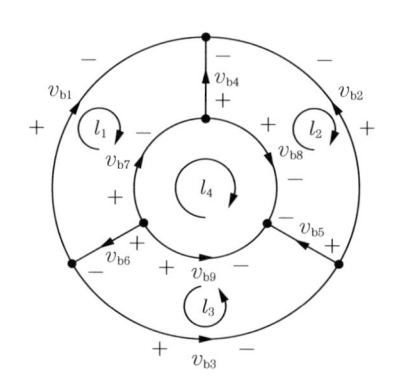

図 2.6

解 答 閉路数は 4、枝数は 9 であるから B は 4 行 9 列の行列となる。求める B は

$$B = \begin{bmatrix} 1 & 0 & 0 & -1 & 0 & 1 & -1 & 0 & 0 \\ 0 & -1 & 0 & 1 & 1 & 0 & 0 & -1 & 0 \\ 0 & 0 & 1 & 0 & 1 & 1 & 0 & 0 & -1 \\ 0 & 0 & 0 & 0 & 0 & 0 & 1 & 1 & -1 \end{bmatrix}$$

◆ 演 習 問 題 ◆

【2.1】 図 2.7 に示すグラフにおいて節点 $n_1 \sim n_4$ についての接続行列 A を求めよ。

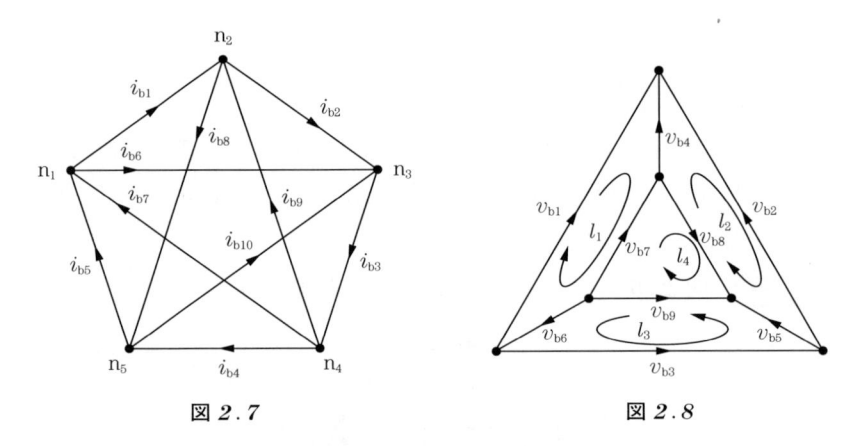

図 2.7

図 2.8

【2.2】 図 2.8 に示すグラフの閉路行列 B を求めよ。

【2.3】 図 2.9(a) の節点 n にキルヒホッフの電流則を適用して電流に関する式を導け。また図 (b) の閉路 l にキルヒホッフの電圧則を適用して電圧に関する式を導け。

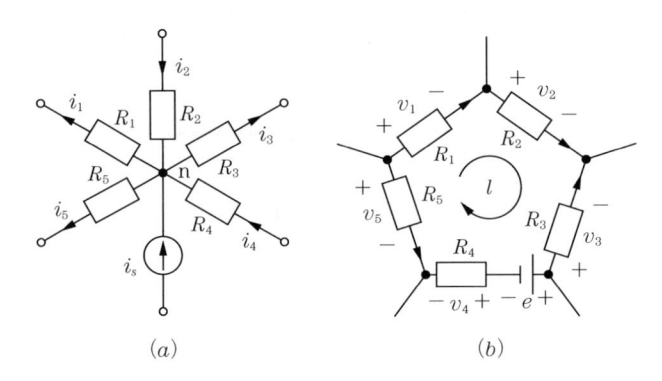

図 2.9

【2.4】 図 2.10 の回路中の電流 i をキルヒホッフの法則を使って求めよ。

【2.5】 図 2.11 の回路において抵抗 r [Ω] に流れる電流が 0.2 [A] であった。r の

図 2.10

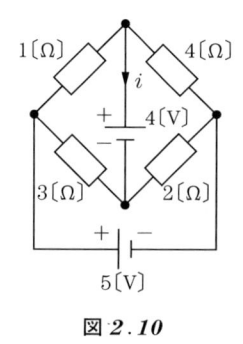

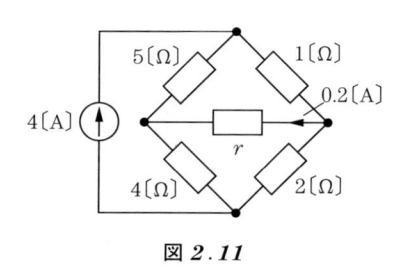

図 2.11

値を求めよ。

3章

回路方程式

　この章では回路内の電圧と電流の状態を記述する回路方程式とその取扱いについて述べる。回路方程式として節点方程式，網路方程式，閉路方程式を取り上げ，未知数の選び方と方程式の立て方について説明する。

3.1 節点方程式

　図 3.1 に示すようなコンダクタンスと電流源で構成される回路において，節点 $n_1 \sim n_4$ の電圧をそれぞれ $v_1 \sim v_4$ として各節点にキルヒホッフの電流則を適用する。

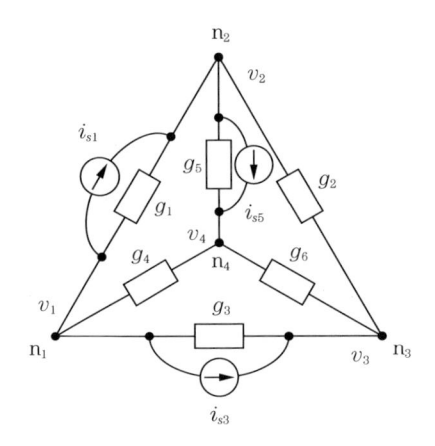

図 3.1 回路の例

　まず，節点 n_1 においてコンダクタンス g_1, g_3, g_4 を通って流れ出す電流と節点 n_1 に接続されている電流源の向きを考慮してキルヒホッフの電流則を適用すると

$$n_1: g_1(v_1-v_2)+g_3(v_1-v_3)+g_4(v_1-v_4)+i_{s1}+i_{s3}=0$$

同様に他の節点 n_2, n_3, n_4 にも電流則を適用すると

$$\left.\begin{array}{l} n_2: g_1(v_2-v_1)+g_2(v_2-v_3)+g_5(v_2-v_4)-i_{s1}+i_{s5}=0 \\ n_3: g_2(v_3-v_2)+g_3(v_3-v_1)+g_6(v_3-v_4)-i_{s3}=0 \\ n_4: g_4(v_4-v_1)+g_5(v_4-v_2)+g_6(v_4-v_3)-i_{s5}=0 \end{array}\right\} \quad (3.1)$$

ここで節点から出ていく電流を正に，入ってくる電流を負としている。このように回路内の節点に流出入する電流の関係を電流則に基づいて記述した方程式を**節点方程式**という。これらの式を行列の形で表すと

$$\begin{array}{c} \begin{array}{cccc} n_1 & n_2 & n_3 & n_4 \end{array} \\ \begin{array}{c} n_1 \\ n_2 \\ n_3 \\ n_4 \end{array} \left[\begin{array}{cccc} g_1+g_3+g_4 & -g_1 & -g_3 & -g_4 \\ -g_1 & g_1+g_2+g_5 & -g_2 & -g_5 \\ -g_3 & -g_2 & g_2+g_3+g_6 & -g_6 \\ -g_4 & -g_5 & -g_6 & g_4+g_5+g_6 \end{array}\right] \left[\begin{array}{c} v_1 \\ v_2 \\ v_3 \\ v_4 \end{array}\right] \end{array}$$

$$= \left[\begin{array}{c} -i_{s1}-i_{s3} \\ i_{s1}-i_{s5} \\ i_{s3} \\ i_{s5} \end{array}\right] \quad (3.2)$$

上の節点方程式を注意してみると四つの式はたがいに独立ではないので，これらの式の総和は 0 になり，そのうちの一つは不要である。したがって，回路内の任意の節点を基準点に選び，その点の電圧を基準値の 0 [V] として回路内の状態を議論しても問題はない。いま，節点 n_4 を基準点に選び，基準電圧として $v_4=0$ とすると，式(3.2)は n_4 に関する方程式を取り除いて

$$\left[\begin{array}{ccc} g_1+g_3+g_4 & -g_1 & -g_3 \\ -g_1 & g_1+g_2+g_5 & -g_2 \\ -g_3 & -g_2 & g_2+g_3+g_6 \end{array}\right] \left[\begin{array}{c} v_1 \\ v_2 \\ v_3 \end{array}\right] = \left[\begin{array}{c} -i_{s1}-i_{s3} \\ i_{s1}-i_{s5} \\ i_{s3} \end{array}\right] \quad (3.3)$$

のように表される。以上より，k 個の節点をもつ回路の節点方程式を行列の形で求めるには，基準節点 n_k を除いた節点 $n_1 \sim n_{k-1}$ に対して節点電圧を $v_1 \sim$

3. 回路方程式

v_{k-1} として電流則を適用すればよい。このとき係数行列および右辺の電流源に関する各要素は

 i 行 i 列の要素 ＝ n_i に接続されているコンダクタンスの総和

 i 行 j 列の要素 ＝ n_i と n_j の間に接続されているコンダクタンスに負の符号
      を付したもの

 右辺の i 行の要素 ＝ n_i に流入する電流源からの電流の代数和

となる。

例題 3.1 図 3.2 の回路において，節点 n_4 を基準点としてこの回路の節点方程式を求めよ。ただし，n_1, n_2, n_3 の節点電圧を v_1, v_2, v_3 とする。

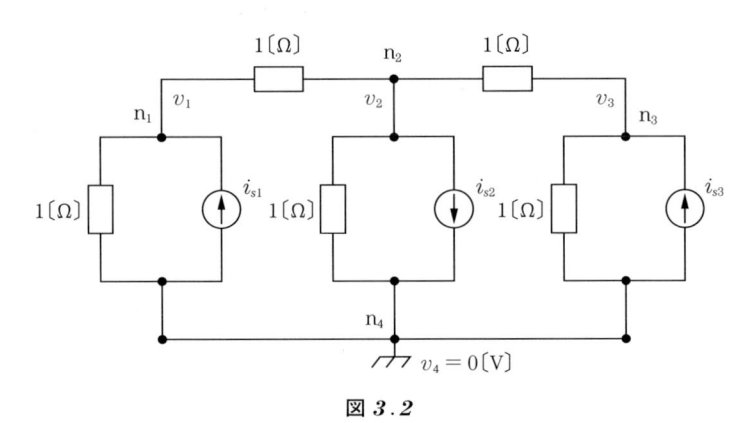

図 3.2

解 答 各節点から流出する電流を正に，流入する電流を負にとり電流則を適用すると

  $n_1: -i_{s1} + 1(v_1 - v_4) + 1(v_1 - v_2) = 0$
  $n_2: i_{s2} + 1(v_2 - v_4) - 1(v_1 - v_2) + 1(v_2 - v_3) = 0$
  $n_3: -i_{s3} + 1(v_3 - v_4) - 1(v_2 - v_3) = 0$

が得られる。節点 n_4 を基準点として $v_4 = 0$ と置き，行列の形で表すと

$$\begin{bmatrix} 2 & -1 & 0 \\ -1 & 3 & -1 \\ 0 & -1 & 2 \end{bmatrix} \begin{bmatrix} v_1 \\ v_2 \\ v_3 \end{bmatrix} = \begin{bmatrix} i_{s1} \\ -i_{s2} \\ i_{s3} \end{bmatrix}$$

3.2 網路方程式

つぎに，図 3.3 に示すような抵抗と電圧源で構成される回路を考える。**網路**とは m_1, m_2, m_3 のように一巡する回路のうち最小（最短）の閉路であり，その中に他の閉路を含まないような閉路をいう。網路の向きをすべて同じ方向にとり，これらに沿った網路電流をそれぞれ i_1, i_2, i_3 として各網路にキルヒホッフの電圧則を適用する。

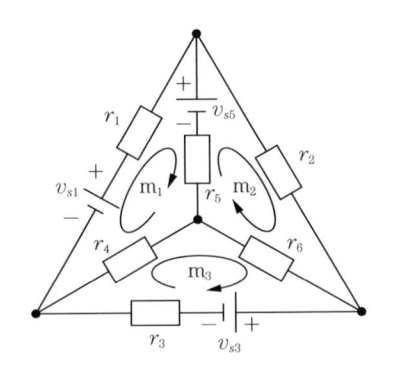

図 3.3 三つの網路をもつ回路

まず，抵抗 r_4 に流れる電流は網路 m_1 の向きに $i_1 - i_3$ が流れていて，r_5 には m_2 の向きに $i_2 - i_1$ が，r_6 には m_3 の向きに $i_3 - i_2$ が流れていることになる。したがって，網路 $m_1 \sim m_3$ 内でその向きに対して電圧則を適用すると

$$\left. \begin{array}{l} m_1: r_1 i_1 + r_4(i_1 - i_3) + r_5(i_1 - i_2) - v_{s1} + v_{s5} = 0 \\ m_2: r_2 i_2 + r_5(i_2 - i_1) + r_6(i_2 - i_3) - v_{s5} = 0 \\ m_3: r_3 i_3 + r_4(i_3 - i_1) + r_6(i_3 - i_2) + v_{s3} = 0 \end{array} \right\} \quad (3.4)$$

このように網路に沿って各枝の電圧の関係を電圧則に基づいて記述した方程式を**網路方程式**という。これらの式を行列の形で表すと

$$\begin{array}{c} \begin{array}{ccc} m_1 & m_2 & m_3 \end{array} \\ \begin{array}{c} m_1 \\ m_2 \\ m_3 \end{array}\left[\begin{array}{ccc} r_1 + r_4 + r_5 & -r_5 & -r_4 \\ -r_5 & r_2 + r_5 + r_6 & -r_6 \\ -r_4 & -r_6 & r_3 + r_4 + r_6 \end{array} \right]\left[\begin{array}{c} i_1 \\ i_2 \\ i_3 \end{array} \right] = \left[\begin{array}{c} v_{s1} - v_{s5} \\ v_{s5} \\ -v_{s3} \end{array} \right] \end{array} \quad (3.5)$$

となる。

係数行列は節点方程式の場合と同様に対称行列であり，係数行列と右辺の電圧源に関する各要素の関係は

i 行 i 列の要素 ＝ m_i に含まれている抵抗の総和

i 行 j 列の要素 ＝ m_i と m_j に共通に含まれている抵抗に負の符号を付したもの

右辺の i 行の要素 ＝ m_i に含まれている電圧源の代数和に負の符号を付したもの

である。

例題 3.2 図 3.4 の回路において，網路電流 i_1, i_2, i_3 に関する網路方程式を示し，各電流値を求めよ。

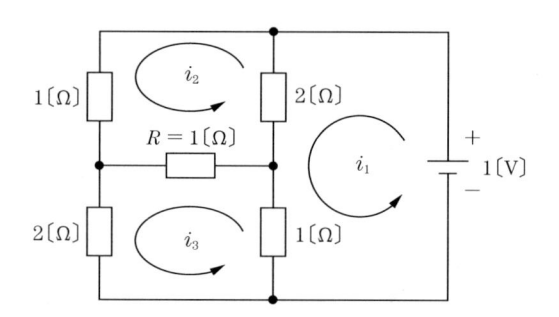

図 3.4

解 答 i_1, i_2, i_3 が流れる網路をそれぞれ m_1, m_2, m_3 として電圧則を適用すると

$$\begin{bmatrix} 3 & -2 & -1 \\ -2 & 4 & -1 \\ -1 & -1 & 4 \end{bmatrix} \begin{bmatrix} i_1 \\ i_2 \\ i_3 \end{bmatrix} = \begin{bmatrix} 1 \\ 0 \\ 0 \end{bmatrix}$$

の網路方程式が得られる。これを解くと

$$i_1 = \frac{5}{7}, \quad i_2 = \frac{3}{7}, \quad i_3 = \frac{2}{7} \; [\mathrm{A}]$$

3.3 閉路方程式

図 3.5 に一つの回路とそのグラフを示すが,すべての節点を含み,かつ閉路のないように枝で連結されているグラフを元のグラフの**木**という.また元のグラフから木を取り去った残りのグラフを**補木**といい,補木を構成している枝を補木枝またはリンクという.図のグラフで木を決めた場合,各補木枝について,その補木枝のみを含み,他の補木枝を含まない閉路の集合を閉路の基本系,または基本閉路という.基本閉路の数は一つとは限らず,枝の数が b,節点数が n のグラフでは木を構成している枝(木枝)の数は $n-1$ であり,一つの木に対して $b-n+1$ の閉路がある[†].

ここで,図の基本閉路 l_1, l_2, l_3 に沿ってその向きの閉路電流を i_1, i_2, i_3 として各閉路に沿って電圧則を適用すると,網路方程式と同様に

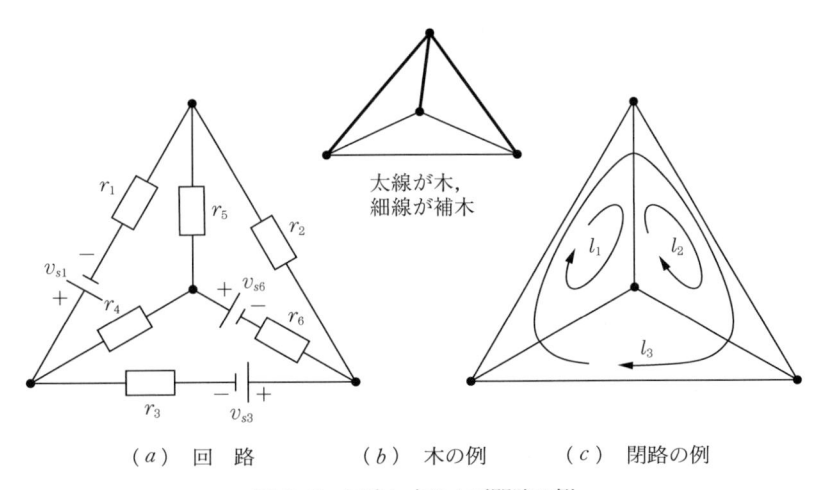

(a) 回路　　(b) 木の例　　(c) 閉路の例

図 3.5　回路と木および閉路の例

[†] 図 3.5 のグラフの各木枝について,その木枝のみを含み他の木枝を含まないような枝の集合をカットセットという.節点数が n のグラフでは $n-1$ 個のカットセットがある.カットセットを構成する木枝に流出入する電流に関して,節点方程式と同様にキルヒホッフの電流則を適用した方程式をカットセット方程式という.その取扱いは,節点方程式と同じであるが,本書ではその詳細については言及しない.

$$\left.\begin{array}{l}l_1: r_1(i_1+i_3)+r_4i_1+r_5(i_1-i_2)+v_{s1}=0\\ l_2: r_2(i_2+i_3)+r_5(i_2-i_1)+r_6i_2-v_{s6}=0\\ l_3: r_1(i_1+i_3)+r_2(i_2+i_3)+r_3i_3+v_{s1}+v_{s3}=0\end{array}\right\} \quad (3.6)$$

が得られる。このように回路内の閉路に沿って各枝の電圧の関係を電圧則に基づいて記述した方程式を**閉路方程式**という。これらの式を行列の形で表すと

$$\begin{array}{c} \quad l_1 \qquad\qquad l_2 \qquad\qquad l_3 \\ \begin{array}{l}l_1:\\ l_2:\\ l_3:\end{array}\left[\begin{array}{ccc} r_1+r_4+r_5 & -r_5 & r_1 \\ -r_5 & r_2+r_5+r_6 & r_2 \\ r_1 & r_2 & r_1+r_2+r_3 \end{array}\right]\left[\begin{array}{c}i_1\\ i_2\\ i_3\end{array}\right]=\left[\begin{array}{c}-v_{s1}\\ v_{s6}\\ -v_{s1}-v_{s3}\end{array}\right]\end{array}$$
$$(3.7)$$

となる。係数行列は網路方程式の場合と同様に対称行列であり、係数行列と右辺の電圧源に関する各要素の関係は

i 行 i 列の要素 $= l_i$ に含まれている抵抗の総和

i 行 j 列の要素 $= l_i$ と l_j に共通に含まれる枝があれば、それらの抵抗の総和（二つの閉路が同じ向きならば正、逆ならば負）であり、共通に含まれる枝がなければ 0

右辺の i 行の要素 $= l_i$ に含まれる電圧源の代数和に負の符号を付したものである。

例題 3.3 図 3.6 の回路の閉路 l_1, l_2, l_3 に沿ってその向きの閉路電流を i_1, i_2, i_3 としたとき、閉路方程式を導き、各電流値を求めよ。

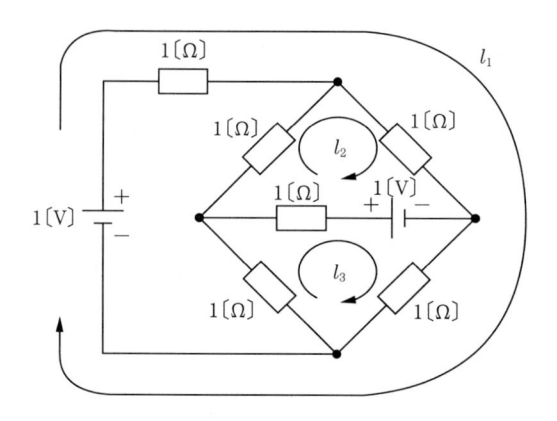

図 3.6

解答 各閉路に対して電圧則を適用して閉路方程式を立て，行列の形で表すと

$$\begin{bmatrix} 3 & 1 & 1 \\ 1 & 3 & -1 \\ 1 & -1 & 3 \end{bmatrix} \begin{bmatrix} i_1 \\ i_2 \\ i_3 \end{bmatrix} = \begin{bmatrix} 1 \\ 1 \\ -1 \end{bmatrix}$$

これを解くと

$$i_1 = \frac{1}{2}, \quad i_2 = 0, \quad i_3 = -\frac{1}{2} \ [\text{A}]$$

◆ 演 習 問 題 ◆

【3.1】 図 3.7 の回路において，節点 n_4 を基準点 ($v_4 = 0$) としてこの回路の節点方程式を導き，n_1, n_2, n_3 の節点電圧 v_1, v_2, v_3 を求めよ。

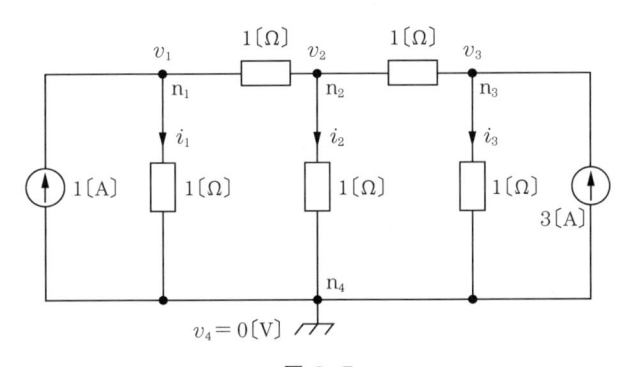

図 3.7

【3.2】 図 3.8 の回路の節点電圧が $v_1 \sim v_5$ であるとき，節点 n_5 を基準点 ($v_5 = 0$) として，この回路の節点方程式を行列の形で求めよ。

【3.3】 図 3.9 の回路において，網路電流 i_1, i_2, i_3 に関する網路方程式を導き，各網路電流を求めよ。

【3.4】 図 3.10 の回路において，網路 $m_1 \sim m_4$ の網路電流 $i_1 \sim i_4$ に関する網路方程式を求めよ。

3. 回路方程式

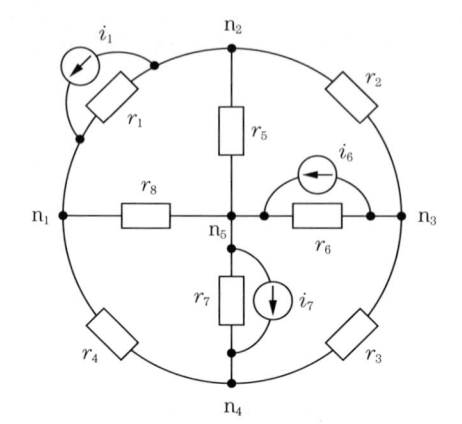

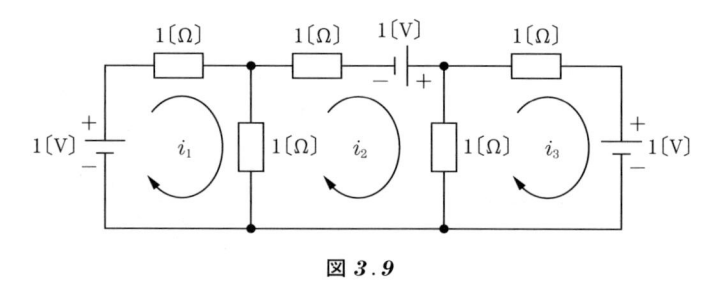

図 3.8

図 3.9

図 3.10

4章 電気回路における諸定理

　この章では，電気回路内の電圧と電流の関係を示す重要な定理である重ね合わせの理，テブナンの定理，ノートンの定理，補償の定理，相反の定理について説明する。これらの定理は，回路解析を行うのに有効であり，回路の性質を調べるうえからも重要である。また，双対の理と回路の双対性について述べ，さらに物理現象の類推について説明する。

4.1　重ね合わせの理

　複数の電源を含む回路において，任意の枝の電流や節点の電圧が電源とどのような関係にあるかを考えてみる。図3.5で示したような回路では，閉路方程式が式(3.7)で表されたが，一般に，三つの独立な閉路をもった線形回路で，電源がすべて電圧源で表されているものとすると，三つの閉路 l_1, l_2, l_3 に流れる電流 i_1, i_2, i_3 に対する閉路方程式は

$$\begin{bmatrix} r_{11} & r_{12} & r_{13} \\ r_{21} & r_{22} & r_{23} \\ r_{31} & r_{32} & r_{33} \end{bmatrix} \begin{bmatrix} i_1 \\ i_2 \\ i_3 \end{bmatrix} = \begin{bmatrix} v_1 \\ v_2 \\ v_3 \end{bmatrix} \qquad (4.1)$$

と表される。右辺の v_1, v_2, v_3 は閉路内の電圧源を足し合わせたものである。ここで，行列に関するクラメールの公式を用いて電流 i_1 を求めると

$$i_1 = \frac{1}{\Delta} \begin{vmatrix} v_1 & r_{12} & r_{13} \\ v_2 & r_{22} & r_{23} \\ v_3 & r_{32} & r_{33} \end{vmatrix} = \frac{1}{\Delta} \left\{ \begin{vmatrix} r_{22} & r_{23} \\ r_{32} & r_{33} \end{vmatrix} v_1 - \begin{vmatrix} r_{12} & r_{13} \\ r_{32} & r_{33} \end{vmatrix} v_2 + \begin{vmatrix} r_{12} & r_{13} \\ r_{22} & r_{23} \end{vmatrix} v_3 \right\} \qquad (4.2)$$

ただし

$$\Delta = \begin{vmatrix} r_{11} & r_{12} & r_{13} \\ r_{21} & r_{22} & r_{23} \\ r_{31} & r_{32} & r_{33} \end{vmatrix}$$

v_1, v_2, v_3 は上で述べたように閉路内の電圧源の組合せであり，v_{s1}, v_{s2}, …, v_{sn} の1次結合で表されるので

$$i_1 = g_1 v_{s1} + g_2 v_{s2} + \cdots + g_n v_{sn} \tag{4.3}$$

と示される．式(4.3)において，まず v_{s1} 以外の電源をすべて0にしたときの電流 $i_{11} = g_1 v_{s1}$，つぎに v_{s2} 以外の電源をすべて0にしたときの電流 $i_{12} = g_2 v_{s2}$，その他の電源に対しても，順次，同様なやり方で電流を求めたとき，すべての電源がある場合の電流 i_1 は各電流の重ね合わせの和になる．すなわち

$$i_1 = i_{11} + i_{12} + \cdots + i_{1n} \tag{4.4}$$

であり，i_2, i_3 に関しても同様である．

　ここで，より具体的に重ね合わせの理を説明するために，図 **4.1**(a)の簡単な回路について，抵抗 r_3 に流れる電流 i を求める場合を考える．まず，図(b)のように $v_2 = 0$（電圧源をはずして，その枝を短絡する）としたときの電流 i' を求め，つぎに図(c)のように $v_1 = 0$ としたときの電流 i'' を求めると，i は

$$i = i' + i'' = \frac{r_2 v_1}{r_1 r_2 + r_2 r_3 + r_3 r_1} + \frac{r_1 v_2}{r_1 r_2 + r_2 r_3 + r_3 r_1} \tag{4.5}$$

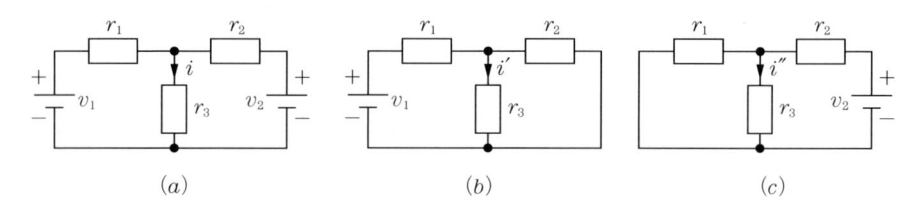

(a)　　　　　　　　　　　(b)　　　　　　　　　　　(c)

図 **4.1**　重ね合わせの理

4.1 重ね合わせの理

となる。

例題 4.1 図 4.2 の回路において，抵抗 $r = 3 \, [\Omega]$ に流れる電流 i を重ね合わせの理を用いて求めよ。

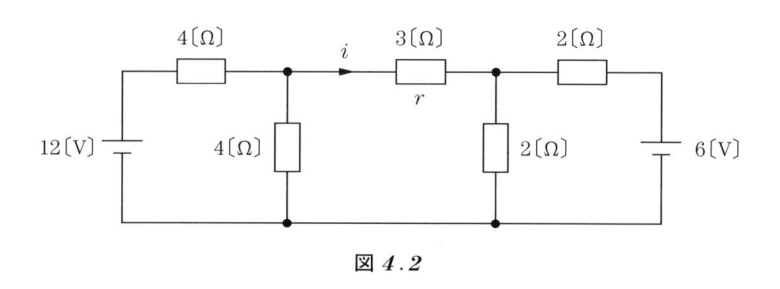

図 4.2

解　答 まず 6 [V] の電圧源を取り除いてこの枝を短絡した回路において，r に流れる電流を i' とし，つぎに 12 [V] の電圧源を取り除いてこの枝を短絡した回路において，r に流れる電流を i''（i' と逆方向）とすると

$$i' = 1, \quad i'' = -\frac{1}{2} \, [A]$$

$$\therefore \quad i = i' + i'' = 1 - \frac{1}{2} = \frac{1}{2} \, [A]$$

電流源を含む回路の節点電流に関する節点方程式についても同様な考え方で重ね合わせの理が成り立つ。つぎの例題で説明するように，複数の電流源を含む回路において，各電流源を単独で働かせる場合，残りの電流源をはずしてその位置の枝を開放すればよい。

例題 4.2 図 4.3 の回路において，抵抗 r_3 に流れる電流 i を重ね合わせの理を用いて求めよ。

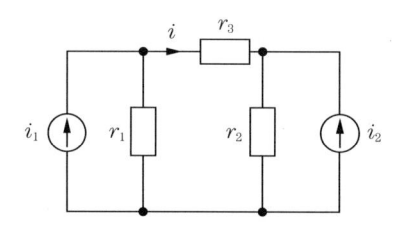

図 4.3

解　答　まず図 $4.4(a)$ の回路において r_3 に流れる電流 i' を求める。

$$i' = \frac{r_1 i_1}{r_1 + r_2 + r_3}$$

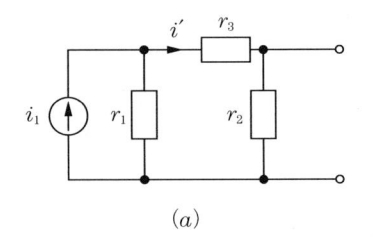

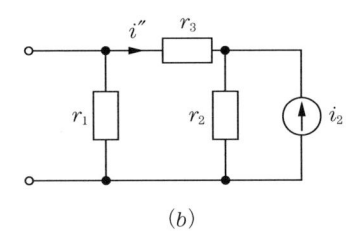

図 4.4

また図 (b) において，r_3 に流れる電流 i'' を求めると

$$i'' = \frac{-r_2 i_2}{r_1 + r_2 + r_3}$$

$$\therefore \quad i = i' + i'' = \frac{r_1 i_1 - r_2 i_2}{r_1 + r_2 + r_3}$$

以上のように，複数の電源を含む回路において，任意の枝の電流または節点電圧は，各電源がそれぞれ単独でその位置で働いたときの電流または電圧の総和に等しい。これを**重ね合わせの理**という。

4.2　テブナンの定理

図 4.5 に示すように，内部に電源を含む回路の任意の 2 点間に抵抗 r を接続したとき，r に流れる電流 i は，つぎのように求められる。1-1' 端子間に r

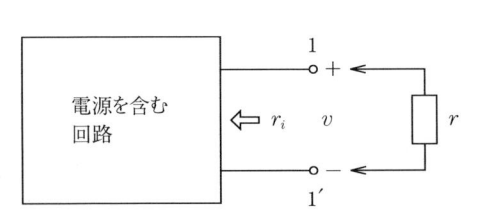

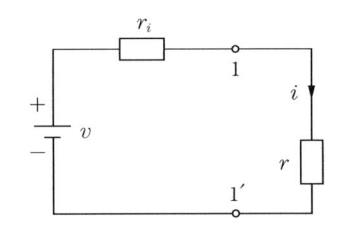

図 4.5　デブナンの定理　　　　図 4.6　電源を含む回路の等価回路

を接続する前の 2 点間の端子電圧が v であり，1-1′ 端子間から回路側をみた抵抗（内部抵抗）が r_i であると，この抵抗 r に流れる電流 i は

$$i = \frac{v}{r + r_i} \qquad (4.6)$$

から得られる．これを**テブナンの定理**という．電源を含む回路を等価回路で示すと図 4.6 のように表される．

　テブナンの定理を証明するには重ね合わせの理を用いればよい．図 4.7 に示すように，図 4.5 の回路の 1-1′ 端子間に電圧 v の電圧源を付け加える．そうすると電源を含む回路の電圧と外部電圧源の電圧は等しいので，$i' = 0$ となるであろう．これに重ね合わせの理を適用して，回路の中の電源をすべて 0 にして（電圧源は取り除いて短絡し，電流源は取り除いて開放する），外部電源のみにしてみる．このとき 1-1′ 端子間から左をみた回路の内部抵抗 r_i と外部抵抗 r に流れる電流 i'' は

$$i'' = -\frac{v}{r + r_i} \qquad (4.7)$$

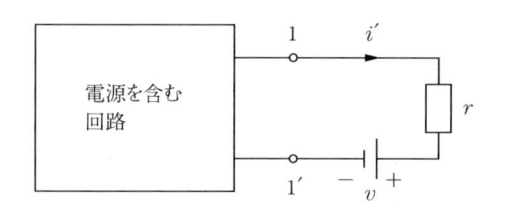

図 4.7　重ね合わせの理を用いたテブナンの定理の証明

　つぎに回路内の電源は元に戻して，外部の電源を 0 にしたとき r に流れる電流を i とすると，この回路は図 4.6 と同じである．重ね合わせの理から

$$i'' + i = i' \qquad (4.8)$$

となる．$i' = 0$ であるから

$$i = -i'' = \frac{v}{r + r_i} \qquad (4.9)$$

となり，テブナンの定理が証明される．この定理を交流回路で使う場合は，抵抗の代わりに 7 章で説明するインピーダンスを用いればよく，まったく同じように使うことができる．

例題 4.3 図 4.8 の回路において，抵抗 $r = 2\,[\Omega]$ に流れる電流 i をテブナンの定理を用いて求めよ．また，その抵抗で消費する電力を求めよ．

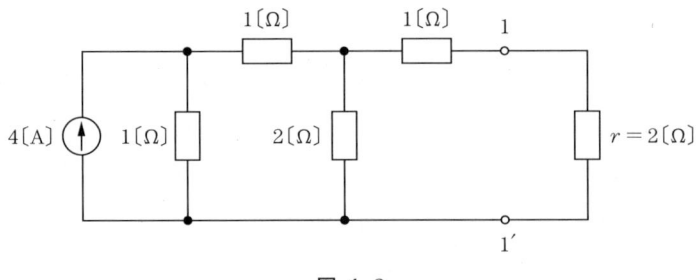

図 4.8

解答 抵抗 r を切り離して 1-1' 端子間の電圧を求めると $2\,[\Omega]$ の抵抗に流れる電流は $1\,[A]$ であるから，1-1' 端子間の電圧 v は，$v = 2\,[V]$

1-1' 端子から左をみた抵抗 r_i は電流源を開放して，$r_i = 2\,[\Omega]$ が得られる．これより

$$i = \frac{v}{r_i + r} = \frac{2}{2 + 2} = \frac{1}{2}\,[A]$$

$$P = ri^2 = 2\left(\frac{1}{2}\right)^2 = \frac{1}{2}\,[W]$$

例題 4.4 図 4.9 の回路において，抵抗 r に流れる電流 i をテブナンの定理を用いて求めよ．

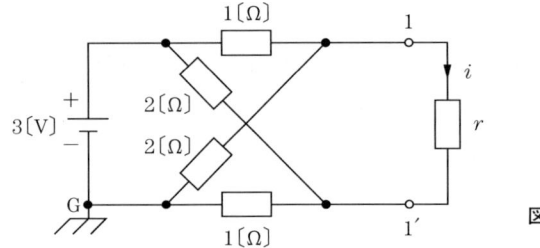

図 4.9

解答 図 4.10(a) に示すように抵抗 r を切り離して 1-1' 端子間の電圧 v を求める．点 G を基準点として，$i_1 = i_2 = 1$ より 1 端子の電圧は $2 \times 1 = 2\,[V]$，1' 端子の電圧は $1 \times 1 = 1\,[V]$ となる．したがって 1-1' 端子間の電圧 v は

$$v = 2 - 1 = 1\,[V]$$

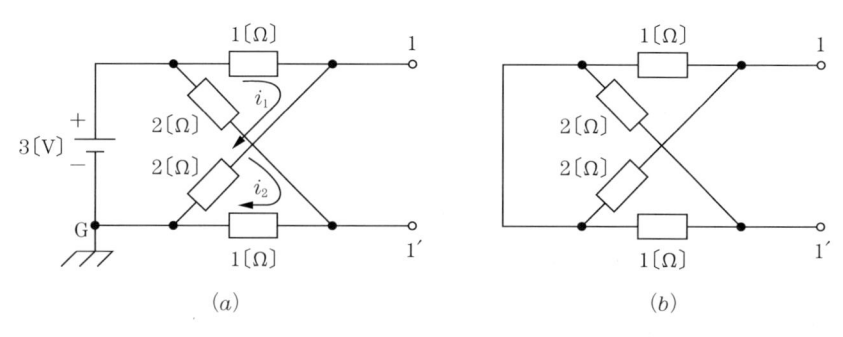

図 **4.10**

つぎに図(b)に示すように 1-1' 端子から右をみた抵抗 r_i は電圧源を短絡にして，全抵抗を求めると

$$r_i = \frac{2}{3} \times 2 = \frac{4}{3}$$

以上より，テブナンの定理を適用すると

$$i = \frac{v}{r_i + r} = \frac{1}{4/3 + r} \ [\text{A}]$$

4.3　ノートンの定理

テブナンの定理は外部回路の抵抗に流れる電流について示したものであるが，図 **4.11**(a) に示すような内部に電源を含む回路の任意の枝に接続されたコンダクタンス g の端子電圧はつぎのように求められる。図(b)に示すように，この枝の 1-1' 端子間を短絡したときに流れる電流が i であり，1-1' 端子間から回路側をみた内部コンダクタンスが g_i であるとき，1-1' 端子間にコンダクタンス g を接続したときにこの端子間に生じる電圧 v は

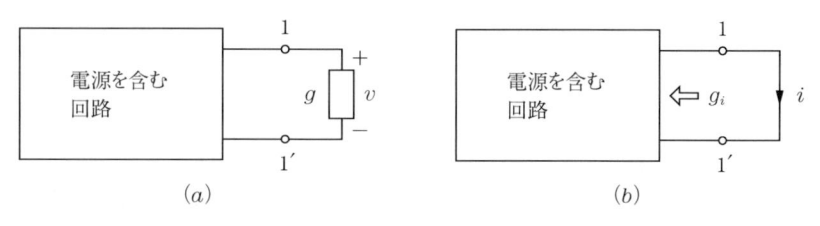

図 **4.11**　ノートンの定理

$$v = \frac{i}{g + g_i} \qquad (4.10)$$

で表される。これを**ノートンの定理**という。ノートンの定理もテブナンの定理と同じように証明されるが，ここでは省略するので各自で試みてほしい。なお，交流回路ではコンダクタンスの代わりにアドミタンスを用いる。

例題 4.5 図 **4.12** の回路において 1-1′ 端子間に接続された抵抗 $r = 2$ 〔Ω〕の端子電圧 v をノートンの定理を用いて求めよ。

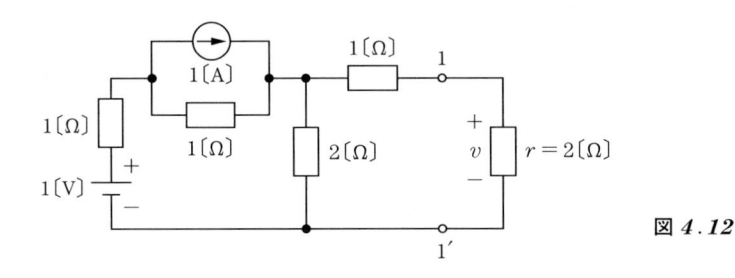

図 **4.12**

解 答 ノートンの定理を適用するにあたって，まず抵抗 r を切り離して 1-1′ 端子間を短絡した図 **4.13**(a) に示す回路を考え，その短絡した枝に流れる電流 i を求める。

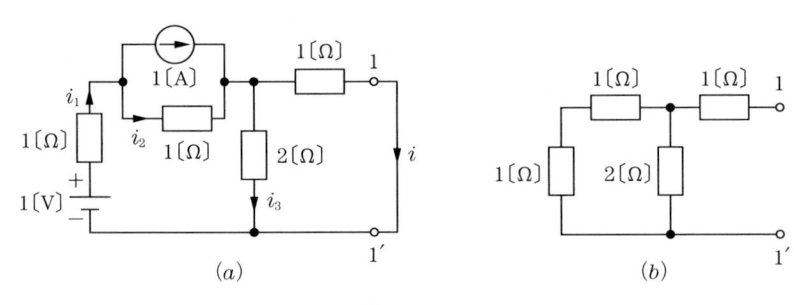

図 **4.13**

電流則を適用して
$$i_1 = 1 + i_2, \quad i + i_3 = 1 + i_2$$
電圧則を適用して
$$1i = 2i_3, \quad 1i_1 + 1i_2 + 2i_3 = 1$$
以上より

$$i = \frac{1}{2} \text{ (A)}$$

が得られる。つぎに 1-1′ 端子から左をみたコンダクタンス g_i を，電流源を開放，電圧源を短絡した図(b)において求めると

$$g_i = \frac{1}{2} \text{ (S)}$$

したがって

$$v = \frac{i}{g_i + 1/r} = \frac{1}{2} \text{ (V)}$$

4.4 補償の定理

図 $4.14(a)$ の電源を含む回路において，任意の枝の抵抗 r に電流 i が流れていて，その抵抗 r が Δr だけ変化したときに，i の変化量 Δi や他の枝に流れる電流の変化量はどうなるであろうか。これを簡単に表すのが**補償の定理**である。図(b)に示すように回路中のすべての電源をすべて 0 にして，r が変化する前に流れていた電流 i と Δr の積からなる起電力 $(i\Delta r)$ を r の枝に直列に接続した状態で求めた電流が Δi である。ただし，起電力 $i\Delta r$ の方向は i の流れていた方向とは逆を正とする。

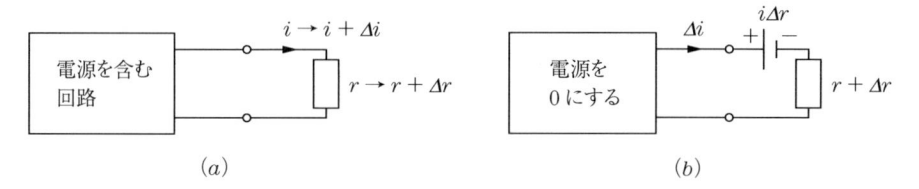

図 4.14 補償の定理

最も簡単な例として図 $4.15(a)$ に示す回路で補償の定理を考えてみる。抵抗 r が図(b)のように Δr だけ変化したとき，電流 i は $i + \Delta i$ に変化するが，i の変化量 Δi は図(c)に示すように $i\Delta r$ を r の枝に直列に接続した状態の回路で求めることができる。すなわち

$$(r + \Delta r)\Delta i + i\Delta r = 0$$

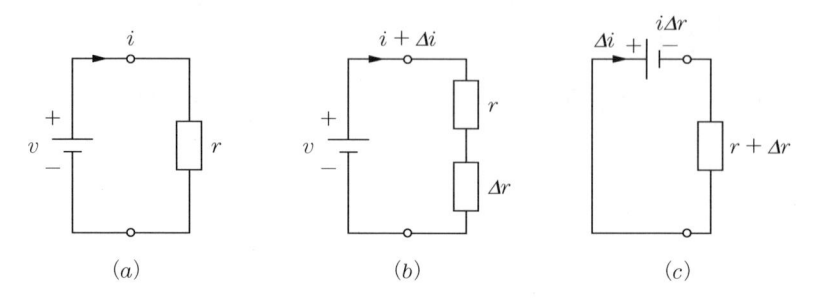

図 4.15 簡単な回路における補償の定理の説明

これより
$$\Delta i = \frac{-i\Delta r}{r + \Delta r} \qquad (4.11)$$
となる。

ここで，図(a)および(b)の回路に戻って回路方程式を考えると，図(b)では
$$(r + \Delta r)(i + \Delta i) = v \qquad (4.12)$$
これより
$$\Delta i = \frac{v}{r + \Delta r} - i = \frac{v - ri - i\Delta r}{r + \Delta r} \qquad (4.13)$$
図(a)の関係で $v = ri$ であるから
$$\Delta i = \frac{-i\Delta r}{r + \Delta r} \qquad (4.14)$$
となり，補償の定理が成り立つことがわかる。この定理は，交流回路でインピーダンスが変化したときにも同様に適用され，抵抗の代わりにインピーダンスを使って表される。

4.5 相反定理

ある線形回路において，閉路 $l_1 \sim l_n$ に電圧源 $v_{s1} \sim v_{sn}$ が接続されて，各閉路に閉路電流 $i_1 \sim i_n$ が流れたとする。一方，各閉路に電圧源 $v_{s1}' \sim v_{sn}'$ を接続したときに各閉路に $i_1' \sim i_n'$ が流れたとすると
$$v_{s1}i_1' + v_{s2}i_2' + \cdots + v_{sn}i_n' = v_{s1}'i_1 + v_{s2}'i_2 + \cdots + v_{sn}'i_n \qquad (4.15)$$

4.5 相反定理

が成り立つ。この定理を**相反定理**というが，つぎのように証明される。

まず，各閉路に電圧源 $v_{s1}\sim v_{sn}$ を接続したときの閉路方程式は式(3.7)のように

$$\begin{bmatrix} r_{11} & \cdots & r_{1n} \\ \vdots & & \vdots \\ r_{n1} & \cdots & r_{nn} \end{bmatrix} \begin{bmatrix} i_1 \\ \vdots \\ i_n \end{bmatrix} = \begin{bmatrix} v_{s1} \\ \vdots \\ v_{sn} \end{bmatrix} \quad r_{ij} = r_{ji}$$

$$\boldsymbol{ri} = \boldsymbol{v_s} \tag{4.16}$$

で表される。一方，各閉路に電圧源 $v_{s1}'\sim v_{sn}'$ を接続したときにも

$$\begin{bmatrix} r_{11} & \cdots & r_{1n} \\ \vdots & & \vdots \\ r_{n1} & \cdots & r_{nn} \end{bmatrix} \begin{bmatrix} i_1' \\ \vdots \\ i_n' \end{bmatrix} = \begin{bmatrix} v_{s1}' \\ \vdots \\ v_{sn}' \end{bmatrix} \quad \boldsymbol{ri}' = \boldsymbol{v_s}' \tag{4.17}$$

となる。行列の公式を用いて式(4.16)の転置行列を求めると

$$(\boldsymbol{ri})^T = \boldsymbol{i}^T \boldsymbol{r}^T = \boldsymbol{v_s}^T \tag{4.18}$$

となり，上式の両辺に右から $\boldsymbol{i}'$ を乗じると

$$\boldsymbol{i}^T \boldsymbol{r}^T \boldsymbol{i}' = \boldsymbol{v_s}^T \boldsymbol{i}' \tag{4.19}$$

を得る。$\boldsymbol{r}$ は対称行列で $\boldsymbol{r}^T = \boldsymbol{r}$ であり，$\boldsymbol{ri}' = \boldsymbol{v_s}'$ であるから，上式は

$$\boldsymbol{i}^T \boldsymbol{v_s}' = \boldsymbol{v_s}^T \boldsymbol{i}' \tag{4.20}$$

これを書き直すと

$$\begin{bmatrix} i_1 & i_2 & \cdots & i_n \end{bmatrix} \begin{bmatrix} v_{s1}' \\ v_{s2}' \\ \vdots \\ v_{sn}' \end{bmatrix} = \begin{bmatrix} v_{s1} & v_{s2} & \cdots & v_{sn} \end{bmatrix} \begin{bmatrix} i_1' \\ i_2' \\ \vdots \\ i_n' \end{bmatrix} \tag{4.21}$$

これより左右両辺を入れ換えて

$$v_{s1}i_1' + v_{s2}i_2' + \cdots + v_{sn}i_n' = v_{s1}'i_1 + v_{s2}'i_2 + \cdots + v_{sn}'i_n \tag{4.22}$$

となり，式(4.15)が得られる。

相反定理は**可逆定理**ともいい，図 **4.16**，図 **4.17** のような簡単な回路において，つぎの可逆則が成り立つ例を指す場合が多い。すなわち，図 4.16 の

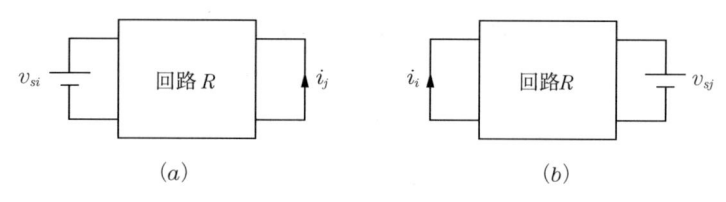

図 4.16 相反定理（I）

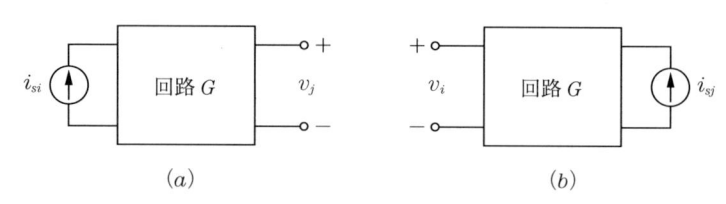

図 4.17 相反定理（II）

内部に起電力がない回路において，i 番目の閉路で他の閉路に含まれない枝に電圧源 v_{si} を接続したとき，j 番目の閉路における他の閉路に含まれない枝に流れる電流を i_j とする。一方，j の閉路の枝に電圧源 v_{sj} を接続したときに i の枝に流れる電流が i_i であるとき

$$v_{si}i_i = v_{sj}i_j \tag{4.23}$$

が成立する。ここで $v_{si} = v_{sj} = v_s$ であるならば，$i_i = i_j$ となる。図 4.17 の回路では

$$i_{si}v_i = i_{sj}v_j \tag{4.24}$$

となる。

例題 4.6 図 4.18 の回路において相反の定理が成り立つことを示せ。

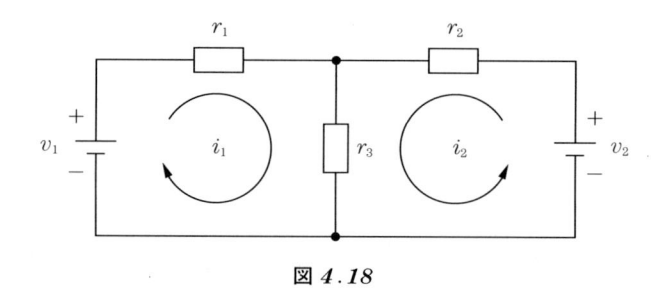

図 4.18

解 答 図の回路の回路方程式は

$$(r_1 + r_3) i_1 + r_3 i_2 = v_1$$
$$r_3 i_1 + (r_2 + r_3) i_2 = v_2$$

ここで，$\varDelta = (r_1 + r_3)(r_2 + r_3) - r_3{}^2$ と置くと

$$i_1 = \frac{1}{\varDelta} \{(r_2 + r_3) v_1 - r_3 v_2\}$$

$$i_2 = \frac{1}{\varDelta} \{-r_3 v_1 + (r_1 + r_3) v_2\}$$

ここで，v_1, v_2 を $v_1{}'$, $v_2{}'$ としたときの電流 i_1, i_2 を $i_1{}'$, $i_2{}'$ とすると，上の2式において $i_1{}'$, $i_2{}'$ は v_1, v_2 の代わりに $v_1{}'$, $v_2{}'$ と置けばよい．これらより

$$v_1 i_1{}' + v_2 i_2{}' = \frac{v_1}{\varDelta} \{(r_2 + r_3) v_1{}' - r_3 v_2{}'\} + \frac{v_2}{\varDelta} \{-r_3 v_1{}' + (r_1 + r_3) v_2{}'\}$$

$$v_1{}' i_1 + v_2{}' i_2 = \frac{v_1{}'}{\varDelta} \{(r_2 + r_3) v_1 - r_3 v_2\} + \frac{v_2{}'}{\varDelta} \{-r_3 v_1 + (r_1 + r_3) v_2\}$$

が得られる．上の2式は等しく，相反の定理が成り立っていることがわかる．

4.6 双対の理

　これまでみてきたように，電気回路中の電圧と電流の関係は，抵抗回路ではオームの法則を，一般的にはキルヒホッフの電圧則と電流則を適用して網路方程式または閉路方程式と節点方程式で表してきた．オームの法則について電圧 v と電流 i の関係をみると式(1.2)で示したように

$$v = ri, \quad i = gv \tag{4.25}$$

と表される．抵抗 r とコンダクタンス g が同じ値をとるならば，数式上，両者はまったく同じ形となる．図 **4.19** の電圧源と抵抗，および電流源とコンダクタンスからなる二つの回路において，抵抗 r に流れる電流 i とコンダク

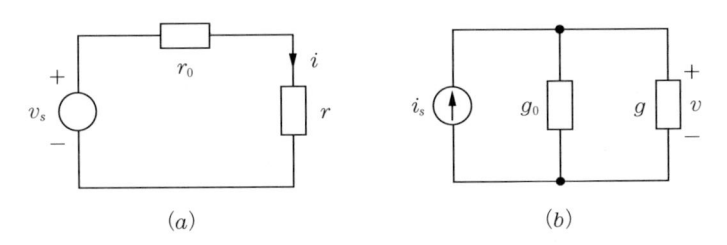

図 **4.19** 双対な回路の例

タンス g の端子電圧 v を求めると

$$i = \frac{1}{r + r_0} v_s, \quad v = \frac{1}{g + g_0} i_s \qquad (4.26)$$

となり，二つの式は同じ形をしている。

このように，回路 A の網路方程式と回路 B の節点方程式が同じ形をしていて，二つの方程式の未知数の数が等しく，また係数も等しければ，回路 A の方程式の解は回路 B の方程式の解と同じになる。このような関係にある回路 A と回路 B は，たがいに**双対**であるという。このとき，電圧と電流，抵抗とコンダクタンス，網路方程式と節点方程式は，それぞれ双対の関係にある。

一般に二つの回路 A と B があって，回路 A で

$$v = f(i) \qquad (4.27)$$

の関係があり，回路 B で

$$i = f(v) \qquad (4.28)$$

が成り立っていると，回路 A と B はたがいに双対な回路という。双対な関係をまとめると

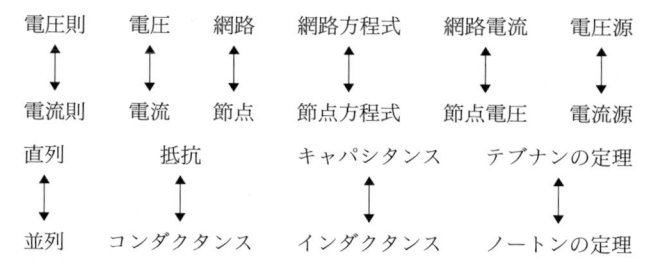

電圧則	電圧	網路	網路方程式	網路電流	電圧源
↕	↕	↕	↕	↕	↕
電流則	電流	節点	節点方程式	節点電圧	電流源

直列	抵抗	キャパシタンス	テブナンの定理
↕	↕	↕	↕
並列	コンダクタンス	インダクタンス	ノートンの定理

となる。ここで双対な回路の求め方について考えてみよう。**図 4.20** に示すような元の回路のグラフにおいて各網路の中と外に節点を設け，これらの節点間を枝（破線）で結び，これらの枝と交わる元のグラフの枝を対応させ，交わる枝の回路素子を双対な関係にある回路素子で置き換えてやればよい。

双対性について述べた関係上，類推についても述べておく。**図 4.21** に示すように回路素子 R, L, C の電流 i と端子電圧 v の関係は

$$v = Ri, \quad v = L\frac{di}{dt}, \quad i = C\frac{dv}{dt} \qquad (4.29)$$

図 4.20 相双な回路の求め方

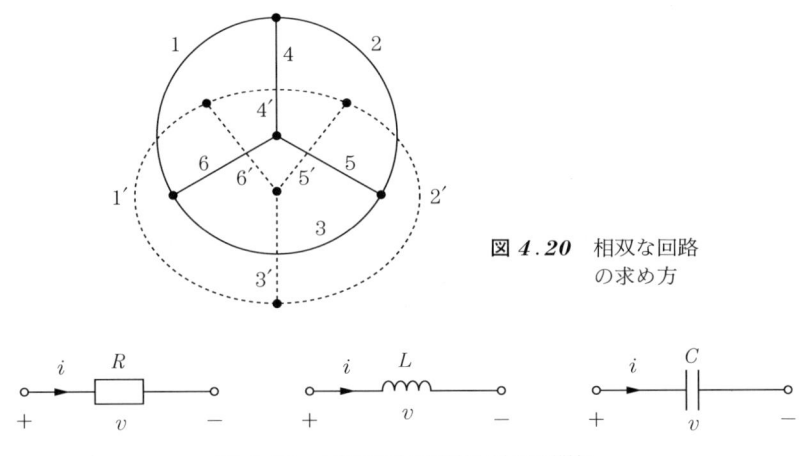

図 4.21 回路素子の電流と電圧の関係

である。

これに対して機械力学でみられる摩擦抵抗 R_m, ばね定数 K, 質量 M に対する力 f と速度 u の関係は

$$f = R_m u, \quad f = M\frac{du}{dt}, \quad u = K\frac{df}{dt} \tag{4.30}$$

と表される。**図 4.22** の RLC 直列回路の回路方程式と質量 M のおもり, ばね定数 K, 摩擦係数 R_m で構成される力学系の方程式は, それぞれ

$$v = L\frac{di}{dt} + Ri + \frac{1}{C}\int i\,dt \quad \text{または} \quad v = L\frac{d^2q}{dt^2} + R\frac{dq}{dt} + \frac{q}{C} \tag{4.31}$$

$$f = M\frac{du}{dt} + R_m u + \frac{1}{K}\int u\,dt \quad \text{または} \quad f = M\frac{d^2x}{dt^2} + R_m\frac{dx}{dt} + \frac{x}{K} \tag{4.32}$$

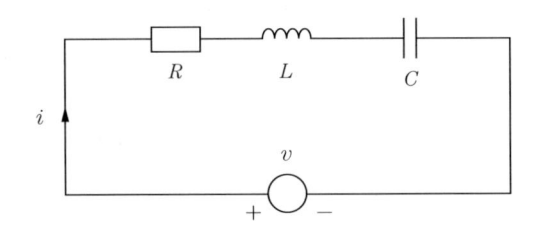

図 4.22 RLC 直列回路と類推

ここで，x は変位を表す。以上のように二つの異なる物理現象は，同じ形の微分方程式で表すことができ，それぞれの特性を示すパラメータは相互に類推の関係にある。類推が成り立つ物理現象は，電気回路による等価回路表現ができる。

例題 4.7 図 4.23 の回路と双対な回路を求めよ。

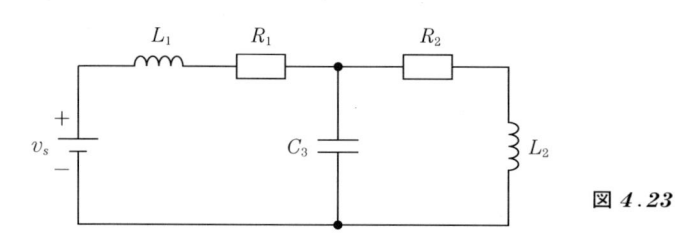

図 4.23

解 答 双対な回路のグラフは図 4.24(a) で表される。各枝に接続されている回路素子を双対な関係を用いて表すと図(b)のようになる。

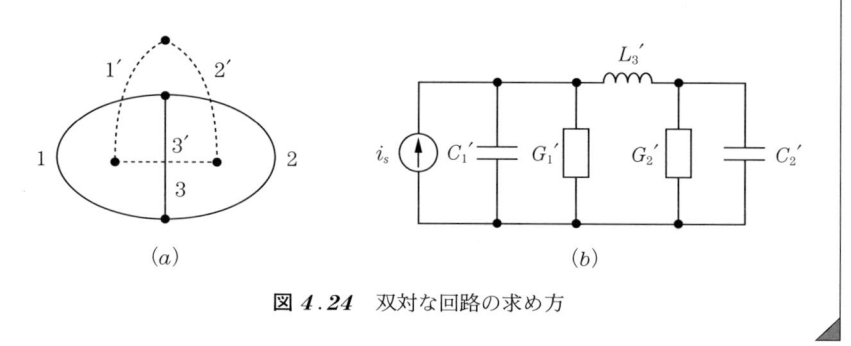

図 4.24 双対な回路の求め方

◆ 演 習 問 題 ◆

【4.1】 図 4.1 の回路の電流 i'，i'' を求め，式(4.5)が成り立つことを確かめよ。

【4.2】 図 4.25 の回路において，重ね合わせの理を用いて $r=2$〔Ω〕に流れる電流 i を求めよ。

【4.3】 図 4.25 の回路の $r=2$〔Ω〕に流れる電流 i を，テブナンの定理を用いて求めよ。

【4.4】 図 4.26 の回路において，テブナンの定理を用いて $r=1$〔Ω〕に流れる電流 i を求めよ。

図 4.25

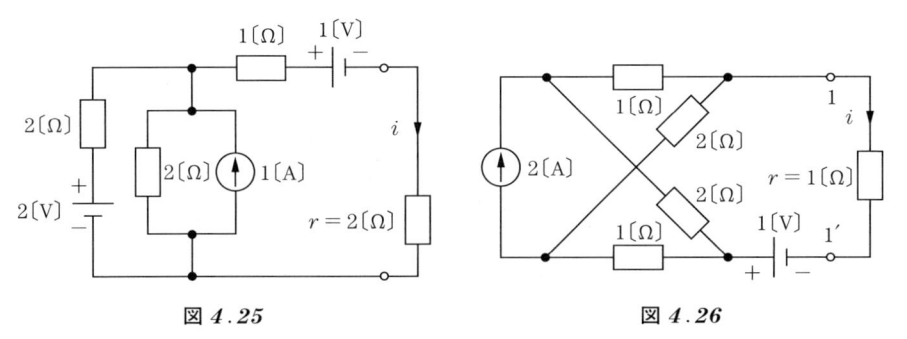

図 4.26

【4.5】 図 4.27 の回路において，ノートンの定理を用いて抵抗 $r = 2$ 〔Ω〕の両端の電圧 v を求めよ。

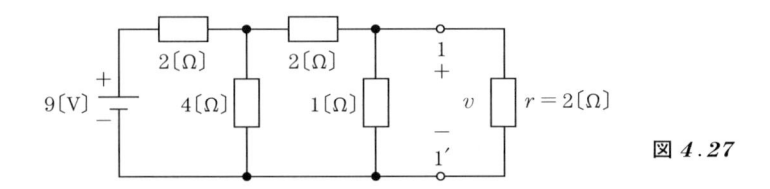

図 4.27

【4.6】 図 4.28 の回路において，ノートンの定理を用いて抵抗 $r = 4$ 〔Ω〕の両端の電圧 v を求めよ。

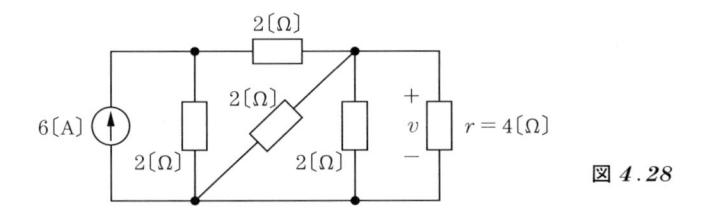

図 4.28

【4.7】 図 4.29 の回路において，相反の定理が成り立つことを確かめよ。

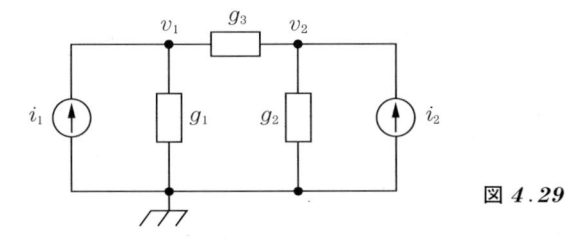

図 4.29

5章

基本回路の過渡現象

この章では抵抗 R，コンデンサ C，コイル L などで構成される基本回路の過渡現象について述べる。RC 回路や RL 回路の回路方程式は1階の微分方程式で表され，RLC 回路の回路方程式は2階の微分方程式で表される。これらの微分方程式の解法を学び，過渡状態の回路の基本的性質について調べる。

5.1　1階微分方程式で表される回路

R，L，C などの回路素子で構成される電気回路に電源を加えた後，十分に長い時間が経過すると回路内の各部の電圧や電流は一定値に落ち着いて，定常状態に達する。しかし，突然に回路に電源を加えたり除いたりした場合や，回路内のスイッチを切り換えて回路の構造を急に変えたりした場合には，定常状態に落ち着くまでにしばらく時間がかかる。定常状態に達するまでの変化の状態を**過渡状態**という。この間の回路内の電圧や電流を調べるのが**過渡現象**の解析である。

5.1.1　RC 回路の過渡現象

まずはじめに**図 5.1** の RC 回路において十分に充電されたコンデンサの両端に抵抗を接続し，電荷が放電される様子を調べてみよう。コンデンサ C は電荷 Q_0，電圧 V_0 に充電されていて，スイッチを $t=0$ で閉じた後のコンデンサ C の端子電圧 v と抵抗 R に流れる電流 i_R について考えてみる。$t \geqq 0$ に

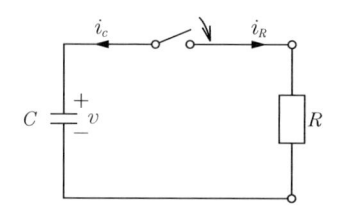

5.1　1階微分方程式で表される回路

おけるコンデンサの端子電圧 v と抵抗の端子電圧とは等しく

$$v = Ri_R$$

またコンデンサ C に流れる電流 i_C は

$$i_C = C\frac{dv}{dt}, \quad i_R + i_C = 0$$

であるから，これらの式をまとめると

$$\frac{dv}{dt} + \frac{1}{CR}v = 0 \tag{5.1}$$

が得られる。式(5.1)はスイッチを閉じた後の $t \geqq 0$ における回路方程式を表しており，v に関する1階微分方程式で表される。式(5.1)は，電荷と電圧の関係 $q = Cv$ より

$$\frac{dq}{dt} + \frac{1}{CR}q = 0 \tag{5.2}$$

とも表される。コンデンサに蓄えられている電荷 q および端子電圧 v はスイッチを閉じた瞬間でも連続であるから

$$t = 0 \text{ で } v = V_0, \quad \text{すなわち} \quad v(0) = V_0, \; q(0) = CV_0$$

これらの $v(0)$，$q(0)$ を $t = 0$ における**初期値**という。

ここで，式(5.1)の微分方程式を解いてみる。式(5.1)を変形して

$$\frac{dv}{v} = -\frac{dt}{CR} \tag{5.3}$$

から両辺を積分して解が得られるが，この方法では1階の微分方程式だけにしか適用できないので，別の解き方を考えてみる。式(5.1)からわかるように関数 v は微分しても形が変わらない関数，すなわち指数関数であることが予想される。そこで

$$v = ke^{st} \tag{5.4}$$

と仮定し，これを微分方程式に代入すると

$$k\left(s + \frac{1}{CR}\right)e^{st} = 0 \tag{5.5}$$

が得られる。ここで，e^{st} は 0 にならないので

$$\left(s + \frac{1}{CR}\right) = 0 \tag{5.6}$$

と考えられる。式(5.6)を式(5.1)の**特性方程式**といい，特性方程式を満足するような s を**特性根**という。したがって，特性根と解の形は

$$s = -\frac{1}{CR} \tag{5.7}$$

$$v = ke^{-\frac{t}{CR}} = ke^{-\frac{t}{\tau}} \tag{5.8}$$

と表される。初期値 $v(0) = V_0$ を適用すると $k = V_0$ となり

$$v = V_0 e^{-\frac{t}{CR}} = V_0 e^{-\frac{t}{\tau}} \tag{5.9}$$

が得られる。電荷 q についても同様な解となる。ここで，$\tau (= CR)$ は**時定数**と呼ばれ，現象の時間的推移を表す数値である。一方，抵抗に流れる電流 i_R は

$$i_R = \frac{V_0}{R} e^{-\frac{t}{CR}}, \quad i_C = -i_R = -\frac{V_0}{R} e^{-\frac{t}{CR}} \tag{5.10}$$

となる。電圧 v がどのように変化するか，その様子を**図 5.2** に示す。この回路では電流 i_R と i_C は v と同じような変化をして 0 に近づく。

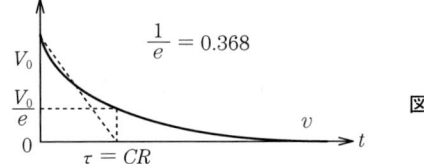

図 5.2 コンデンサの放電による電圧 v の変化

5.1.2 RC 直列回路の過渡現象

図 5.3 に示すような RC 直列回路に電源を接続した回路の過渡現象を考える。$t = 0$ でスイッチを閉じた後，$t \geq 0$ におけるコンデンサ C の端子電圧 v

5.1 1階微分方程式で表される回路

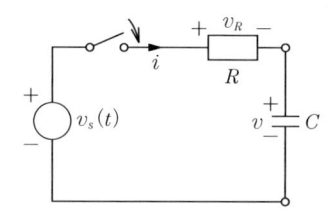

図5.3 簡単なRC回路の過渡現象

と回路に流れる電流 i はどうなるであろうか．$t \geqq 0$ では

$$v_R + v = v_s(t), \quad i = C\frac{dv}{dt}, \quad v_R = Ri = CR\frac{dv}{dt}$$

であるので，回路方程式は

$$CR\frac{dv}{dt} + v = v_s(t) \tag{5.11}$$

となる．

ここで，$v_s(t)$ が二つの電源 $v_{s1}(t)$ と $v_{s2}(t)$ の和

$$v_s(t) = v_{s1}(t) + v_{s2}(t) \tag{5.12}$$

で表されているとすると，回路方程式の解は，重ね合わせの理から式(5.11)の右辺をそれぞれ $v_{s1}(t)$ あるいは $v_{s2}(t)$ と置いた微分方程式の解の和になる．一般に，$v_{s1}(t) = 0$ と置いた場合の同次方程式の解 v_1 と，$v_s(t) = v_{s2}(t)$ である非同次方程式の解 v_2 の和で表される．前者を**余関数**（または補関数），後者を**特解**（または特殊積分）といい，電気回路ではそれぞれを過渡解，定常解ということもある．

まず，右辺 $= 0$ としたときの余関数を求めると，式(5.8)で示したように

$$v_1 = ke^{-\frac{t}{CR}} \quad (k：任意定数) \tag{5.13}$$

である．つぎに，右辺 $= v_s(t)$ の非同次方程式の解（特解）を求めるが

$$CR\frac{dv_2}{dt} + v_2 = v_s(t) \tag{5.14}$$

の解 v_2 は，v のうち v_1 に共通なものを除いたものであり，これを求めるにはいろいろな方法がある．電気回路の場合，$v_s(t)$ の形は V_s（定数），$\sin \omega t$，$\cos \omega t$，e^{at} などに限られるので，以下の**未定係数法**を使うのが便利である．

(1) $v_s(t) = V_s$ (定数，直流) の場合

特解を $v_2 = A$ とおいて微分方程式に代入すると，$A = V_s$ が得られ

$$v = v_1 + v_2 = ke^{-\frac{t}{CR}} + V_s \qquad (5.15)$$

となる。ここで初期条件として $v(0) = V_0$ を与えると

$$V_0 = k + V_s \qquad (5.16)$$

したがって

$$v = V_s + (V_0 - V_s)e^{-\frac{t}{CR}} \qquad (5.17)$$

が解となる。

(2) $v_s(t) = V_m \sin \omega t$ の場合

$v_2 = A \sin \omega t$ と置き，微分方程式に代入すると

$$CR\omega A \cos \omega t + A \sin \omega t = V_m \sin \omega t \qquad (5.18)$$

となり，左辺の $\cos \omega t$ の項が余分となり，係数 A が決まらない。したがって

$$v_2 = A \sin \omega t + B \cos \omega t \quad (A, B \text{ は未定係数}) \qquad (5.19)$$

と置いて微分方程式に代入し，$\sin \omega t$ と $\cos \omega t$ の係数について整理すると

$$\left.\begin{array}{l}(A - CR\omega B)\sin \omega t = V_m \sin \omega t \rightarrow A - CR\omega B = V_m \\ (CR\omega A + B)\cos \omega t = 0 \qquad\qquad \rightarrow CR\omega A + B = 0\end{array}\right\} \qquad (5.20)$$

これより

$$A = \frac{V_m}{1 + (\omega CR)^2}, \quad B = \frac{-\omega CR V_m}{1 + (\omega CR)^2} \qquad (5.21)$$

が得られる。$v_s(t) = V_m \cos \omega t$ の場合にも $\sin \omega t$ の場合と同じように特解を仮定すればよい。以上から，一般解は

$$v = v_1 + v_2 = ke^{-\frac{t}{CR}} + A \sin \omega t + B \cos \omega t \qquad (5.22)$$

となり，初期条件 $v(0)$ を与えることにより未知の k が決定される。

(3) $v_s(t) = e^{\alpha t}$ の場合

特解を $v_2 = A e^{\alpha t}$ と置いて

$$CR \frac{dv}{dt} + v = e^{\alpha t} \qquad (5.23)$$

に代入すると

$$(\alpha CR + 1) Ae^{\alpha t} = e^{\alpha t} \tag{5.24}$$

$\alpha CR + 1 \neq 0$ の場合

$$A = \frac{1}{\alpha CR + 1} \tag{5.25}$$

となり

$$v = ke^{-\frac{t}{CR}} + \frac{1}{1 + \alpha CR} e^{\alpha t} \tag{5.26}$$

が得られる。初期値を $v(0) = V_0$ とすると

$$V_0 = k + \frac{1}{1 + \alpha CR} \tag{5.27}$$

であるから

$$k = V_0 - \frac{1}{1 + \alpha CR} \tag{5.28}$$

となり，一般解

$$v = V_0 e^{-\frac{t}{CR}} + \frac{e^{\alpha t} - e^{-\frac{t}{CR}}}{1 + \alpha CR} \tag{5.29}$$

が得られる。

一方，$\alpha CR + 1 = 0$ の場合，$\alpha = -1/CR$ であるから，$v_s(t) = e^{\alpha t}$ と余関数は同じ形をしている。このとき，$Ae^{\alpha t}$ は余関数に含まれてしまうために A は定まらない。

そこで

$$\alpha = -\frac{1}{CR} + \delta \tag{5.30}$$

と置いて $\delta \to 0$ の極限をとればよい。式(5.29)の α を式(5.30)で表すと

$$\begin{aligned}
v &= V_0 e^{-\frac{t}{CR}} + \frac{e^{-\frac{t}{CR}}(e^{\delta t} - 1)}{1 + (-1/CR + \delta)CR} \\
&= V_0 e^{-\frac{t}{CR}} + \frac{1}{RC} \cdot \frac{e^{-\frac{t}{CR}}(e^{\delta t} - 1)}{\delta} \\
&= V_0 e^{-\frac{t}{CR}} + \frac{1}{RC} e^{-\frac{t}{CR}} \left(t + \frac{\delta t^2}{2!} + \frac{\delta^2 t^3}{3!} + \cdots \right)
\end{aligned} \tag{5.31}$$

ここで，$\delta \to 0$ とすると

$$v = V_0 e^{-\frac{t}{CR}} + \frac{t}{CR} e^{-\frac{t}{CR}} \tag{5.32}$$

となる。

したがって，解を未定係数法で求めるには，特解を

$$v_2 = A t e^{-\frac{t}{CR}} \tag{5.33}$$

と置き，式(5.23)の微分方程式に代入すればよく，その結果は

$$CRAe^{-\frac{t}{CR}} - Ate^{-\frac{t}{CR}} + Ate^{-\frac{t}{CR}} = e^{-\frac{t}{CR}} \tag{5.34}$$

$$CRA = 1$$

となる。これより $A = 1/CR$ が得られ

$$v = ke^{-\frac{t}{CR}} + \frac{t}{CR} e^{-\frac{t}{CR}} \tag{5.35}$$

が求まるが，初期値 $v(0) = V_0$ に対して $k = V_0$ となるから，式(5.35)は式(5.32)と一致する。したがって，特解を求めるのに $v_2 = Ae^{at}$ と置く代わりに $v_2 = Ate^{at}$ と置けばよいことがわかる。

例題 5.1 図 5.4 の回路において，スイッチ S を閉じ，十分に時間が経過してからスイッチを開いた。スイッチを開いた瞬間を $t = 0$ として $t \geq 0$ における抵抗 R_2 に流れる電流 i とコンデンサの端子電圧 v を求めよ。

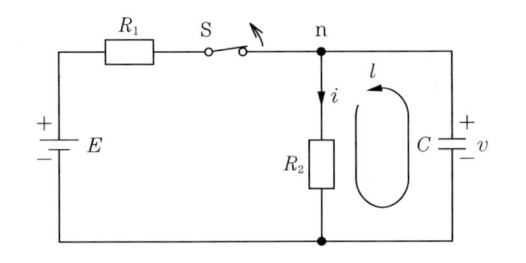

図 5.4

解 答 $t \geq 0$ において，節点 n に直流則を適用すると

$$i + C\frac{dv}{dt} = 0, \quad R_2 i = v$$

これより

$$\frac{v}{R_2} + C\frac{dv}{dt} = 0, \qquad \frac{dv}{dt} + \frac{v}{CR_2} = 0$$

これを解くと

$$v = ke^{-\frac{t}{CR_2}}$$

初期値 $v(0)$ は $t<0$ における回路状態から求まり

$$v(0) = R_2 i(0), \qquad (R_1 + R_2)i(0) = E$$

から

$$v(0) = \frac{R_2 E}{R_1 + R_2} = k$$

したがって

$$v = \frac{R_2 E}{R_1 + R_2} e^{-\frac{t}{CR_2}}$$

閉路 l に電圧則を適用すると

$$R_2 i - v = 0$$

$$i = -C\frac{dv}{dt} \text{ より}$$

$$CR_2 \frac{dv}{dt} + v = 0$$

と同じ形の式となる。

5.1.3 RL 回路の過渡現象

つぎに図 5.5 の RL 回路において $t=0$ でスイッチを閉じたとき，回路に流れる電流がどうなるかを考えてみよう．$t \geqq 0$ における電流 i に関する微分方程式は

$$L\frac{di}{dt} + Ri = v_s(t) \tag{5.36}$$

と表される．RC 回路の場合と同じように 1 階の微分方程式であり，前項で示した解法を用いて i が求められる．

図 5.5 簡単な RL 回路の過渡現象

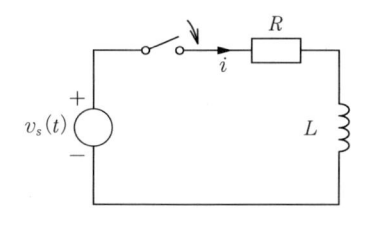

最も簡単な例として，$v_s(t) = V_s$（定数），すなわち直流の場合について考える．余関数 i_1 は

$$i_1 = ke^{st} \tag{5.37}$$

と置いて

5. 基本回路の過渡現象

$$L\frac{di}{dt} + Ri = 0 \tag{5.38}$$

に代入すると

$$(sL + R) ke^{st} = 0 \tag{5.39}$$

となり，$s = -R/L$ が得られる．つぎに特解として $i_2 = A$ と置いて式 (5.36) の i に i_2 を代入すると，$RA = V_s$ が得られ

$$i_2 = \frac{V_s}{R} \tag{5.40}$$

となる．したがって

$$i = i_1 + i_2 = ke^{-\frac{R}{L}t} + \frac{V_s}{R} \tag{5.41}$$

$t < 0$ においては，$i = 0$ であり，またインダクタンスに流れる電流は連続であるから，初期値は $i(0) = 0$ である．これより，$k = -V_s/R$ となり

$$i = \frac{V_s}{R}(1 - e^{-\frac{R}{L}t}) \tag{5.42}$$

が得られる．$v_s(t)$ が $\sin \omega t$ や e^{at} で表される場合にも前項と同じように取り扱うことができる．

例題 5.2 図 5.6(a) の回路において，電圧 $v_s(t)$ の値が図 (b) で与えられるとき，$t \geqq 0$ における電流 i を求めよ．ただし，$i(0) = 0$ とする．また，$a \to 0$ としたときには i はどうなるか．

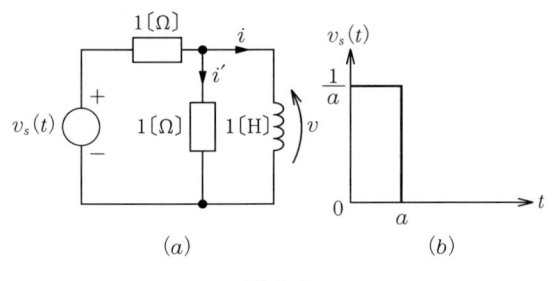

図 5.6

解　答　図の回路でコイルに流れる電流 i に関する微分方程式は

コイルの電圧 $v = \dfrac{di}{dt}$,抵抗に流れる電流 $i' = v$ より

$$\left(i + \frac{di}{dt}\right) + \frac{di}{dt} = v_s \quad \therefore \quad \frac{di}{dt} + \frac{1}{2}i = \frac{1}{2}v_s$$

が得られる。$0 \leq t < a$ では,上式は

$$\frac{di}{dt} + \frac{1}{2}i = \frac{U(t)}{2a} \quad (U(t):単位ステップ関数)$$

と表され,これを解くと

$$i(t) = \frac{1}{a} + ke^{-\frac{t}{2}}$$

$i(0) = 0$ から $k = -1/a$ となる。したがって

$$i(t) = \frac{1}{a}(1 - e^{-\frac{t}{2}})$$

つぎに $a \leq t < \infty$ では

$$\frac{di}{dt} + \frac{1}{2}i = 0$$

$$i(t) = k'e^{-\frac{(t-a)}{2}}, \quad i(a) = \frac{1}{a}(1 - e^{-\frac{a}{2}})$$

したがって

$$i(t) = \frac{1}{a}(1 - e^{-\frac{a}{2}})e^{-\frac{(t-a)}{2}}$$

ここで $a \to 0$ すなわち v_s が δ 関数(単位インパルス関数)のとき

$$i(t) = \frac{1}{a}\left(1 - 1 + \frac{a}{2} - \cdots\right)e^{-\frac{(t-a)}{2}}$$

から

$$i(t) = \frac{1}{2}e^{-\frac{t}{2}}$$

となる。それぞれの波形は**図 5.7** のようになる。

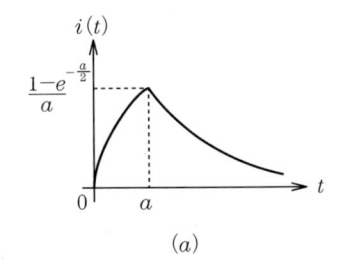

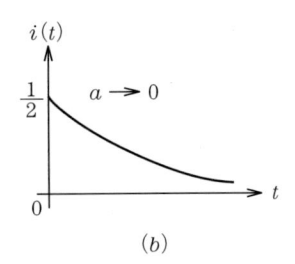

図 5.7

例題 5.3 図 5.8 の回路において，$t=0$ でスイッチ S を閉じた。$t \geq 0$ におけるコイルに流れる電流 i を求めよ。

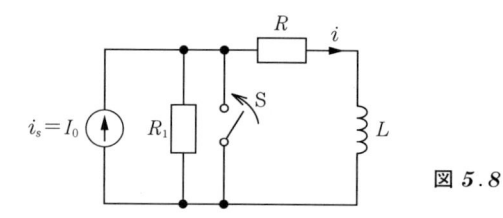

図 5.8

解 答 $t \geq 0$ において

$$Ri + L\frac{di}{dt} = 0$$

$$i = ke^{-\frac{R}{L}t}$$

初期値 $i(0)$ は，$t<0$ において R_1 に流れる電流を i_1 とすると $R_1 i_1 = Ri$ より

$$I_0 = i(0) + i_1(0) = \left(1 + \frac{R}{R_1}\right)i(0)$$

これより

$$i(0) = \frac{I_0}{1 + R/R_1} = k$$

したがって

$$i = \frac{R_1}{R + R_1}I_0 e^{-\frac{R}{L}t}$$

5.2　2 階微分方程式で表される *RLC* 回路の過渡現象

図 5.9 の *RLC* 直列回路において，$t=0$ でスイッチ S を閉じて電源 $v_s(t)$

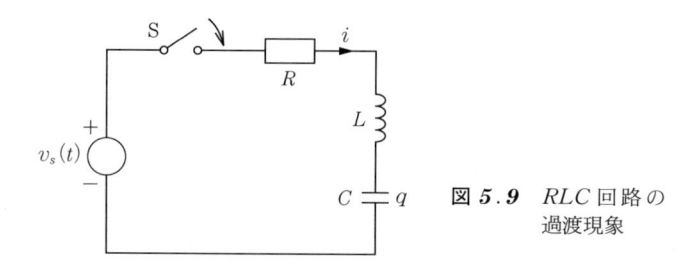

図 5.9　*RLC* 回路の過渡現象

5.2 2階微分方程式で表される RLC 回路の過渡現象

を回路に接続したとき回路に流れる電流 i や電荷 q の変化を考えてみる。

$t \geq 0$ における電流 i と $v_s(t)$ の関係は，キルヒホッフの電圧則によって

$$L\frac{di}{dt} + Ri + \frac{1}{C}\int i\,dt = v_s(t) \tag{5.43}$$

と表される。ここで，$i = dq/dt$ の関係を用いると

$$L\frac{d^2q}{dt^2} + R\frac{dq}{dt} + \frac{1}{C}q = v_s(t) \tag{5.44}$$

が得られる。これは定数係数をもつ2階線形微分方程式である。この方程式の解を求めるのに1階の微分方程式の解法と同様に余関数 q_1 と特解 q_2 について考えてみる。まず

$$L\frac{d^2q_1}{dt^2} + R\frac{dq_1}{dt} + \frac{1}{C}q_1 = 0 \tag{5.45}$$

と置くと，q_1 は1回および2回微分しても形が変わらない性質をもっていると考えられるから

$$q_1 = ke^{st} \quad (k：定数) \tag{5.46}$$

と置いて式(5.45)に代入すると

$$\left(Ls^2 + Rs + \frac{1}{C}\right)ke^{st} = 0 \tag{5.47}$$

となる。$e^{st} \neq 0$ であるから

$$Ls^2 + Rs + \frac{1}{C} = 0 \tag{5.48}$$

この方程式は，1階の場合と同じように，元の微分方程式の**特性方程式**といい，特性方程式の解を**特性根**という。式(5.48)の特性根は

$$s = \frac{1}{2L}\left(-R \pm \sqrt{R^2 - \frac{4L}{C}}\right) \tag{5.49}$$

ここで，特性根 s はつぎの三つの場合が考えられる。

（1） $s = \alpha_1, \alpha_2$ （相異なる二つの実根）の場合

この場合，解として $e^{\alpha_1 t}$ と $e^{\alpha_2 t}$ が得られるが，これらを定数倍したものの和

$$k_1 e^{\alpha_1 t} + k_2 e^{\alpha_2 t}$$

も式(5.45)を満足する。したがって，余関数 q_1 は

$$q_1 = k_1 e^{\alpha_1 t} + k_2 e^{\alpha_2 t} \tag{5.50}$$

で表される。

（2） $s = \alpha$（等根，または重根）の場合

この場合，$k_1 e^{\alpha t}$ が一つの解であるが，別の解として $f(t) e^{\alpha t}$ を仮定して微分方程式に代入してみる。特性方程式は等根 α をもつことから，式(5.45)は

$$\frac{d^2 q_1}{dt^2} - 2\alpha \frac{dq_1}{dt} + \alpha^2 q_1 = 0 \tag{5.51}$$

と表される。

$$q_1 = f(t) e^{\alpha t}$$

$$\frac{dq_1}{dt} = \left(\frac{df(t)}{dt} + \alpha f(t) \right) e^{\alpha t}$$

$$\frac{d^2 q_1}{dt^2} = \left(\frac{d^2 f(t)}{dt^2} + 2\alpha \frac{df(t)}{dt} + \alpha^2 f(t) \right) e^{\alpha t}$$

を微分方程式に代入すると

$$\left(\frac{d^2 f(t)}{dt^2} \right) e^{\alpha t} = 0 \tag{5.52}$$

$e^{\alpha t} \neq 0$ であるから，$d^2 f(t)/dt^2 = 0$ となり，これを積分すると

$$f(t) = k_2 t + k_3 \quad (k_2,\ k_3 \text{ は任意の定数}) \tag{5.53}$$

が得られる。したがって余関数 q_1 は

$$q_1 = k_1 e^{\alpha t} + f(t) e^{\alpha t} = k_1 e^{\alpha t} + k_2 t e^{\alpha t} + k_3 e^{\alpha t} \tag{5.54}$$

となるが，$k_1 e^{\alpha t}$ と $k_3 e^{\alpha t}$ はいずれかに含まれるので，けっきょく

$$q_1 = k_1 e^{\alpha t} + k_2 t e^{\alpha t} \tag{5.55}$$

が $s = \alpha$（等根）のときの余関数となる。

（3） $s = \alpha \pm j\beta$（相異なる二つの複素根，$j^2 = -1$，s は共役複素数）の場合

この場合，余関数は

$$q_1 = k_1 e^{(\alpha + j\beta)t} + k_2 e^{(\alpha - j\beta)t} \tag{5.56}$$

で表されるが，オイラーの公式を用いて変形すると

$$q_1 = e^{\alpha t}(k_1 e^{j\beta t} + k_2 e^{-j\beta t})$$
$$= e^{\alpha t}[k_1(\cos \beta t + j \sin \beta t) + k_2(\cos \beta t - j \sin \beta t)]$$
$$= e^{\alpha t}[(k_1 + k_2)\cos \beta t + j(k_1 - k_2)\sin \beta t] \quad (5.57)$$

ここで，$A = k_1 + k_2$，$B = j(k_1 - k_2)$ と置くと

$$q_1 = e^{\alpha t}(A \cos \beta t + B \sin \beta t) \quad (5.58)$$

と表され，解は実数の形で表すことができる。

以上の三つの解についてみると，通常 R，L，C はすべて正の値であるから，特性根の実部はつねに負であり，それぞれは**図 5.10** のような形で変化する。

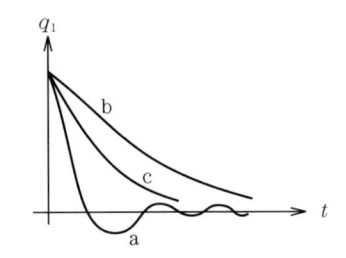

図 5.10 RLC 回路における電荷 q_1 の変化

図の a：負の実部をもつ共役複素根の場合を**減衰振動**

図の b：相異なる負の実根をもつ場合を**過減衰**

図の c：負の等根をもつ場合を**臨界減衰**

といい，電荷だけでなく電流や電圧の過渡現象も同じような振る舞いをする。

例題 5.4 図 **5.11**(a) の回路において，図(b) に示すような時刻 $t = 0$

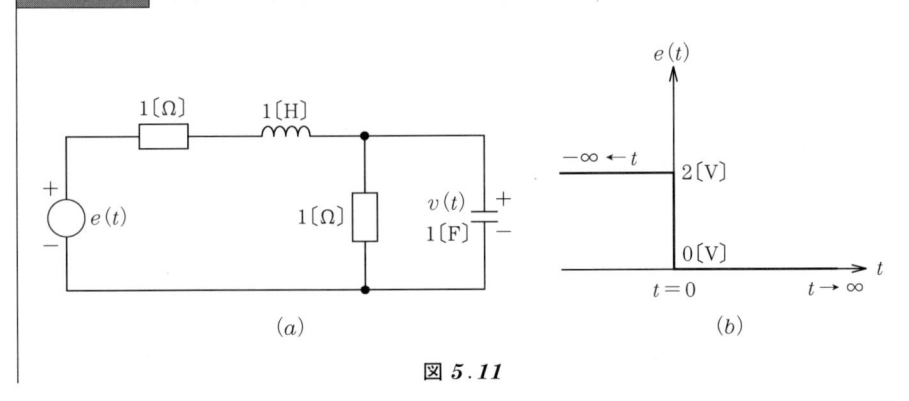

図 5.11

で急激に電圧が変化する電圧 $e(t)$ が加わっているとき，$t \geq 0$ におけるコンデンサの端子電圧 $v(t)$ を求めよ。

解　答　$t \geq 0$ において電圧源から供給される電圧は 0 となるから，これは $t = 0$ で電圧源のある枝がショートされた状態とみなせる。インダクタンスに流れる電流を i，$1[\Omega]$ の並列抵抗に流れる電流を i_1 とすると

$$1 i_1 = v, \quad i = i_1 + 1\frac{dv}{dt}, \quad 1 i + 1\frac{di}{dt} + v = 0$$

これより

$$\frac{d^2 v}{dt^2} + 2\frac{dv}{dt} + 2v = 0$$

上式の特性方程式と特性根は

$$s^2 + 2s + 2 = 0, \quad s = -1 \pm j \quad (j = \sqrt{-1})$$

v に関する方程式の解は

$$v = e^{-t}(A \cos t + B \sin t)$$

初期値は $t = 0$ 直前，すなわち $t < 0$ の回路状態で

$$i(0) = i_1(0) = 1, \quad v(0) = 1 i_1(0) = 1$$

$$\frac{dv(0)}{dt} = i(0) - i_1(0) = 0$$

これらの初期値から $A = 1$，$B = 1$ が得られる。したがって

$$v = e^{-t}(\cos t + \sin t)$$

続いて特解 q_2 の求め方について述べる。前に説明したように未定係数法を使って，非同次方程式の解を求めてみる。

（1）$v_s(t) = V$（定数）の場合

このときには特解を $q_2 = Q$（定数）として式(5.44)に代入すると

$$\frac{Q}{C} = V, \quad Q = CV \tag{5.59}$$

が得られ，$q_2 = CV$ となる。したがって $s = \alpha \pm j\beta$ のとき，電荷 q は

$$q = q_1 + q_2 = e^{\alpha t}(A \cos \beta t + B \sin \beta t) + CV \tag{5.60}$$

となる。

（2）$v_s(t) = V_m \sin \omega t$ の場合

このときは $q_2 = A_s \sin \omega t + A_c \cos \omega t$ と置いて微分方程式に代入すると

5.2 2階微分方程式で表される RLC 回路の過渡現象

$$\left\{\left(\frac{1}{C} - \omega^2 L\right) A_s - \omega R A_c\right\} \sin \omega t$$
$$+ \left\{\left(\frac{1}{C} - \omega^2 L\right) A_c + \omega R A_s\right\} \cos \omega t = V_m \sin \omega t \tag{5.61}$$

これより未定係数法を用いて

$$\left\{\left(\frac{1}{C} - \omega^2 L\right) A_s - \omega R A_c\right\} = V_m \tag{5.62}$$

$$\left\{\left(\frac{1}{C} - \omega^2 L\right) A_c + \omega R A_s\right\} = 0 \tag{5.63}$$

を得るので,上の二つの式を解くと

$$A_s = \frac{(1/C - \omega^2 L) V_m}{(1/C - \omega^2 L)^2 + (\omega R)^2}, \quad A_c = \frac{-\omega R V_m}{(1/C - \omega^2 L)^2 + (\omega R)^2} \tag{5.64}$$

もし,$R = 0$,$\omega^2 = 1/LC$ のときには特性根が $s = \pm j\omega$ となるから,余関数は

$$q_1 = A \cos \omega t + B \sin \omega t$$

であり,$\cos \omega t$ と $\sin \omega t$ の項を含み,電源 $v_s(t) = V_m \sin \omega t$ と同じ形をしているので,特解は

$$q_2 = A_s t \sin \omega t + A_c t \cos \omega t \tag{5.65}$$

と置くことにする。これを微分方程式に代入して A_s と A_c を求めると

$$A_s = 0, \quad A_c = -\frac{V_m}{2\omega L} \tag{5.66}$$

が得られる。

(3) $v_s(t) = V_m e^{\alpha t}$ の場合

1階微分方程式の場合と同じように,α の値によって解の形が異なる。

a) $L\alpha^2 + R\alpha + 1/C \neq 0$ のとき

$q_2 = A e^{\alpha t}$ と置いて微分方程式に代入すると

$$\left(L\alpha^2 + R\alpha + \frac{1}{C}\right) A e^{\alpha t} = V_m e^{\alpha t} \tag{5.67}$$

これより

$$A = \frac{V_m}{L\alpha^2 + R\alpha + 1/C}, \quad q_2 = \frac{V_m}{L\alpha^2 + R\alpha + 1/C} e^{\alpha t} \qquad (5.68)$$

得られる。

b) $L\alpha^2 + R\alpha + 1/C = 0$ のとき

余関数 q_1 と電源 $v_s(t)$ の形が同じであるので

$$q_2 = At e^{\alpha t} \qquad (5.69)$$

と置いて微分方程式に代入すると

$$\left\{ \left(L\alpha^2 + R\alpha + \frac{1}{C} \right) t + 2L\alpha + R \right\} A e^{\alpha t} = V_m e^{\alpha t} \qquad (5.70)$$

これより

$$A = \frac{V_m}{2L\alpha + R}, \quad q_2 = \frac{V_m}{2L\alpha + R} t e^{\alpha t} \qquad (5.71)$$

が得られる。

c) 特性根が重根で α に等しいとき

$$R^2 = \frac{4L}{C}, \quad \alpha = -\frac{R}{2L} \qquad (5.72)$$

であり，$e^{\alpha t}$, $t e^{\alpha t}$ ともに余関数に含まれるので

$$q_2 = A t^2 e^{\alpha t} \qquad (5.73)$$

として微分方程式に代入すると

$$\left\{ \left(L\alpha^2 + R\alpha + \frac{1}{C} \right) t^2 + 2(2L\alpha + R) t + 2L \right\} A e^{\alpha t} = V_m e^{\alpha t} \qquad (5.74)$$

を得る。ここで，左右両辺の関係から

$$\left(L\alpha^2 + R\alpha + \frac{1}{C} \right) = 0, \quad (2L\alpha + R) = 0 \qquad (5.75)$$

となるので，式(5.76)が得られる。

$$A = \frac{V_m}{2L}, \quad q_2 = \frac{V_m}{2L} t^2 e^{\alpha t} \qquad (5.76)$$

例題 5.5 図 5.12 の回路において，スイッチ S を開いた状態で十分に時間が経過した後に，$t = 0$ でスイッチを閉じた。$t \geqq 0$ におけるコンデンサの端子電圧 v を求めよ。

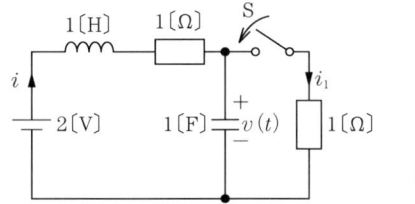

5.2 2階微分方程式で表される RLC 回路の過渡現象

図 5.12

解　答　$t \geq 0$ において電圧則より

$$1i + 1\frac{di}{dt} + v = 2 \quad (1) \qquad i = v + 1\frac{dv}{dt} \quad (2)$$

これより

$$\frac{d^2v}{dt^2} + 2\frac{dv}{dt} + 2v = 2$$

上式の特性方程式と特性根は

$$s^2 + 2s + 2 = 0, \qquad s = -1 \pm j \quad (j = \sqrt{-1})$$

余関数と特解はそれぞれ

$$v_t = e^{-t}(A\cos t + B\sin t), \qquad v_s = 1$$

これより

$$v = v_s + v_t = 1 + e^{-t}(A\cos t + B\sin t)$$

初期値は $t = 0$ 直前，すなわち $t < 0$ の回路状態で

$$i(0) = 0, \qquad v(0) = 2, \qquad (2)\text{より}\ \frac{dv(0)}{dt} = -2$$

これらの初期値から $A = 1,\ B = -1$ が得られる．したがって

$$v = 1 + e^{-t}(\cos t - \sin t)$$

例題 5.6　図 5.13 の回路において，スイッチ S を開いた状態で十分に時間が経過した後に，$t = 0$ でスイッチを閉じた．$t \geq 0$ におけるコンデンサの端子電圧 v を求めよ．

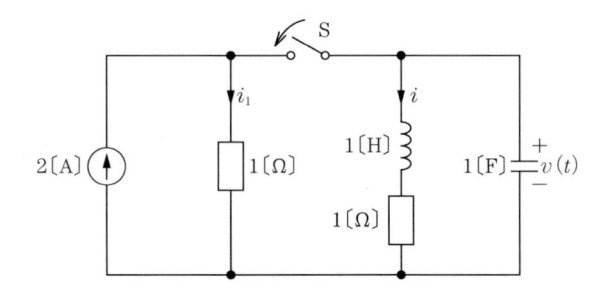

図 5.13

解 答 $t \geqq 0$ において電流則を用いて

$$i + i_1 + 1\frac{dv}{dt} = 2, \qquad 1i_1 = 1i + 1\frac{di}{dt} = v$$

これより

$$\frac{d^2v}{dt^2} + 2\frac{dv}{dt} + 2v = 2$$

上式の特性方程式と特性根は

$$s^2 + 2s + 2 = 0, \qquad s = -1 \pm j \quad (j = \sqrt{-1})$$

余関数と特解はそれぞれ

$$v_t = e^{-t}(A\cos t + B\sin t), \qquad v_s = 1$$

これより

$$v = 1 + e^{-t}(A\cos t + B\sin t)$$

初期値は

$$i(0) = 0, \qquad v(0) = 0, \qquad i_1(0) = 2, \qquad \frac{dv(0)}{dt} = 2$$

これらの初期値から $A = -1$, $B = 1$ が得られる。したがって

$$v = 1 - e^{-t}(\cos t - \sin t)$$

5.3 微分方程式の解法

5.3.1 1階線形微分方程式の解法

ここでは一般的な微分方程式の解法について説明する。まず，1階線形微分方程式の一般的な形は

$$\frac{dx}{dt} + p(t)x = q(t) \tag{5.77}$$

で表されるが，これを解くために $e^{\int p(t)dt}$ を上式の両辺にかけてみる。

$$\frac{dx}{dt}e^{\int p(t)dt} + p(t)e^{\int p(t)dt}x = q(t)e^{\int p(t)dt} \tag{5.78}$$

ここで

$$\text{左辺} = \frac{d}{dt}\{e^{\int p(t)dt}x\} \tag{5.79}$$

であるので，両辺を積分すると

$$e^{\int p(t)dt} x = \int q(t) e^{\int p(t)dt} dt + k \tag{5.80}$$

となる。k は積分定数である。これより

$$x = e^{-\int p(t)dt} \left[\int q(t) e^{\int p(t)dt} dt + k \right] \tag{5.81}$$

が得られ，これが1階線形微分方程式の解である。

つぎに**定数変化法**による解法を示す。まず微分方程式の右辺を 0 と置いてみる。すなわち

$$\frac{dx}{dt} + p(t) x = 0 \tag{5.82}$$

これを変形して

$$\frac{dx}{x} + p(t) dt = 0 \tag{5.83}$$

両辺を積分すると

$$\log x + \int p(t) dt = C' \tag{5.84}$$

ここで C' は積分定数である。式(5.84)を変形すると

$$x = e^{C'} e^{-\int p(t)dt} = C e^{-\int p(t)dt} \tag{5.85}$$

が得られる。これは余関数である。

つぎに式(5.77)の微分方程式の右辺を $q(t) \neq 0$ として，その解が

$$x = C(t) e^{-\int p(t)dt} \quad (C(t): t \text{ の関数}) \tag{5.86}$$

で表されるものとする。これを微分方程式に代入すると

$$\frac{dC(t)}{dt} e^{-\int p(t)dt} - C(t) p(t) e^{-\int p(t)dt} + p(t) C(t) e^{-\int p(t)dt}$$
$$= \frac{dC(t)}{dt} e^{-\int p(t)dt} = q(t) \tag{5.87}$$

となり

$$\frac{dC(t)}{dt} = q(t) e^{\int p(t)dt} \tag{5.88}$$

が得られる。式(5.88)の両辺を積分すると

$$C(t) = \int q(t) e^{\int p(t)dt} dt + k \quad (k : 任意の積分定数) \tag{5.89}$$

これより

$$x = e^{-\int p(t)dt}\left[\int q(t)\,e^{\int p(t)dt}dt + k\right] \tag{5.90}$$

となり，式(5.81)と一致する．式(5.85)の余関数は上式の右辺第2項に含まれることになる．

5.3.2 2階線形微分方程式の解法

未定係数法を用いた2階線形微分方程式の解法について説明してきたが，一般的な形の微分方程式について，定数変化法による解の求め方を示す．

$$\frac{d^2x}{dt^2} + p(t)\frac{dx}{dt} + q(t)x = r(t) \tag{5.91}$$

まず，$r(t) = 0$ のときの解を x_1，x_2 とすると余関数 x は

$$x = k_1 x_1 + k_2 x_2 \quad (k_1,\ k_2 は定数，x_1,\ x_2 は t の関数) \tag{5.92}$$

と表される．ここで，k_1，k_2 の代わりに u_1，u_2 を用いて

$$X = u_1 x_1 + u_2 x_2 \quad (u_1,\ u_2 は t の関数) \tag{5.93}$$

と表し，X が $r(t) \neq 0$ の方程式の特解になるように u_1，u_2 を求めることにする．X を微分すると

$$\frac{dX}{dt} = \left(u_1\frac{dx_1}{dt} + u_2\frac{dx_2}{dt}\right) + \left(\frac{du_1}{dt}x_1 + \frac{du_2}{dt}x_2\right) \tag{5.94}$$

が得られるが，ここで

$$\frac{du_1}{dt}x_1 + \frac{du_2}{dt}x_2 = 0 \tag{5.95}$$

と仮定して，式(5.94)を微分して X の2階微分を求めると

$$\frac{d^2X}{dt^2} = \frac{du_1}{dt}\cdot\frac{dx_1}{dt} + u_1\frac{d^2x_1}{dt^2} + \frac{du_2}{dt}\cdot\frac{dx_2}{dt} + u_2\frac{d^2x_2}{dt^2} \tag{5.96}$$

となる．dX/dt，d^2X/dt^2 を元の微分方程式に代入すると

$$u_1\frac{d^2x_1}{dt^2} + u_2\frac{d^2x_2}{dt^2} + \frac{du_1}{dt}\cdot\frac{dx_1}{dt} + \frac{du_2}{dt}\cdot\frac{dx_2}{dt}$$

$$+ p(t)\left(u_1\frac{dx_1}{dt} + u_2\frac{dx_2}{dt}\right) + q(t)(u_1 x_1 + u_2 x_2) = r(t) \tag{5.97}$$

が得られる。これを書き直すと

$$u_1\left(\frac{d^2x_1}{dt^2}+p(t)\frac{dx_1}{dt}+q(t)x_1\right)+u_2\left(\frac{d^2x_2}{dt^2}+p(t)\frac{dx_2}{dt}+q(t)x_2\right)$$
$$+\frac{du_1}{dt}\cdot\frac{dx_1}{dt}+\frac{du_2}{dt}\cdot\frac{dx_2}{dt}=r(t) \tag{5.98}$$

となる。ここで，x_1, x_2 は $r(t)=0$ のときの解であるから，上式の第1項と第2項は0となり，けっきょく

$$\frac{du_1}{dt}\cdot\frac{dx_1}{dt}+\frac{du_2}{dt}\cdot\frac{dx_2}{dt}=r(t) \tag{5.99}$$

を得る。式(5.95)の仮定と式(5.99)から

$$\frac{du_1}{dt}=\frac{-x_2 r(t)}{x_1\frac{dx_2}{dt}-x_2\frac{dx_1}{dt}},\quad \frac{du_2}{dt}=\frac{x_1 r(t)}{x_1\frac{dx_2}{dt}-x_2\frac{dx_1}{dt}} \tag{5.100}$$

となる。上式の分母は x_1 と x_2 の**ロンスキアン**と呼ばれ，x_1 と x_2 がたがいに独立であれば0とはならないので，上式を積分すれば u_1 と u_2 が求められる。以上より，微分方程式の解は，式(5.92)の余関数と式(5.93)の特解の和で表され

$$x=x+X=k_1 x_1+k_2 x_2+u_1(t)x_1+u_2(t)x_2 \tag{5.101}$$

となる。

例題 5.7 つぎの微分方程式の解を求めよ。

$$\frac{d^2x}{dt^2}+2\frac{dx}{dt}+x=te^{-t}$$

解答 特性根は -1（二重根）であるから

$$x_1=e^{-t},\quad x_2=te^{-t},\quad \frac{dx_1}{dt}=-e^{-t},\quad \frac{dx_2}{dt}=e^{-t}-te^{-t}$$

となり

$$x_1\frac{dx_2}{dt}-x_2\frac{dx_1}{dt}=e^{-t}(e^{-t}-te^{-t})+te^{-2t}=e^{-2t}$$
$$u_1=-\int_0^t\frac{\tau e^{-\tau}\cdot\tau e^{-\tau}}{e^{-2\tau}}d\tau=-\int_0^t\tau^2 d\tau=-\frac{t^3}{3}$$
$$u_2=\int_0^t\frac{e^{-\tau}\cdot\tau e^{-\tau}}{e^{-2\tau}}d\tau=\int_0^t\tau d\tau=\frac{t^2}{2}$$

これより特解 X は

$$X = -\frac{t^3}{3}e^{-t} + \frac{t^3}{2}e^{-t} = \frac{t^3}{6}e^{-t}$$

したがって

$$x = C_1 e^{-t} + C_2 t e^{-t} + \frac{t^3}{6}e^{-t}$$

◆ 演 習 問 題 ◆

【5.1】 図 5.14 の回路において，$t=0$ でスイッチ S を 1 から 2 に切り換えた。$t \geqq 0$ におけるコンデンサの端子電圧 v を求めよ。

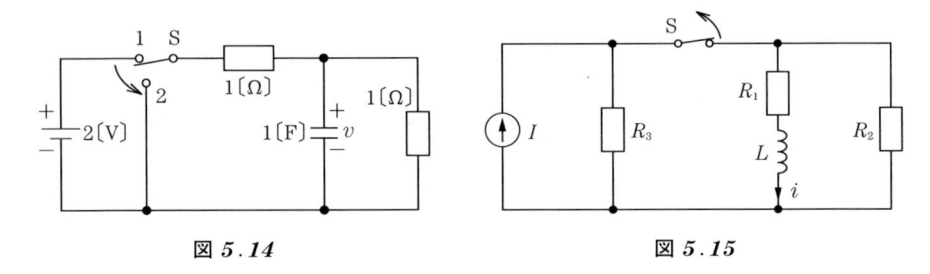

図 5.14

図 5.15

【5.2】 図 5.15 の回路において，$t=0$ でスイッチ S を開いた。$t \geqq 0$ におけるコイルに流れる電流 i を求めよ。

【5.3】 図 5.16 の回路において，スイッチ S を 1 に閉じた状態で十分に時間が経過した後に，$t=0$ でスイッチ S を 1 から 2 に切り換えた。$t \geqq 0$ におけるコンデンサの端子電圧 v を求めよ。

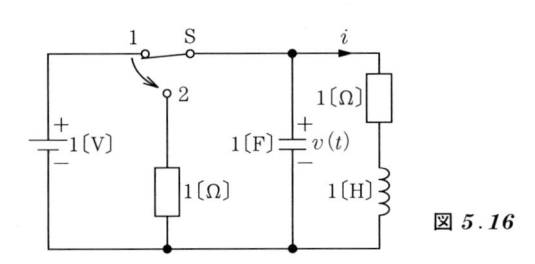

図 5.16

【5.4】 図 5.17 の回路において，スイッチ S を閉じた状態で十分に時間が経過した後に，$t=0$ でスイッチを開いた。$t \geqq 0$ におけるコンデンサの端子電圧 v を求めよ。

図 5.17

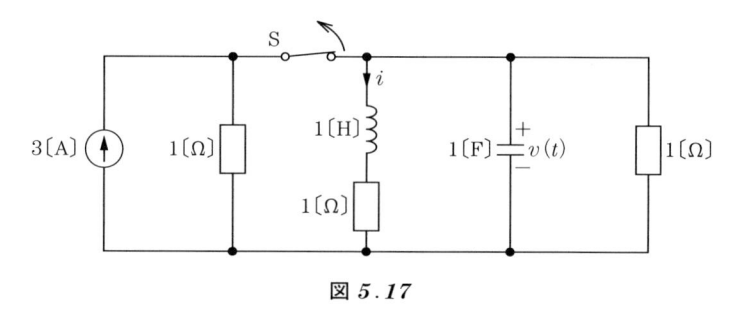

【5.5】 図 5.18 の回路において，スイッチ S を 1 に閉じた状態で十分に時間が経過した後に，$t = 0$ でスイッチを 1 から 2 に切り換えた。$t \geqq 0$ におけるコンデンサの端子電圧 v を求めよ。

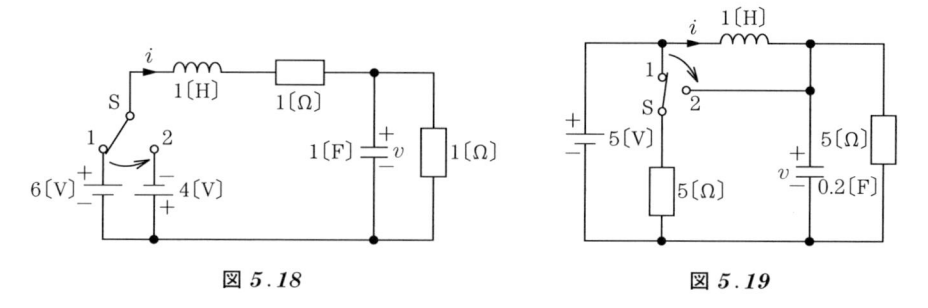

図 5.18

図 5.19

【5.6】 図 5.19 の回路において，スイッチ S を 1 に閉じた状態で十分に時間が経過した後に，$t = 0$ でスイッチを 1 から 2 に切り換えた。$t \geqq 0$ におけるコンデンサの端子電圧 v を求めよ。

【5.7】 つぎの微分方程式の解を求めよ。

$$\frac{dx}{dt} + tx = t$$

【5.8】 つぎの微分方程式の解を求めよ。

$$\frac{d^2x}{dt^2} + 4x = t \sin t$$

6章 状態変数と状態微分方程式

5章では，回路の状態を一つの従属変数に関する高階の微分方程式で記述してきたが，この章では，回路を連立1階微分方程式で表す方法について説明する。また，連立1階微分方程式を行列の形で表し，行列の形のままで解を求める方法についても考える。

6.1 状態変数と状態微分方程式

コンデンサの端子電圧やインダクタンスに流れる電流は，1章で示したように特別な場合を除いて連続である。したがって，これらの電圧や電流を従属変数に選び，1階の連立微分方程式で回路の状態を表すと，電源が急激に変化する場合でもこれらの電圧や電流は連続となるので，つねに解を定めることができる。

図 6.1 の回路において，インダクタンスに流れる電流 i とコンデンサの端子電圧 v を状態変数として，キルヒホッフの電流則，電圧則を使って回路方程式を表すと

$$i = C\frac{dv}{dt} + \frac{v}{R_2} \tag{6.1}$$

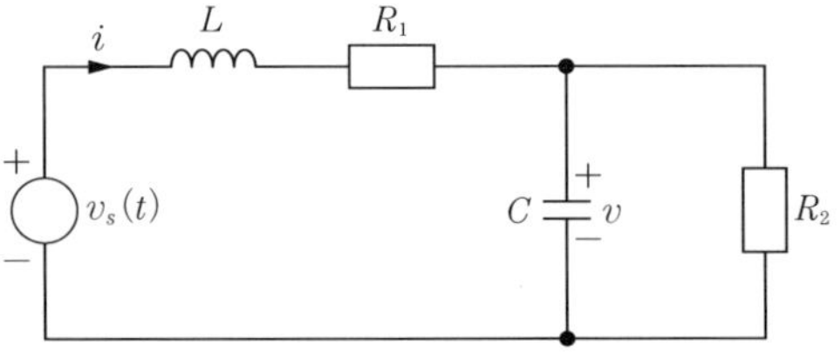

図 6.1 RLC 回路と状態変数表示

$$L\frac{di}{dt} + R_1 i + v = v_s(t) \tag{6.2}$$

これを書き直すと

$$\frac{dv}{dt} = -\frac{1}{CR_2}v + \frac{1}{C}i \tag{6.3}$$

$$\frac{di}{dt} = -\frac{1}{L}v - \frac{R_1}{L}i + \frac{1}{L}v_s(t) \tag{6.4}$$

さらに行列の形で書き直すと

$$\frac{d}{dt}\begin{bmatrix} v \\ i \end{bmatrix} = \begin{bmatrix} -\dfrac{1}{CR_2} & \dfrac{1}{C} \\ -\dfrac{1}{L} & -\dfrac{R_1}{L} \end{bmatrix}\begin{bmatrix} v \\ i \end{bmatrix} + \begin{bmatrix} 0 \\ \dfrac{1}{L} \end{bmatrix} v_s(t) \tag{6.5}$$

となる。

一般に，状態変数を $x_1, x_2, \cdots, x_n$，入力を $v_{s1}, v_{s2}, \cdots, v_{sm}$ として

$$\boldsymbol{x} = \begin{bmatrix} x_1 \\ \vdots \\ x_n \end{bmatrix}, \quad \boldsymbol{v}_s = \begin{bmatrix} v_{s1} \\ \vdots \\ v_{sm} \end{bmatrix} \tag{6.6}$$

のように表すと，$\boldsymbol{x}$ と $\boldsymbol{v}_s$ の関係は

$$\frac{d\boldsymbol{x}}{dt} = \boldsymbol{A}\boldsymbol{x} + \boldsymbol{B}\boldsymbol{v}_s \tag{6.7}$$

の形で表される。以上のような形で示された微分方程式を**状態微分方程式**といい，任意の時刻において回路の状態を完全に記述できる従属変数の最小の組を**状態変数**という。

例題 6.1 図 6.2 に示す回路において，コンデンサの端子電圧 v_1, v_2 を

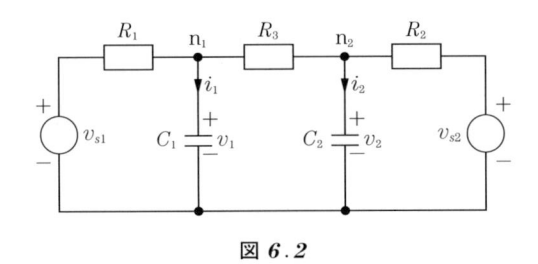

図 6.2

状態変数とする状態微分方程式を求めよ。

解　答　図の回路において，電流 i_1, i_2 は

$$i_1 = C_1 \frac{dv_1}{dt}, \qquad i_2 = C_2 \frac{dv_2}{dt}$$

節点 n_1, n_2 に電流則を適用すると

$$i_1 = \frac{1}{R_1}(v_{s1} - v_1) + \frac{1}{R_3}(v_2 - v_1)$$

$$i_2 = \frac{1}{R_2}(v_{s2} - v_2) + \frac{1}{R_3}(v_1 - v_2)$$

これらの式から

$$\frac{dv_1}{dt} = -\frac{1}{C_1}\left(\frac{1}{R_1} + \frac{1}{R_3}\right)v_1 + \frac{1}{C_1 R_3}v_2 + \frac{1}{C_1 R_1}v_{s1}$$

$$\frac{dv_2}{dt} = \frac{1}{C_2 R_3}v_1 - \frac{1}{C_2}\left(\frac{1}{R_2} + \frac{1}{R_3}\right)v_2 + \frac{1}{C_2 R_2}v_{s2}$$

が得られる。これを行列の形で表すと

$$\frac{d}{dt}\begin{bmatrix} v_1 \\ v_2 \end{bmatrix} = \begin{bmatrix} -\dfrac{1}{C_1}\left(\dfrac{1}{R_1} + \dfrac{1}{R_3}\right) & \dfrac{1}{C_1 R_3} \\ \dfrac{1}{C_2 R_3} & -\dfrac{1}{C_2}\left(\dfrac{1}{R_2} + \dfrac{1}{R_3}\right) \end{bmatrix}\begin{bmatrix} v_1 \\ v_2 \end{bmatrix} + \begin{bmatrix} \dfrac{1}{C_1 R_1} & 0 \\ 0 & \dfrac{1}{C_2 R_2} \end{bmatrix}\begin{bmatrix} v_{s1} \\ v_{s2} \end{bmatrix}$$

となる。

例題 6.2　図 6.3 に示す回路において，$t = 0$ でスイッチ S を閉じた。$t \geq 0$ における回路状態で，コイルに流れる電流 i とコンデンサの端子電圧 v を状態変数とする状態微分方程式を求めよ。

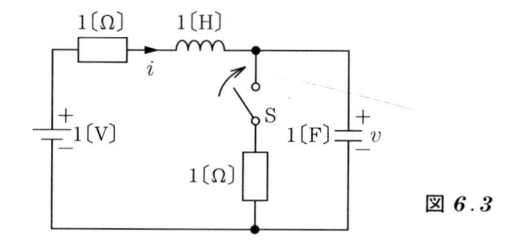

図 6.3

解　答　$t \geq 0$ における回路において

$$i = \frac{dv}{dt} + v$$

$$\frac{di}{dt} + i + v = 1$$

これより

$$\frac{dv}{dt} = v - i$$

$$\frac{di}{dt} = -v - i + 1$$

行列の形で表すと

$$\frac{d}{dt}\begin{bmatrix} v \\ i \end{bmatrix} = \begin{bmatrix} 1 & -1 \\ -1 & -1 \end{bmatrix}\begin{bmatrix} v \\ i \end{bmatrix} + \begin{bmatrix} 0 \\ 1 \end{bmatrix}$$

6.2 状態微分方程式の解法

つぎに状態微分方程式

$$\frac{d\boldsymbol{x}}{dt} = \boldsymbol{A}\boldsymbol{x} + \boldsymbol{B}v_s, \quad \boldsymbol{x}(0) = \boldsymbol{x}_0 \tag{6.8}$$

の解法について考える。ここで線形1階微分方程式

$$\frac{dx}{dt} = ax + bv_s(t), \quad x(0) = x_0 \tag{6.9}$$

の解を求める方法について復習してみる。上の方程式で $b = 0$ のときの解（余関数）は

$$x_t = ke^{at} \quad (k:\text{定数}) \tag{6.10}$$

また，$b \neq 0$ のときの解（特解）x_s は

$$x_s = e^{at}k + be^{at}\int_0^t e^{-a\tau}v_s(\tau)\,d\tau \tag{6.11}$$

となる。上式には余関数も含まれる。ここで $x(0) = x_0$ を用いると

$$x(t) = e^{at}x_0 + be^{at}\int_0^t e^{-a\tau}v_s(\tau)\,d\tau \tag{6.12}$$

が得られる。

以上の解法を状態微分方程式に適用してみる。まず，$\boldsymbol{B} = \boldsymbol{0}$ の場合の方程式

6. 状態変数と状態微分方程式

$$\frac{d\boldsymbol{x}}{dt} = \boldsymbol{A}\boldsymbol{x} \quad (\boldsymbol{A} \text{ は } n \times n \text{ 行列})$$
$$\boldsymbol{x}(0) = \boldsymbol{x}_0 \quad (\boldsymbol{x}_0 \text{ は } n \text{ 行の列ベクトル}) \quad (6.13)$$

において，その解を

$$\boldsymbol{x} = e^{\boldsymbol{A}t}\boldsymbol{k} \quad (k \text{ は } n \text{ 行の列ベクトル}) \quad (6.14)$$

と形式的に置いて

$$\frac{d}{dt}e^{\boldsymbol{A}t} = \boldsymbol{A}e^{\boldsymbol{A}t} \quad (6.15)$$

が成立するものとすれば

$$\frac{d\boldsymbol{x}}{dt} = \boldsymbol{A}e^{\boldsymbol{A}t}\boldsymbol{k} = \boldsymbol{A}\boldsymbol{x} \quad (6.16)$$

となり，微分方程式を満足することになる。ここで指数関数は

$$e^{at} = 1 + \frac{at}{1} + \frac{a^2t^2}{2!} + \cdots + \frac{a^nt^n}{n!} + \cdots \quad (6.17)$$

のように展開できるが，これと同じように

$$e^{\boldsymbol{A}t} = \boldsymbol{I} + \frac{\boldsymbol{A}t}{1} + \frac{\boldsymbol{A}^2t^2}{2!} + \cdots + \frac{\boldsymbol{A}^nt^n}{n!} + \cdots \quad (6.18)$$

$\boldsymbol{I}$: $n \times n$ の単位行列

$\boldsymbol{A}^2 = \boldsymbol{A} \cdot \boldsymbol{A}$

$\boldsymbol{A}^3 = \boldsymbol{A} \cdot \boldsymbol{A} \cdot \boldsymbol{A}$

$\vdots \qquad \vdots$

となる行列指数関数を定義すると

$$\frac{d}{dt}e^{\boldsymbol{A}t} = \boldsymbol{A} + \boldsymbol{A}^2 t + \frac{1}{2!}\boldsymbol{A}^3 t^2 + \frac{1}{3!}\boldsymbol{A}^4 t^3 \cdots + \frac{1}{(n-1)!}\boldsymbol{A}^n t^{n-1} + \cdots$$
$$= \boldsymbol{A}e^{\boldsymbol{A}t} = e^{\boldsymbol{A}t}\boldsymbol{A} \quad (6.19)$$

となる。したがって

$$\frac{d\boldsymbol{x}}{dt} = \boldsymbol{A}\boldsymbol{x}$$

の一つの解は

$$\boldsymbol{x} = e^{\boldsymbol{A}t}\boldsymbol{k} \quad (6.20)$$

で表される。e^{At} は $d\boldsymbol{x}/dt = \boldsymbol{A}\boldsymbol{x}$ の**状態遷移行列**という。ここで $\boldsymbol{x}(0) = \boldsymbol{x}_0$ を用いると，$e^{[0]} = \boldsymbol{I}$ であるから $\boldsymbol{k} = \boldsymbol{x}_0$ となり

$$\boldsymbol{x} = e^{At}\boldsymbol{x}_0 \tag{6.21}$$

が得られる。すなわち，$\boldsymbol{B} = \boldsymbol{0}$ のときの状態微分方程式の解は，状態遷移行列と初期値の値から求められる。

つぎに $\boldsymbol{B} \neq \boldsymbol{0}$ の場合

$$\frac{d\boldsymbol{x}}{dt} = \boldsymbol{A}\boldsymbol{x} + \boldsymbol{B}\boldsymbol{v}_s, \quad \boldsymbol{x}(0) = \boldsymbol{x}_0 \tag{6.22}$$

の解を求めてみよう。余関数 $\boldsymbol{x}_t$ は式(6.20)で示したように

$$\boldsymbol{x}_t = e^{At}\boldsymbol{k}$$

であるが，特解 $\boldsymbol{x}_s$ は

$$\boldsymbol{x}_s = e^{At}\boldsymbol{C}(t) \tag{6.23}$$

と置いて微分方程式に代入してみる。

$$\frac{d\boldsymbol{x}}{dt} = \boldsymbol{A}e^{At}\boldsymbol{C}(t) + e^{At}\frac{d\boldsymbol{C}}{dt} = \boldsymbol{A}e^{At}\boldsymbol{C}(t) + \boldsymbol{B}\boldsymbol{v}_s \tag{6.24}$$

これより

$$e^{At}\frac{d\boldsymbol{C}}{dt} = \boldsymbol{B}\boldsymbol{v}_s \tag{6.25}$$

上の式の両辺に左から逆行列 $[e^{At}]^{-1}$ をかけると，逆行列の定義から

$$[e^{At}]^{-1}e^{At} = \boldsymbol{I} \tag{6.26}$$

$$\frac{d\boldsymbol{C}}{dt} = [e^{At}]^{-1}\boldsymbol{B}\boldsymbol{v}_s \tag{6.27}$$

となる。ここで，逆行列 $[e^{At}]^{-1}$ は

$$[e^{At}]^{-1} = e^{-At} \tag{6.28}$$

と表されるので，これより

$$\frac{d\boldsymbol{C}}{dt} = [e^{At}]^{-1}\boldsymbol{B}\boldsymbol{v}_s = e^{-At}\boldsymbol{B}\boldsymbol{v}_s \tag{6.29}$$

$$\boldsymbol{C} = \int_0^t e^{-A\tau}\boldsymbol{B}\boldsymbol{v}_s d\tau \tag{6.30}$$

となり

$$x = x_t + x_s = e^{At}k + e^{At}\int_0^t e^{-A\tau}Bv_s d\tau \tag{6.31}$$

が得られる。$x(0) = x_0$ から $k = x_0$ となるので，状態微分方程式の解は

$$x = e^{At}x_0 + e^{At}\int_0^t e^{-A\tau}Bv_s d\tau \tag{6.32}$$

となる。

6.3 状態遷移行列の求め方

6.3.1 ケーリー・ハミルトンの定理を用いる方法

まず，ケーリー・ハミルトンの定理について説明する。$n \times n$ 行列の正方行列 A があり，その固有方程式を

$$\det[\lambda I - A] = F(\lambda) = 0 \tag{6.33}$$

としたとき

$$F(A) = 0 \tag{6.34}$$

が成立する。例えば

$$A = \begin{bmatrix} -1 & -1 \\ 1 & -1 \end{bmatrix} \tag{6.35}$$

とすると

$$F(\lambda) = \det[\lambda I - A] = \det\begin{bmatrix} \lambda+1 & 1 \\ -1 & \lambda+1 \end{bmatrix} = \lambda^2 + 2\lambda + 2 \tag{6.36}$$

$$\begin{aligned}
F(A) &= A^2 + 2A + 2I \\
&= \begin{bmatrix} -1 & -1 \\ 1 & -1 \end{bmatrix}\begin{bmatrix} -1 & -1 \\ 1 & -1 \end{bmatrix} + 2\begin{bmatrix} -1 & -1 \\ 1 & -1 \end{bmatrix} + 2\begin{bmatrix} 1 & 0 \\ 0 & 1 \end{bmatrix} \\
&= \begin{bmatrix} 0 & 2 \\ -2 & 0 \end{bmatrix} + \begin{bmatrix} -2 & -2 \\ 2 & -2 \end{bmatrix} + \begin{bmatrix} 2 & 0 \\ 0 & 2 \end{bmatrix} \\
&= \begin{bmatrix} 0 & 0 \\ 0 & 0 \end{bmatrix} = 0
\end{aligned} \tag{6.37}$$

となり，はじめに示した関係が成立する．この関係を**ケーリー・ハミルトンの定理**という．この定理を利用すると A が上の例のような 2×2 の行列のときには

$$A^3 = A(A^2 + 2A + 2I) - 2A^2 - 2A$$
$$= AF(A) - 2A^2 - 2A$$
$$= AF(A) - 2(A^2 + 2A + 2I) + 2(A + 2I)$$
$$= AF(A) - 2F(A) + 2(A + 2I) \qquad (6.38)$$

となる．ここで $F(A) = 0$ であるから

$$A^3 = 2(A + 2I) \qquad (6.39)$$

となり，同様にして A^4, A^5 も A と I で表されることになる．したがって e^{At} も A と I で表されることになる．A が $n \times n$ 行列のとき，A^m $(m \geq n)$ は A^{n-1}, A^{n-2}, A, I で表される．

つぎに，状態遷移行列 e^{At} をケーリー・ハミルトンの定理を用いて求める．e^{At} は

$$e^{At} = I + At + \frac{A^2 t^2}{2!} + \frac{A^3 t^3}{3!} + \cdots \qquad (6.40)$$

と表され，A が 2×2 の正方行列であるとき A^2, A^3, $\cdots$ はすべて I と A で表されるので

$$e^{At} = \alpha(t) I + \beta(t) A \qquad (6.41)$$

の形で表される．

ここで正方行列 A の固有方程式 $F(\lambda) = 0$ の固有値を λ とするとき

$$F(A) = G(A) \quad \text{ならば} \quad F(\lambda) = G(\lambda) \qquad (6.42)$$

が成立するので，A が 2×2 の正方行列で固有値を λ_1, λ_2 とすると，式 (6.41) において A の代わりに λ_1, λ_2 を代入して

$$e^{\lambda_1 t} = \alpha(t) + \beta(t) \lambda_1 \qquad (6.43)$$

$$e^{\lambda_2 t} = \alpha(t) + \beta(t) \lambda_2 \qquad (6.44)$$

これより $\alpha(t)$ と $\beta(t)$ は

$$\alpha(t) = \frac{1}{\lambda_2 - \lambda_1} (\lambda_2 e^{\lambda_1 t} - \lambda_1 e^{\lambda_2 t}) \tag{6.45}$$

$$\beta(t) = \frac{1}{\lambda_2 - \lambda_1} (e^{\lambda_2 t} - e^{\lambda_1 t}) \tag{6.46}$$

となり

$$e^{At} = \frac{1}{\lambda_2 - \lambda_1} (\lambda_2 e^{\lambda_1 t} - \lambda_1 e^{\lambda_2 t}) \boldsymbol{I} + \frac{1}{\lambda_2 - \lambda_1} (e^{\lambda_2 t} - e^{\lambda_1 t}) \boldsymbol{A} \tag{6.47}$$

が得られる。$\boldsymbol{A}$ が 4×4 行列のときは

$$e^{At} = \alpha(t) \boldsymbol{I} + \beta(t) \boldsymbol{A} + \gamma(t) \boldsymbol{A}^2 + \delta(t) \boldsymbol{A}^3 \tag{6.48}$$

で表されるが，$\boldsymbol{A}$ が $n \times n$ 行列のときでも同様にして $\alpha(t)$，$\beta(t)$，$\gamma(t)$，… が求まれば e^{At} が得られる。

例題 6.3 つぎの $\boldsymbol{A}$ に対して状態遷移行列 e^{At} を求めよ。

$$\boldsymbol{A} = \begin{bmatrix} -1 & -1 \\ 1 & -1 \end{bmatrix}$$

解 答 $\boldsymbol{A}$ の固有値を λ とすると

$$\det[\lambda \boldsymbol{I} - \boldsymbol{A}] = \det \begin{bmatrix} \lambda + 1 & 1 \\ -1 & \lambda + 1 \end{bmatrix} = \lambda^2 + 2\lambda + 2 = 0$$

より

$$\lambda_1 = -1 + j, \quad \lambda_2 = -1 - j \quad (j = \sqrt{-1})$$

したがって

$$\alpha(t) = \frac{1}{\lambda_2 - \lambda_1} (\lambda_2 e^{\lambda_1 t} - \lambda_1 e^{\lambda_2 t})$$

$$= \frac{1}{-2j} e^{-t} \{(-1-j) e^{jt} - (-1+j) e^{-jt}\}$$

$$= \frac{1}{-2j} e^{-t} (-2j \sin t - 2j \cos t) = e^{-t} (\sin t + \cos t)$$

同様にして

$$\beta(t) = \frac{1}{\lambda_2 - \lambda_1} (e^{\lambda_2 t} - e^{\lambda_1 t})$$

$$= \frac{1}{-2j} e^{-t} (-2j \sin t) = e^{-t} \sin t$$

これより

$$e^{At} = e^{-t}(\sin t + \cos t)\begin{bmatrix} 1 & 0 \\ 0 & 1 \end{bmatrix} + e^{-t}\sin t \begin{bmatrix} -1 & -1 \\ 1 & -1 \end{bmatrix}$$

$$= e^{-t}\begin{bmatrix} \cos t & -\sin t \\ \sin t & \cos t \end{bmatrix}$$

となる。

つぎに固有方程式が重根をもつ場合を考える。固有値 λ は $\lambda = \lambda_1 = \lambda_2$ であるから $\lambda_2 = \lambda_1 + \varepsilon$ と置いて式 (6.44) に代入すると

$$e^{\lambda_1 t} = \alpha(t) + \beta(t)\lambda_1 \tag{6.49}$$

$$e^{(\lambda_1+\varepsilon)t} = \alpha(t) + \beta(t)(\lambda_1 + \varepsilon) \tag{6.50}$$

ここで両式の差をとり，$\beta(t)$ を求めると

$$\beta(t) = \frac{e^{(\lambda_1+\varepsilon)t} - e^{\lambda_1 t}}{\varepsilon} = \frac{e^{\lambda_1 t}(e^{\varepsilon t} - 1)}{\varepsilon}$$

$$= \frac{e^{\lambda_1 t}}{\varepsilon}\left(1 + \varepsilon t + \frac{\varepsilon^2 t^2}{2!} + \cdots - 1\right)$$

$$= e^{\lambda_1 t}\left(t + \frac{\varepsilon t^2}{2!} + \frac{\varepsilon^2 t^3}{3!} + \cdots\right) \tag{6.51}$$

ここで $\varepsilon \to 0$ の極限をとると

$$\beta(t) = e^{\lambda_1 t}t \tag{6.52}$$

となり，$\alpha(t)$ は

$$\alpha(t) = e^{\lambda_1 t} - \lambda_1 \beta(t) = e^{\lambda_1 t}(1 - \lambda_1 t) \tag{6.53}$$

したがって，以下のようになる。

$$e^{At} = e^{\lambda_1 t}(1 - \lambda_1 t)I + e^{\lambda_1 t}tA = e^{\lambda_1 t}I + te^{\lambda_1 t}(A - \lambda_1 I) \tag{6.54}$$

例題 6.4 つぎの A に対して状態遷移行列 e^{At} を求めよ。

$$A = \begin{bmatrix} 1 & 2 \\ -2 & -3 \end{bmatrix}$$

解 答 A の固有値を λ とすると

$$\det[\lambda I - A] = \det\begin{bmatrix} \lambda - 1 & -2 \\ 2 & \lambda + 3 \end{bmatrix} = \lambda^2 + 2\lambda + 1 = 0$$

より $\lambda_1 = \lambda_2 = -1$（重根）．したがって，式(6.54)を使って

$$e^{At} = e^{\lambda_1 t} I + t e^{\lambda_1 t} (A - \lambda_1 I)$$

$$= e^{-t} \begin{bmatrix} 1 & 0 \\ 0 & 1 \end{bmatrix} + t e^{-t} \left(\begin{bmatrix} 1 & 2 \\ -2 & -3 \end{bmatrix} + \begin{bmatrix} 1 & 0 \\ 0 & 1 \end{bmatrix} \right)$$

$$= e^{-t} \begin{bmatrix} 1 & 0 \\ 0 & 1 \end{bmatrix} + t e^{-t} \begin{bmatrix} 2 & 2 \\ -2 & -2 \end{bmatrix}$$

$$= e^{-t} \begin{bmatrix} 1+2t & 2t \\ -2t & 1-2t \end{bmatrix}$$

6.3.2　ラプラス変換を用いる方法

つぎにラプラス変換を用いて状態微分方程式を解く方法について述べる．ラプラス変換については付録で説明しているが，ここではラプラス変換をすでに学んだものとして取り扱う．状態微分方程式を

$$\frac{d\boldsymbol{x}}{dt} = \boldsymbol{A}\boldsymbol{x} + \boldsymbol{B}\boldsymbol{v}_s, \quad \boldsymbol{x}(0) = \boldsymbol{x}_0 \tag{6.55}$$

として，その両辺をラプラス変換する．$\boldsymbol{x}$ と $\boldsymbol{v}_s$ のラプラス変換をそれぞれ

$$\mathscr{L}(\boldsymbol{x}) = \boldsymbol{X}(s), \quad \mathscr{L}(\boldsymbol{v}_s) = \boldsymbol{V}_s(s) \tag{6.56}$$

とすると

$$s\boldsymbol{X}(s) - \boldsymbol{x}_0 = \boldsymbol{A}\boldsymbol{X}(s) + \boldsymbol{B}\boldsymbol{V}_s(s)$$

$$(s\boldsymbol{I} - \boldsymbol{A})\boldsymbol{X}(s) = \boldsymbol{x}_0 + \boldsymbol{B}\boldsymbol{V}_s(s) \tag{6.57}$$

これより

$$\boldsymbol{X}(s) = (s\boldsymbol{I} - \boldsymbol{A})^{-1} \{\boldsymbol{x}_0 + \boldsymbol{B}\boldsymbol{V}_s(s)\} \tag{6.58}$$

上式にラプラス逆変換を施すことによって

$$\boldsymbol{x}(t) = \mathscr{L}^{-1}[(s\boldsymbol{I} - \boldsymbol{A})^{-1} \{\boldsymbol{x}_0 + \boldsymbol{B}\boldsymbol{V}_s(s)\}] \tag{6.59}$$

が得られる．ここで状態遷移行列 e^{At} は

$$e^{At} = \mathscr{L}^{-1}\{(s\boldsymbol{I} - \boldsymbol{A})^{-1}\} \tag{6.60}$$

から求められる．

例題 6.5
つぎの A に対して状態遷移行列 e^{At} をラプラス変換を使って求めよ。

$$A = \begin{bmatrix} -1 & -1 \\ 1 & -1 \end{bmatrix}$$

解答

$$sI - A = \begin{bmatrix} s+1 & 1 \\ -1 & s+1 \end{bmatrix}$$

$$(sI - A)^{-1} = \frac{1}{(s+1)^2 + 1} \begin{bmatrix} s+1 & -1 \\ 1 & s+1 \end{bmatrix}$$

これより

$$e^{At} = \mathcal{L}^{-1}\{(sI - A)^{-1}\} = e^{-t} \begin{bmatrix} \cos t & -\sin t \\ \sin t & \cos t \end{bmatrix}$$

6.4 状態微分方程式の解の求め方

6.4.1 ケーリー・ハミルトンの定理を用いる方法

図 6.4 の回路を例にして説明する。スイッチを閉じたまま長い時間が経過した後，時刻 $t = 0$ でスイッチを開いたとき，$t \geq 0$ におけるコンデンサ C の端子電圧 v とコイル L に流れる電流 i を状態変数とする状態微分方程式を示し，状態遷移行列および電圧 v と電流 i の値を求めることについて考えてみよう。

$t \geq 0$ における回路状態で回路方程式は

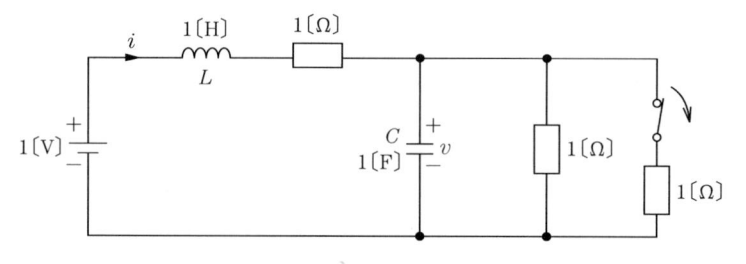

図 6.4 RLC 回路での状態微分方程式の解の求め方

6. 状態変数と状態微分方程式

$$
\left.\begin{array}{l}
i = \dfrac{dv}{dt} + v \quad \text{より} \quad \dfrac{dv}{dt} = -v + i \\[2mm]
i + \dfrac{di}{dt} + v = 1 \quad \text{より} \quad \dfrac{di}{dt} = -v - i + 1
\end{array}\right\} \quad (6.61)
$$

状態微分方程式は

$$
\frac{d}{dt}\begin{bmatrix} v \\ i \end{bmatrix} = \begin{bmatrix} -1 & 1 \\ -1 & -1 \end{bmatrix}\begin{bmatrix} v \\ i \end{bmatrix} + \begin{bmatrix} 0 \\ 1 \end{bmatrix} \quad (6.62)
$$

$$
\boldsymbol{A} = \begin{bmatrix} -1 & 1 \\ -1 & -1 \end{bmatrix}, \quad \boldsymbol{B}v_s = \begin{bmatrix} 0 \\ 1 \end{bmatrix} \quad (6.63)
$$

λ を $\boldsymbol{A}$ の固有値とすると固有方程式は

$$
\det[\lambda \boldsymbol{I} - \boldsymbol{A}] = \det\begin{bmatrix} \lambda+1 & -1 \\ 1 & \lambda+1 \end{bmatrix} = \lambda^2 + 2\lambda + 2 = 0 \quad (6.64)
$$

これより

$$
\lambda_1 = -1 + j, \ \lambda_2 = -1 - j \quad (j = \sqrt{-1}) \quad (6.65)
$$

状態遷移行列 e^{At} は式 (6.47) より

$$
\begin{aligned}
e^{At} &= \frac{e^{-t}}{2j}[e^{jt} - e^{-jt} + j(e^{jt} + e^{-jt})]\begin{bmatrix} 1 & 0 \\ 0 & 1 \end{bmatrix} \\
&\quad + \frac{e^{-t}}{2j}(e^{jt} - e^{-jt})\begin{bmatrix} -1 & 1 \\ -1 & -1 \end{bmatrix} \\
&= e^{-t}(\sin t + \cos t)\begin{bmatrix} 1 & 0 \\ 0 & 1 \end{bmatrix} + e^{-t}\sin t \begin{bmatrix} -1 & 1 \\ -1 & -1 \end{bmatrix} \\
&= e^{-t}\begin{bmatrix} \cos t & \sin t \\ -\sin t & \cos t \end{bmatrix}
\end{aligned} \quad (6.66)
$$

初期値 $\boldsymbol{x}_0$ は

$$
\boldsymbol{x}_0 = \begin{bmatrix} v(0) \\ i(0) \end{bmatrix} = \begin{bmatrix} \dfrac{1}{3} \\[2mm] \dfrac{2}{3} \end{bmatrix} \quad (6.67)
$$

以上より，解は式(6.32)を用いて

$$\boldsymbol{x} = e^{At} \begin{bmatrix} v(0) \\ i(0) \end{bmatrix} + e^{At} \int_0^t e^{-A\tau} \begin{bmatrix} 0 \\ 1 \end{bmatrix} d\tau \tag{6.68}$$

$$\begin{aligned}
\boldsymbol{x} &= \begin{bmatrix} v \\ i \end{bmatrix} = e^{-t} \begin{bmatrix} \cos t & \sin t \\ -\sin t & \cos t \end{bmatrix} \begin{bmatrix} \dfrac{1}{3} \\ \dfrac{2}{3} \end{bmatrix} \\
&\quad + e^{-t} \begin{bmatrix} \cos t & \sin t \\ -\sin t & \cos t \end{bmatrix} \left(\int_0^t e^{\tau} \begin{bmatrix} \cos \tau & -\sin \tau \\ \sin \tau & \cos \tau \end{bmatrix} \begin{bmatrix} 0 \\ 1 \end{bmatrix} d\tau \right) \\
&= e^{-t} \begin{bmatrix} \cos t & \sin t \\ -\sin t & \cos t \end{bmatrix} \begin{bmatrix} \dfrac{1}{3} \\ \dfrac{2}{3} \end{bmatrix} \\
&\quad + e^{-t} \begin{bmatrix} \cos t & \sin t \\ -\sin t & \cos t \end{bmatrix} \begin{bmatrix} \dfrac{1}{2}\{e^t(\cos t - \sin t) - 1\} \\ \dfrac{1}{2}\{e^t(\cos t + \sin t) - 1\} \end{bmatrix} \\
&= \dfrac{e^{-t}}{3} \begin{bmatrix} \cos t + 2\sin t \\ 2\cos t - \sin t \end{bmatrix} + \dfrac{e^{-t}}{2} \begin{bmatrix} e^t - \cos t - \sin t \\ e^t - \cos t + \sin t \end{bmatrix} \\
&= e^{-t} \begin{bmatrix} -\dfrac{\cos t}{6} + \dfrac{\sin t}{6} \\ \dfrac{\cos t}{6} + \dfrac{\sin t}{6} \end{bmatrix} + \dfrac{1}{2} \begin{bmatrix} 1 \\ 1 \end{bmatrix} \tag{6.69}
\end{aligned}$$

となる。

6.4.2 ラプラス変換を用いる方法

つぎにラプラス変換を用いて上の同じ状態微分方程式の解を求めてみる。

$$\boldsymbol{x}(t) = \mathcal{L}^{-1}[(s\boldsymbol{I} - \boldsymbol{A})^{-1}\{\boldsymbol{x}_0 + \boldsymbol{B}V_s(s)\}] \tag{6.70}$$

より

$$\begin{bmatrix} v \\ i \end{bmatrix} = \mathscr{L}^{-1}\left[(s\boldsymbol{I}-\boldsymbol{A})^{-1}\left(\begin{bmatrix} \dfrac{1}{3} \\ \dfrac{2}{3} \end{bmatrix} + \begin{bmatrix} 0 \\ \dfrac{1}{s} \end{bmatrix}\right)\right]$$

$$= \mathscr{L}^{-1}\left[\begin{bmatrix} \dfrac{s+1}{(s+1)^2+1} & \dfrac{1}{(s+1)^2+1} \\ \dfrac{-1}{(s+1)^2+1} & \dfrac{s+1}{(s+1)^2+1} \end{bmatrix}\begin{bmatrix} \dfrac{1}{3} \\ \dfrac{2}{3}+\dfrac{1}{s} \end{bmatrix}\right]$$

$$= \mathscr{L}^{-1}\begin{bmatrix} \dfrac{1}{2s} - \dfrac{1}{6}\cdot\dfrac{s+1}{(s+1)^2+1} + \dfrac{1}{6}\cdot\dfrac{1}{(s+1)^2+1} \\ \dfrac{1}{2s} + \dfrac{1}{6}\cdot\dfrac{s+1}{(s+1)^2+1} + \dfrac{1}{6}\cdot\dfrac{1}{(s+1)^2+1} \end{bmatrix}$$

$$= \begin{bmatrix} \dfrac{1}{2} + \dfrac{e^{-t}}{6}(-\cos t + \sin t) \\ \dfrac{1}{2} + \dfrac{e^{-t}}{6}(\cos t + \sin t) \end{bmatrix} \tag{6.71}$$

となり，式 (6.69) と一致する。

◆ 演 習 問 題 ◆

【6.1】 つぎの状態微分方程式の解を求めよ。

（1）
$$\frac{d}{dt}\begin{bmatrix} x \\ y \end{bmatrix} = \begin{bmatrix} -2 & 1 \\ 1 & -2 \end{bmatrix}\begin{bmatrix} x \\ y \end{bmatrix}, \quad \text{初期条件}\begin{bmatrix} x(0) \\ y(0) \end{bmatrix} = \begin{bmatrix} 1 \\ 1 \end{bmatrix}$$

（2）
$$\frac{d}{dt}\begin{bmatrix} x \\ y \end{bmatrix} = \begin{bmatrix} 1 & -5 \\ 1 & -3 \end{bmatrix}\begin{bmatrix} x \\ y \end{bmatrix} + \begin{bmatrix} e^t \\ e^{2t} \end{bmatrix}, \quad \text{初期条件}\begin{bmatrix} x(0) \\ y(0) \end{bmatrix} = \begin{bmatrix} 1 \\ 1 \end{bmatrix}$$

【6.2】 図 6.5 の回路において，$t=0$ でスイッチ S を閉じた。$t \geq 0$ における回路状態で，コイルに流れる電流 i とコンデンサの端子電圧 v を状態変数とする状態微分方程式を求め，i と v の解を求めよ。ただし，$t<0$ においてコンデンサには電荷が十分に蓄えられていて，端子電圧は $v(0)=1$ [V] であり，コイルには電流が流れていないので $i(0)=0$ であった。

演 習 問 題　93

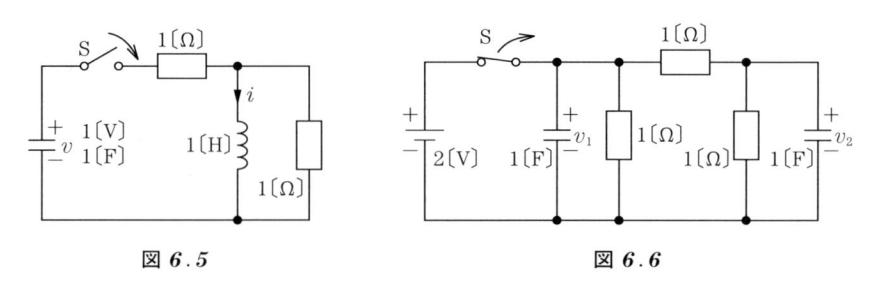

図 6.5

図 6.6

【6.3】 図 6.6 の回路において，スイッチ S を閉じたまま長い時間が経過した後，$t=0$ でスイッチを開いた。$t \geqq 0$ におけるコンデンサの端子電圧 v_1 と v_2 を状態変数とする状態微分方程式を示し，v_1 と v_2 を求めよ。

【6.4】 図 6.7 の回路において，$t=0$ でスイッチ S を端子 1 から端子 2 に切り換えた。$t \geqq 0$ におけるコンデンサの端子電圧 v とコイルの電流 i を状態変数とする状態微分方程式を示し，v と i を求めよ。

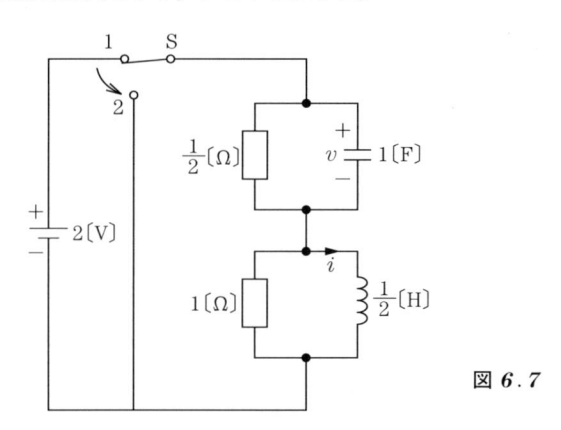

図 6.7

【6.5】 図 6.8 の回路において，$t=0$ でスイッチ S を端子 1 から端子 2 に切り換えた。$t \geqq 0$ におけるコンデンサの端子電圧 v とコイルの電流 i を状態変数とする状態微分方程式を示し，v と i を求めよ。

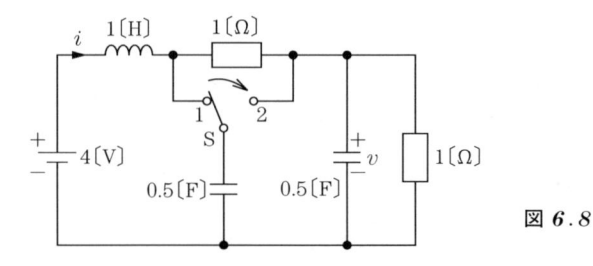

図 6.8

7章 交流回路と正弦波定常状態の解析

5章では，回路の状態が突然に変化したり，過渡的に信号が変化したりする場合の回路方程式の解法について学んだが，われわれが日常使用している"交流"では，正弦波状の電圧，電流が定常状態になっていて過渡信号の時間推移を考える必要がない。つまり5章で学んだ余関数（過渡解）は時間が経過するとなくなり，特解（定常解）のみが残っている状態といえる。実用上はこの定常状態の交流電圧や交流電流を必要とすることが多く，これを解析する交流理論は非常に重要である。交流理論では，フェーザ法と呼ばれる交流正弦波を複素数と対応付けて計算を容易にする手法が用いられる。この章ではフェーザ法を用いて正弦波で励振された交流回路の解析を行う。

7.1 正弦波交流とフェーザ法

正弦波交流は，例えば図 *7.1* のような電流についてみると

$$i = I_m \sin(\omega t + \phi) \tag{7.1}$$

のように表される。この式の i, I_m, ω, ϕ, $\omega t + \phi$ を以下に示す。

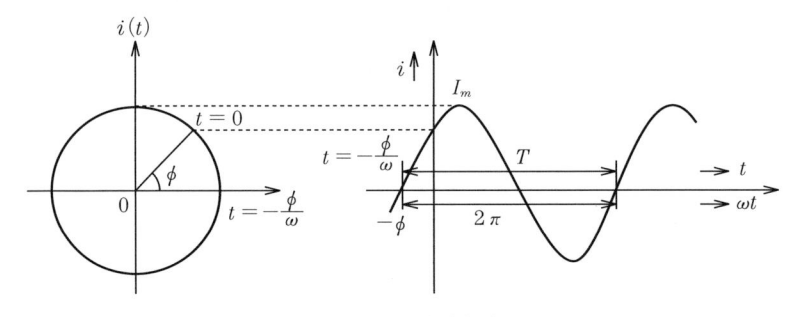

図 *7.1* 正弦波交流

i：電流の瞬時値〔A〕，I_m：振幅または最大値〔A〕，ω：角周波数または角速度〔rad/s〕，ϕ：初期位相（角）〔rad〕，$\omega t + \phi$：位相（角）〔rad〕

ϕ は単に位相（角）ということが多い．また

$$\omega = 2\pi f = \frac{2\pi}{T}, \ f = \frac{\omega}{2\pi} = \frac{1}{T} \tag{7.2}$$

である．f は**周波数**，T は周期であり，それぞれの単位は〔Hz〕，〔s〕である．ここで，複素指数関数 $e^{j\theta} = \cos\theta + j\sin\theta \ \ (j = \sqrt{-1})$ の関係から

$$I_m e^{j(\omega t + \phi)} = I_m \cos(\omega t + \phi) + jI_m \sin(\omega t + \phi) \tag{7.3}$$

となるが，上式の虚数項に着目すると式(7.1)の右辺を表していることになる．同様にして，$i = I_m \cos(\omega t + \phi)$ であれば実数項に着目すればよい．さらに簡便のために角周波数 ω が変わらず，時間 t において定常であるとすると，定常項である $e^{j\omega t}$ を除いて

$$\left.\begin{array}{ll} 電圧 & E_m \sin(\omega t + \theta) \quad \text{または} \quad E_m \cos(\omega t + \theta) \to E_m e^{j\theta} \\ 電流 & I_m \sin(\omega t + \phi) \quad \text{または} \quad I_m \cos(\omega t + \phi) \to I_m e^{j\phi} \end{array}\right\} \tag{7.4}$$

と対応付けるのが**フェーザ法**である．また

$$\frac{d}{dt}e^{j\omega t} = j\omega e^{j\omega t}, \ \int e^{j\omega t} dt = \frac{1}{j\omega}e^{j\omega t} \tag{7.5}$$

の関係より

$$\left.\begin{array}{ll} 微分 & \dfrac{d}{dt} \to j\omega \\ 積分 & \displaystyle\int dt \to \dfrac{1}{j\omega} \end{array}\right\} \tag{7.6}$$

と対応付けられる．

例として図 **7.2** に示す RLC 直列回路を正弦波電圧源 $e(t) = E_m \cos(\omega t$

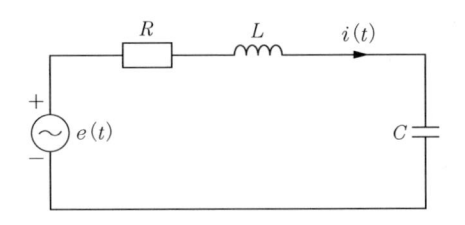

図 **7.2** RLC 直列回路

$+ \theta)$ で励振した場合について考える。

回路に流れる電流を $i(t)$ とすると，回路方程式は

$$L\frac{di}{dt} + Ri + \frac{1}{C}\int_{-\infty}^{t} i\,dt = E_m \cos(\omega t + \theta) \tag{7.7}$$

となる。未定係数法で特解を求める場合には，特解を

$$i(t) = I_m \cos(\omega t + \phi) \tag{7.8}$$

と置いて微分方程式に代入して，I_m と ϕ を求めた。式(7.7)は，三角関数の微積分を用いて

$$I_m\left[-\omega L \sin(\omega t + \phi) + R\cos(\omega t + \phi) + \frac{1}{\omega C}\sin(\omega t + \phi)\right]$$
$$= E_m \cos(\omega t + \theta) \tag{7.9}$$

と表され，さらに三角関数の差公式

$$\left.\begin{array}{l} A\cos\alpha - B\sin\alpha = \sqrt{A^2 + B^2}\cos(\alpha + \beta) \\ \beta = \tan^{-1}\dfrac{B}{A} \end{array}\right\} \tag{7.10}$$

を用いることで左辺は

$$I_m\sqrt{R^2 + \left(\omega L - \frac{1}{\omega C}\right)^2}\cos\left[\omega t + \phi + \tan^{-1}\frac{(\omega L - 1/\omega C)}{R}\right]$$

で与えられ，電流と電圧の振幅および位相差の関係は

$$I_m = \frac{E_m}{\sqrt{R^2 + (\omega L - 1/\omega C)^2}}, \quad \theta - \phi = \tan^{-1}\frac{(\omega L - 1/\omega C)}{R} \tag{7.11}$$

のように表される。以上の解法は，三角関数の微積分，和算を用いるため回路規模が大きくなると計算が複雑になり，解くのが困難になる。

これに対してフェーザ法を用いると，$E_m \cos(\omega t + \theta)$ の代わりに $E_m e^{j(\omega t + \theta)}$，$I_m \cos(\omega t + \phi)$ の代わりに $I_m e^{j(\omega t + \phi)}$ と置いて，式(7.7)に代入すると

$$\left(j\omega L + R + \frac{1}{j\omega C}\right)I_m e^{j(\omega t + \phi)} = E_m e^{j(\omega t + \theta)} \tag{7.12}$$

左右両辺の $e^{j\omega t}$ を除すると

$$\left(R + j\omega L + \frac{1}{j\omega C}\right) I_m e^{j\phi} = E_m e^{j\theta} \tag{7.13}$$

が得られる。このようにフェーザ法を用いれば，回路方程式が代数的に示されることがわかる。

図 7.2 を式 (7.13) の関係で表したのが**図 7.3** である。ここで

$$\left(R + j\omega L + \frac{1}{j\omega C}\right) = R + j\left(\omega L - \frac{1}{\omega C}\right) = \boldsymbol{Z} \tag{7.14}$$

は，ちょうど直流回路における抵抗のような役割をしており，正弦波定常状態の解析においても，フェーザ法を用いれば直流の場合と同じように解析できることがわかる。

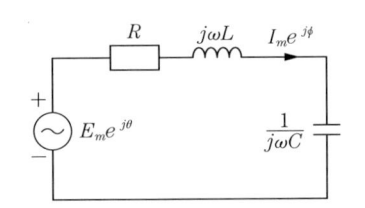

図 7.3 フェーザ法で表した RLC 直列回路

$\boldsymbol{Z}$ を RLC 直列回路の**インピーダンス**（impedance）†と呼び，単位はオーム $[\Omega]$ である。複素平面上で図示すると**図 7.4** のようになる。

図 7.4 複素平面上に示した $\boldsymbol{Z}$

式 (7.13) において I_m, E_m は実数，$e^{j\phi}$, $e^{j\theta}$ は複素数であり

$$I_m e^{j\phi} = \boldsymbol{I}_m, \quad E_m e^{j\theta} = \boldsymbol{E}_m \tag{7.15}$$

のように記号を太字で表し，またインピーダンスも同じようにして表すと式

---

† コイルのインダクタンス L，コンデンサの容量 C のインピーダンスはそれぞれ $j\omega L$, $1/j\omega C$ であることはいうまでもない。

(7.13)は

$$ZI_m = E_m \tag{7.16}$$

となり，直流の場合とまったく同じ形となる．以上より，電流の振幅と位相差は

$$I_m = \frac{E_m}{R + j(\omega L - 1/\omega C)}, \quad |I_m| = I_m = \frac{E_m}{\sqrt{R^2 + (\omega L - 1/\omega C)^2}} \tag{7.17}$$

$$\theta - \phi = \tan^{-1}\left(\frac{\omega L - 1/\omega C}{R}\right) \tag{7.18}$$

と表され，式(7.11)と同じになることがわかる．以上のようにフェーザ法を用いると回路が複雑な回路方程式に対しても微積分の演算を代数的に取り扱うことができ，またインピーダンス計算を直流におけるオームの法則と同じように取り扱うことができる．

例題 7.1 図 7.5 の回路において $e(t) = E \cos \omega t$ のとき，回路に流れる電流 $i(t) = I \cos(\omega t + \phi)$ を求めよ．

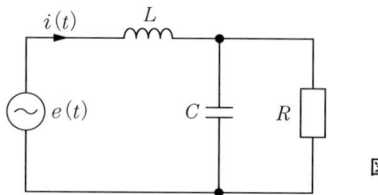

図 7.5

解 答 フェーザ法を使って電流 $i(t)$ の振幅と位相を求める．フェーザ法では

$$E = E, \quad I = Ie^{j\phi}, \quad E = ZIe^{j\phi}$$

と置けるので，まず，回路のインピーダンス Z を求める．

$$Z = j\omega L + \frac{1}{1/R + j\omega C} = \frac{R + j\omega(L + L\omega^2 C^2 R^2 - CR^2)}{1 + (\omega CR)^2}$$

これより

$$|Z| = \frac{\sqrt{R^2 + \omega^2(L + L\omega^2 C^2 R^2 - CR^2)^2}}{1 + (\omega CR)^2}$$

$$I = \frac{1 + (\omega CR)^2}{\sqrt{R^2 + \omega^2(L + L\omega^2 C^2 R^2 - CR^2)^2}} E$$

であり，$i(t) = I\cos(\omega t + \phi)$ が得られる。

例題 7.2 図 7.2 の回路において $R = 1\,[\Omega]$, $L = 1\,[\mathrm{H}]$, $C = 1\,[\mathrm{F}]$ であり $e(t) = E\sin\omega t$ としたとき，(1) 定常状態で回路に流れる電流 $i(t)$ を求めよ。(2) $i(t)$ の振幅が最大となるための条件とそのときの $i(t)$ を求めよ。(3) $e(t)$ と $i(t)$ の位相差が $\pi/4$ になるための条件とそのときの $i(t)$ を求めよ。

解 答 (1) フェーザ法を使って電流 $i(t)$ の振幅と位相を求める。

$$\boldsymbol{E} = \boldsymbol{Z}\boldsymbol{I} = \boldsymbol{Z}Ie^{j\phi}$$

$$\boldsymbol{Z} = 1 + j\left(\omega - \frac{1}{\omega}\right) = \sqrt{1 + \left(\omega - \frac{1}{\omega}\right)^2}\,e^{j\psi}$$

$$Ie^{j\phi} = \frac{\boldsymbol{E}}{\boldsymbol{Z}} = \frac{E}{\sqrt{1 + (\omega - 1/\omega)^2}}\,e^{-j\psi}$$

$$\phi = -\psi = -\tan^{-1}\left(\omega - \frac{1}{\omega}\right)$$

以上より

$$i(t) = \frac{E}{\sqrt{1 + (\omega - 1/\omega)^2}}\sin(\omega t + \phi)$$

(2) 振幅最大となる条件は $\omega - 1/\omega = 0$ より

$$\omega = 1 \quad (\phi = 0)$$

$$i(t) = E\sin t$$

(3) $e(t)$ と $i(t)$ の位相差が $\pi/4$ になるための条件は

① 電流の位相が電圧より遅れる場合 $(\pi/4)$，$\omega - 1/\omega = 1$ より

$$\omega = \frac{1 + \sqrt{5}}{2} \quad (\omega > 0)$$

$$i(t) = \frac{E}{\sqrt{2}}\sin\left(\omega t - \frac{\pi}{4}\right)$$

② 電流の位相が電圧より進む場合 $(-\pi/4)$，$\omega - 1/\omega = -1$ より

$$\omega = \frac{-1 + \sqrt{5}}{2} \quad (\omega > 0)$$

$$i(t) = \frac{E}{\sqrt{2}}\sin\left(\omega t + \frac{\pi}{4}\right)$$

7.2 インピーダンスとアドミタンス

フェーザ法を用いて交流回路を取り扱う場合でも，直流の場合と同じようにキルヒホッフの法則，重ね合わせの理，テブナンの定理，その他の定理が成り立つ．

インピーダンス Z を

$$Z = R + jX \tag{7.19}$$

とするとき，実部 R を**レジスタンス**，虚部 X を**リアクタンス**という．また，Z の逆数

$$Y = \frac{1}{Z} = G + jB \tag{7.20}$$

を**アドミタンス**といい，単位は**ジーメンス** [S] である．実部 G を**コンダクタンス**，虚部 B を**サセプタンス**と呼ぶ．

図 7.6，図 7.7 に示すようにインピーダンスを直列および並列接続したときの全インピーダンス Z とアドミタンス Y は，抵抗の場合と同じようにキル

図 7.6 インピーダンスの直列接続

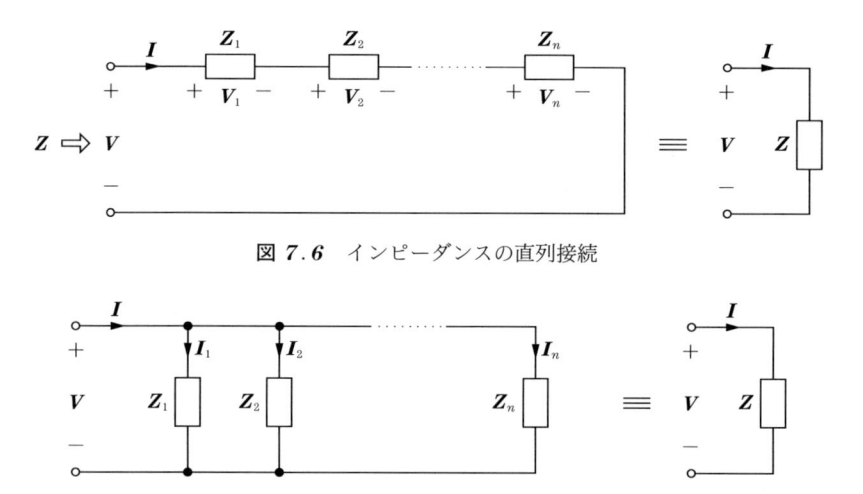

図 7.7 インピーダンスの並列接続

ヒホッフの法則が成り立ち，つぎのように表される。

直列接続：$V = V_1 + V_2 + \cdots + V_n = (Z_1 + Z_2 + \cdots + Z_n)I = ZI$

$Z = Z_1 + Z_2 + \cdots + Z_n$

(7.21)

並列接続：$I = I_1 + I_2 + \cdots + I_n = \left(\dfrac{1}{Z_1} + \dfrac{1}{Z_2} + \cdots + \dfrac{1}{Z_n}\right)V = \dfrac{1}{Z}V$

$\dfrac{1}{Z} = \dfrac{1}{Z_1} + \dfrac{1}{Z_2} + \cdots + \dfrac{1}{Z_n}$

$Y = Y_1 + Y_2 + \cdots + Y_n$

(7.22)

例題 7.3 図 7.8 の回路の 1-1′ 端子間のインピーダンス Z を求めよ．$R_1 = R_2 = R$，$R^2 = L/C$ のとき，インピーダンス Z はどうなるかを示せ．

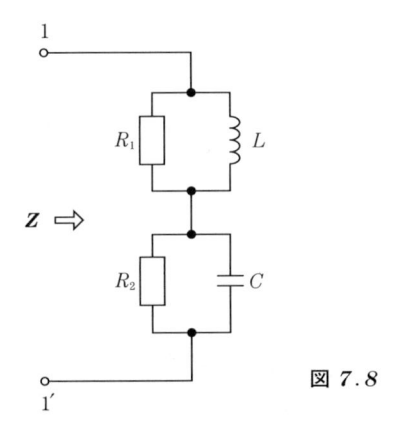

図 7.8

解 答 R_1 と L の並列接続のインピーダンスを Z_1，R_2 と C の並列接続のインピーダンスを Z_2 とすると

$$Z_1 = \dfrac{1}{1/R_1 + 1/j\omega L} = \dfrac{j\omega R_1 L}{R_1 + j\omega L}, \quad Z_2 = \dfrac{1}{1/R_2 + j\omega C} = \dfrac{R_2}{1 + j\omega C R_2}$$

これより 1-1′ 端子間のインピーダンス Z は

$$Z = \dfrac{j\omega R_1 L}{R_1 + j\omega L} + \dfrac{R_2}{1 + j\omega C R_2} = \dfrac{R_1 R_2 (1 - \omega^2 LC) + j\omega (R_1 + R_2) L}{(R_1 - \omega^2 LCR_2) + j\omega (CR_1 R_2 + L)}$$

$R_1 = R_2 = R$，$R^2 = L/C$ のとき

$$Z = \frac{R^2(1-\omega^2 LC) + j\omega 2RL}{R(1-\omega^2 LC) + j\omega(CR^2 + L)} = \frac{R\{R(1-\omega^2 LC) + j\omega 2L\}}{R(1-\omega^2 LC) + j\omega 2L} = R$$

となり，インピーダンスは純抵抗となる。

例題 7.4 図 7.9 の回路において，V と I が同位相となるための条件を求め，そのときの I を V で示せ。

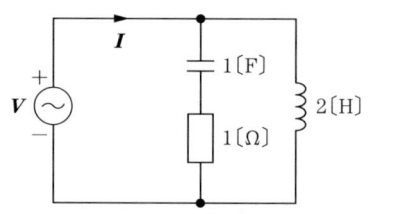

図 7.9

解 答 まず，回路のアドミタンス Y を求める。

$$Y = \frac{j\omega}{1+j\omega} + \frac{1}{j2\omega} = \frac{j(\omega^2-1) + 2\omega^3}{2\omega(1+\omega^2)}$$

$$I = VY = \frac{2\omega^3 + j(\omega^2-1)}{2\omega(1+\omega^2)}V$$

V と I が同位相となるための条件は，Y の虚数項が 0 のときで，$\omega^2 - 1 = 0$ より

$$\omega = 1 \quad (\omega > 0)$$

このとき

$$I = \frac{V}{2}$$

7.3 正弦波定常状態における電力

図 7.10 に示すように，ある回路に電流 $i(t) = I_m \cos(\omega t + \phi)$ が流れていて，その両端の電圧が $v(t) = V_m \cos \omega t$ である（$\theta = 0$）とすると，この回路に供給される**瞬時電力**（消費される電力）$p(t)$ は

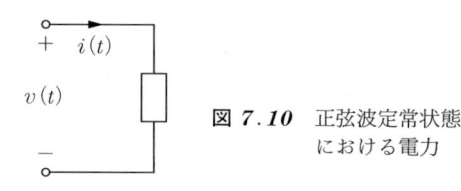

図 7.10 正弦波定常状態における電力

7.3 正弦波定常状態における電力

$$p(t) = v(t)i(t) = V_m I_m \cos \omega t \cos(\omega t + \phi)$$
$$= \frac{V_m I_m}{2} \{\cos(2\omega t + \phi) + \cos \phi\} \quad (7.23)$$

で表され，単位はワット〔W〕である．瞬時電力は電圧と電流の周波数の2倍の周波数で変化する項と定数項から成り立っているが，実際にこの回路で消費される電力は $p(t)$ の平均値で表される．これを**平均電力**といい，**有効電力**あるいは単に電力ともいう．これを P_a とすると

$$P_a = \frac{\omega}{2\pi} \int_0^{2\pi/\omega} \frac{V_m I_m}{2} \{\cos(2\omega t + \phi) + \cos \phi\} dt = \frac{V_m I_m}{2} \cos \phi \quad (7.24)$$

となる．正弦波交流の平均電力は直流の場合とは異なり，電圧と電流の積の2分の1に両者の位相に関係する項を掛け合わせた値となる．この $\cos \phi$ を**力率**という．

フェーザ法を使って電力の関係を示すとつぎのようになる．電圧，電流を

$$\boldsymbol{V}_m = V_m e^{j\theta}, \ \boldsymbol{I}_m = I_m e^{j\phi} \quad (7.25)$$

それぞれの共役複素数を

$$\boldsymbol{V}_m^* = V_m e^{-j\theta}, \ \boldsymbol{I}_m^* = I_m e^{-j\phi} \quad (7.26)$$

で表すと

$$\boldsymbol{V}_m^* \boldsymbol{I}_m = V_m e^{-j\theta} I_m e^{j\phi} = V_m I_m e^{j(\phi-\theta)}$$
$$= V_m I_m \{\cos(\phi - \theta) + j \sin(\phi - \theta)\} \quad (7.27)$$

式(7.24)と(7.27)より，平均電力は

$$P_a = \frac{1}{2} \operatorname{Re}\{\boldsymbol{V}_m^* \boldsymbol{I}_m\} \quad (7.28)$$

で表される．ここで，$\operatorname{Re}\{\bigcirc\}$ は $\bigcirc$ の実部を意味している．まったく同様にして

$$\boldsymbol{V}_m \boldsymbol{I}_m^* = V_m e^{j\theta} I_m e^{-j\phi} = V_m I_m e^{-j(\phi-\theta)}$$
$$= V_m I_m \{\cos(\phi - \theta) - j \sin(\phi - \theta)\} \quad (7.29)$$

であるから

$$P_a = \frac{1}{2} \operatorname{Re}\{\boldsymbol{V}_m \boldsymbol{I}_m^*\} \quad (7.30)$$

が得られる。両者を組み合わせると

$$P_a = \frac{1}{4}(\overset{*}{\boldsymbol{V}}_m \boldsymbol{I}_m + \boldsymbol{V}_m \overset{*}{\boldsymbol{I}}_m) \tag{7.31}$$

と表すことができる。

例題 7.5 図 7.11 に示す回路において，回路に流れる電流 $i(t)$ と回路で消費される平均電力 P_a を求めよ。ただし，$e_1 = E_1 \sin t$，$e_2 = E_2 \cos 2t$ とする。

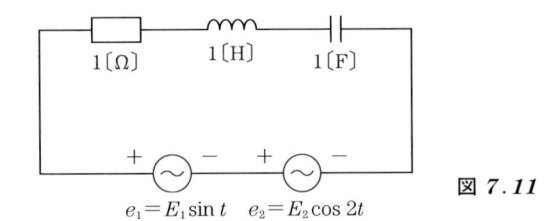

図 7.11

解答 フェーザ法を使って二つの電源のおのおのに対して回路に流れる電流と電力を求め，重ね合わせの理を使って両者の和を求める。回路のインピーダンス $\boldsymbol{Z}$ は

$$\boldsymbol{Z} = 1 + j\left(\omega - \frac{1}{\omega}\right)$$

$e_1 = E_1 \sin t$ では $\omega = 1$ より

$$\boldsymbol{Z}_1 = 1, \quad i_1 = E_1 \sin t, \quad \phi_1 = 0$$

$e_2 = E_2 \cos 2t$ では $\omega = 2$ より

$$\boldsymbol{Z}_2 = 1 + j\frac{3}{2}$$

$$\boldsymbol{E}_2 = \boldsymbol{Z}_2 \boldsymbol{I}_2 = \left(1 + j\frac{3}{2}\right)\boldsymbol{I}_2$$

$$\boldsymbol{I}_2 = \frac{\boldsymbol{E}_2}{\left(1 + j\frac{3}{2}\right)} = \frac{E_2}{|\boldsymbol{Z}_2|}e^{-j\phi_2}$$

$$|\boldsymbol{Z}_2| = \sqrt{1 + \left(\frac{3}{2}\right)^2} = \sqrt{\frac{13}{4}} = \frac{\sqrt{13}}{2}$$

$$i_2 = \frac{2}{\sqrt{13}}E_2 \cos(2t - \phi_2), \quad \phi_2 = \tan^{-1}\left(\frac{3}{2}\right)$$

これより

$$i(t) = i_1 + i_2 = E_1 \sin t + \frac{2}{\sqrt{13}} E_2 \cos(2t - \phi_2)$$

平均電力は

$$P_a = P_{a1} + P_{a2} = \frac{1}{2}(E_1 I_1 \cos\phi_1 + E_2 I_2 \cos\phi_2) = \frac{1}{2}E_1^2 + \frac{2}{13}E_2^2$$

なお，$e(t) = E_1 \sin t + E_2 \cos 2t$ として

$$p(t) = e(t) i(t)$$

$$P_a = \frac{1}{T}\int_0^T e(t) i(t) dt$$

からも同じ解が得られる。

7.4 正弦波電圧と電流の実効値

　直流の電圧，電流は振幅がつねに一定であり，その値を表すのはとても簡単である。これに対して交流の電圧，電流は時間的に絶えず変化するので，その値を表すのに工夫がいる。絶えず変化する振幅で表すのも一つの方法であるが実用的ではない。交流の電圧，電流が直流のときと同じ仕事をする場合に同じ値の電圧，電流と規定するのが最も適切である。そこで，1オームの抵抗に交流電流が流れたとき，この抵抗で I^2 ワットの電力を消費するとき，この交流電流を I アンペアと規定することにする（1オームの抵抗に I アンペアの直流電流が流れたときの電力は I^2 ワット）。交流電流を $I_m \cos \omega t$ とすると，1オームの抵抗で消費する平均電力は

$$P_a = \frac{\omega}{2\pi}\int_0^{2\pi/\omega} I_m^2 \cos^2 \omega t\, dt = \frac{I_m^2}{2} \tag{7.32}$$

となる。これより

$$\frac{I_m^2}{2} = I^2 \tag{7.33}$$

したがって

$$I = \frac{I_m}{\sqrt{2}} \tag{7.34}$$

この I を交流電流の**実効値**という。交流電圧も同様にして

$$V = \frac{V_m}{\sqrt{2}} \tag{7.35}$$

すなわち，実効値は振幅を $\sqrt{2}$ で割った値であり，実用上はこの実効値を用いるのが普通である．実効値を用いて電力 P_a を表すと

$$P_a = \frac{1}{2} V_m I_m \cos \phi = VI \cos \phi$$

$$= \mathrm{Re}\{\overset{*}{V}I\} = \mathrm{Re}\{V\overset{*}{I}\} = \frac{1}{2}(\overset{*}{V}I + V\overset{*}{I}) \tag{7.36}$$

となる．

例題 7.6 電流 $i(t) = I_1 \cos \omega_1 t + I_2 \cos \omega_2 t$ の実効値を求めよ．また，電圧 $e(t) = E_1 \cos \omega_1 t + E_2 \sin \omega_2 t$ の実効値を求めよ．

解答 $i(t)$ を $1\,[\Omega]$ の抵抗に流したときに消費される平均電力 P_a は，おのおのの電流による電力の重ね合わせにより

$$P_a = \frac{I_1^2}{2} + \frac{I_2^2}{2} = \frac{I_1^2}{(\sqrt{2})^2} + \frac{I_2^2}{(\sqrt{2})^2} = I_1^2 + I_2^2$$

I_1, I_2 は実効値であるが，$i(t)$ の実効値を I とすると，定義より

$$I^2 = I_1^2 + I_2^2, \quad I = \sqrt{I_1^2 + I_2^2}$$

となる．電圧の実効値についても同様であり

$$E = \sqrt{E_1^2 + E_2^2}$$

となる．以上より，多くの周波数の正弦波を含む電流，電圧の実効値は，それぞれの電流，電圧の実効値の 2 乗の和の平方根として与えられる．

例題 7.7 図 7.2 の回路において $R = 1\,[\Omega]$, $L = 1\,[\mathrm{H}]$, $C = 0.25\,[\mathrm{F}]$ としたとき，回路に流れる電流 $i(t)$ の実効値を求めよ．ただし，$e(t) = E \cos t + E \sin 2t$ とする．

解答 図の回路のインピーダンス Z は

$\omega = 1$ のとき，$Z = 1 - j3$, $\omega = 2$ のとき，$Z = 1$

となるから，$e_1(t) = E \cos t$ による電流 $i_1(t)$ は

$$i_1(t) = \frac{E}{\sqrt{10}} \cos(t - \phi_1), \quad \phi_1 = -\tan^{-1} 3$$

$e_2(t) = E \sin 2t$ による電流 $i_2(t)$ は

$$i_2(t) = E \sin 2t, \quad \phi_2 = 0$$

以上より，$i(t)$ の実効値 I は

$$I = \frac{1}{\sqrt{2}}\sqrt{\frac{E^2}{10} + E^2} = \frac{1}{\sqrt{2}}\sqrt{\frac{11}{10}}E$$

7.5 共 振 回 路

　ブランコや時計の振り子のような一点を支持した物体を揺らしたとき，揺れの周期に合わせて力を加えてやると，揺れの振幅はますます大きくなって一定の周期で振動が続く．また，ばねにおもりをつけて鉛直方向に周期的におもりを揺らしたときには，おもりとばねの間でエネルギーのやりとりをすることによって一定の周期で振動が持続する．このような現象は，**共振**と呼ばれ，ある物体に外から力を加えたとき，その力の周期が物体の動きやすい周期と一致するとわずかな力でも非常に大きな振動となる．ヴァイオリンやチェロなどの弦楽器は弦の振動，ティンパニーなどの打楽器は膜の振動によるもので，音の場合には**共鳴**という．1 章で電気回路素子のアナロジーについて述べたが，力学系では位置のエネルギーと運動エネルギー，あるいは弾性エネルギーと慣性力のやりとりによって振動が続くのに対して，電気回路ではコンデンサに蓄えられる静電エネルギーとコイルに生じる電磁エネルギーとの間でエネルギーのやりとりが行われることによって共振が生じる．

　図 7.2 の RLC 直列回路を例として共振現象を考えてみよう．正弦波定常状態であるとき，回路のインピーダンスは

$$\boldsymbol{Z} = R + j\left(\omega L - \frac{1}{\omega C}\right) \tag{7.37}$$

$$|\boldsymbol{Z}| = \sqrt{R^2 + \left(\omega L - \frac{1}{\omega C}\right)^2} \tag{7.38}$$

であり，ωL，$1/\omega C$，$\boldsymbol{Z}$ の虚部，およびインピーダンスの大きさ $|\boldsymbol{Z}|$ は，角周波数 ω を 0 から ∞ まで変化させると**図 7.12** のように変化する．

　ここで，$\omega L = 1/\omega C$，すなわち $\omega = \omega_0 = 1/\sqrt{LC}$ のとき

$$\boldsymbol{Z} = R \tag{7.39}$$

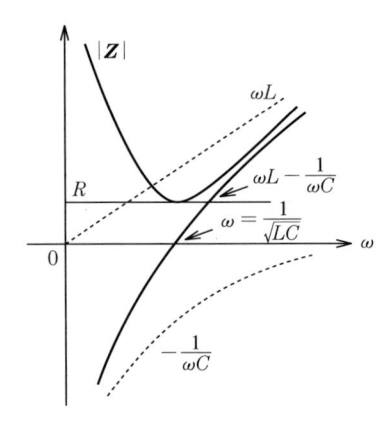

図 7.12 RLC 直列回路の Z の周波数特性

となり，インピーダンスは純抵抗となる．また，回路に流れる電流の振幅 $|I|$ は

$$|I| = \frac{|E|}{\sqrt{R^2 + (\omega L - 1/\omega C)^2}} \tag{7.40}$$

であるが，$\omega = \omega_0 = 1/\sqrt{LC}$ のとき

$$|I| = \frac{|E|}{R} \tag{7.41}$$

となる．また，加えた電圧の振幅を一定として，電流の振幅 $|I|$ と，電圧と電流の位相差 $\theta - \phi$ が角周波数 ω の変化とともにどのように変わるかを図 **7.13** に示す．

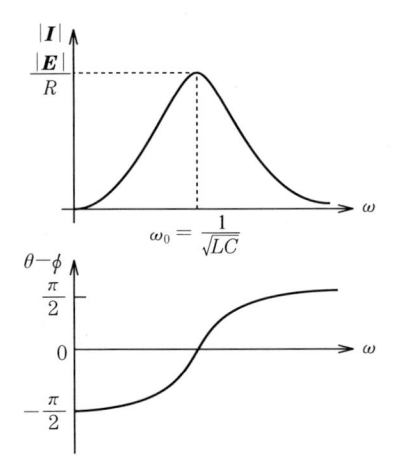

図 7.13 RLC 直列共振回路の共振曲線と位相特性

7.5 共振回路

$\omega = \omega_0 = 1/\sqrt{LC}$ でインピーダンスは最小値,電流は最大値を示すこととなり,このような現象を**回路の共振**という。また,電圧と電流の位相差は $\theta - \phi = 0$ で,電圧と電流は同相となる。ω_0 を**共振角周波数**,$f_0 = \omega_0/2\pi$ を**共振周波数**という。図 7.13 に示すような曲線を**共振曲線**という。式(7.37)を書き換えると

$$Z = R\left\{1 + j\frac{\omega L}{R}\left(1 - \frac{1}{\omega^2 LC}\right)\right\} = R\left\{1 + j\frac{\omega_0 L}{R}\left(\frac{\omega}{\omega_0} - \frac{\omega_0}{\omega}\right)\right\}$$

$$= R\left\{1 + jQ\left(\frac{\omega}{\omega_0} - \frac{\omega_0}{\omega}\right)\right\} \tag{7.42}$$

$$|Z| = R\sqrt{1 + Q^2\left(\frac{\omega}{\omega_0} - \frac{\omega_0}{\omega}\right)^2} \tag{7.43}$$

となるが,ここで

$$Q = \frac{\omega_0 L}{R} = \frac{1}{\omega_0 RC} \tag{7.44}$$

を **Quality factor**(回路の良さ)という。式(7.43)を使うと電流の振幅は

$$|I| = \frac{|E|}{R\sqrt{1 + Q^2\left(\frac{\omega}{\omega_0} - \frac{\omega_0}{\omega}\right)^2}} \tag{7.45}$$

となる。さらに最大値 $|I_0| = |E|/R$ で正規化すると

$$\frac{|I|}{|I_0|} = \frac{1}{\sqrt{1 + Q^2\left(\frac{\omega}{\omega_0} - \frac{\omega_0}{\omega}\right)^2}} \tag{7.46}$$

が得られる。これを図示すると**図 7.14** のようになり,Q が大きくなると正規化した共振曲線は鋭くなることがわかる。

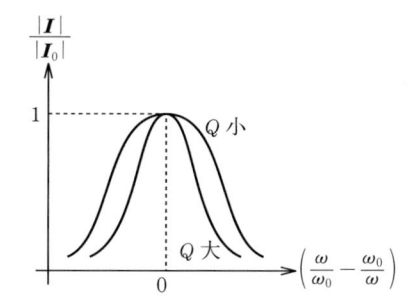

図 7.14 正規化共振曲線

$|I|/|I_0| = 1/\sqrt{2}$ になる角周波数 ω を ω_1, ω_2 ($\omega_1 < \omega_2$) とすると

$$\left.\begin{array}{l} \dfrac{\omega_1}{\omega_0} - \dfrac{\omega_0}{\omega_1} = -\dfrac{1}{Q} \\[2mm] \dfrac{\omega_2}{\omega_0} - \dfrac{\omega_0}{\omega_2} = \dfrac{1}{Q} \end{array}\right\} \tag{7.47}$$

となり,両式の和および差を求めると

$$\left.\begin{array}{l} \dfrac{\omega_1 + \omega_2}{\omega_0} = \dfrac{\omega_0(\omega_1 + \omega_2)}{\omega_1\omega_2} \\[2mm] \dfrac{\omega_2 - \omega_1}{\omega_0} + \dfrac{\omega_0(\omega_2 - \omega_1)}{\omega_1\omega_2} = \dfrac{2}{Q} \end{array}\right\} \tag{7.48}$$

となる。これより

$$\omega_1\omega_2 = \omega_0{}^2, \quad f_1f_2 = f_0{}^2 \tag{7.49}$$

$$Q = \frac{\omega_0}{\omega_2 - \omega_1} = \frac{f_0}{f_2 - f_1} \tag{7.50}$$

が得られる。以上から,Q は共振周波数 f_0(または共振角周波数 ω_0)と,$|I|^2/|I_0|^2 = 1/2$ になる周波数の幅 $f_2 - f_1$(または角周波数の幅 $\omega_2 - \omega_1$)との比で表されることがわかる。上記の周波数(または角周波数)の幅を**半値幅**という。

例題 7.8 図 7.2 の RLC 回路において,回路が共振しているときのコンデンサとコイルの端子電圧 V_C,V_L を求めよ。ただし,$e(t) = E\sin\omega t$ とする。

解 答 回路に流れる電流 I はフェーザ法で式(7.17)のように表されるから

$$V_C = \frac{I}{j\omega C} = \frac{E}{j\omega CR - (\omega^2 LC - 1)}$$

$$V_L = j\omega L I = \frac{j\omega^2 LCE}{\omega CR + j(\omega^2 LC - 1)}$$

回路が共振している状態 $\omega = \omega_0 = 1/\sqrt{LC}$ では

$$V_C = -j\frac{E}{\omega_0 CR} = -jQE, \qquad V_L = j\frac{\omega_0 LE}{R} = jQE$$

すなわち,コンデンサとコイルの端子電圧は電源電圧の Q 倍となる。

7.6 三相交流

家庭内で用いる交流は電源と電気機器を2本の電線で接続する単相方式であるが，産業用には三相方式が多くの機器で用いられる。三相交流は，周波数は同じで位相差が $2\pi/3$ ずつずれている三つの電圧を用いて電力を送る方法である。位相の異なる三つの単相交流をひとまとめにしたものと考えてもよいが，電圧の対称性を利用して本来往復2本ずつ6本必要とする電線を3本または4本で済ませている。さらに，回転磁界を作るのに都合が良く，瞬時電力を脈動なく一定に保つことができるなど大電力を扱うのに適している。

7.6.1 三相起電力の発生

三相交流は，通常，三相発電機により作られる。**図 7.15** は，その原理図

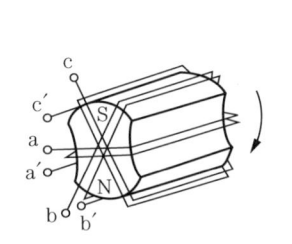

(a) 三相発電機の原理図

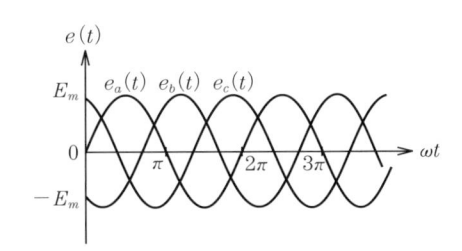

(b) 三相交流の電圧波形図

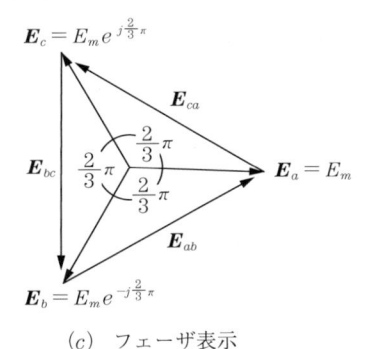

(c) フェーザ表示

図 7.15 三相発電機の原理図と三相交流の波形図

と三相交流の波形図である。三相発電機は，120°ずつ角度をおいて配置された三つのコイルの中を磁極と呼ばれる永久磁石が回転する構造になっている。

磁極の角速度を $\omega = 2\pi/T$ とすると各コイルに発生する電圧は式(7.51)で与えられる。

$$\left.\begin{aligned} e_a &= E_m \sin \omega t \\ e_b &= E_m \sin \left(\omega t - \frac{2}{3}\pi\right) \\ e_c &= E_m \sin \left(\omega t - \frac{4}{3}\pi\right) \end{aligned}\right\} \quad (7.51)$$

このように，三つの電圧値が等しく，それぞれの電圧間の位相差が等しい電圧を**対称三相起電力**と呼ぶ。上式をフェーザ法で表示すれば

$$\left.\begin{aligned} \boldsymbol{E}_a &= E_m \\ \boldsymbol{E}_b &= E_m e^{-j\frac{2}{3}\pi} = E_m \alpha^{-1} = \alpha^2 E_m \\ \boldsymbol{E}_c &= E_m e^{-j\frac{4}{3}\pi} = E_m e^{j\frac{2}{3}\pi} = E_m \alpha^{-2} = \alpha E_m \end{aligned}\right\} \quad (7.52)$$

となる。ここで $\alpha = e^{j\frac{2}{3}\pi}$ である。図(b)の電圧波形図，図(c)のフェーザ表示，あるいは式(7.51)，(7.52)より

$$\left.\begin{aligned} e_a + e_b + e_c &= 0 \\ \boldsymbol{E}_a + \boldsymbol{E}_b + \boldsymbol{E}_c &= E_m(1 + \alpha^2 + \alpha) = 0 \end{aligned}\right\} \quad (7.53)$$

が成り立つ。すなわち対称三相起電力の電圧の総和は0となる。

7.6.2 三相起電力の結線と負荷の結線

三相起電力を結線して，三相電源を作る場合には**図 7.16** のように2種類の結線が考えられ，それぞれ **Y 結線**（または星形結線），**Δ結線**（または環状結線）という。各相の内部インピーダンスは省略してある。三相起電力が供給される負荷インピーダンスも同様に Y 結線と Δ 結線が使われる。Y 結線では各相の終端を共通端子 N でまとめてあり，この点 N を中性点という。

図 7.17 は三相電源と負荷の結線を表したものであるが，図(a)は Y 結線と Y 負荷の接続，図(b)は Δ 結線と Δ 負荷の接続である。簡単化のために起

7.6 三相交流

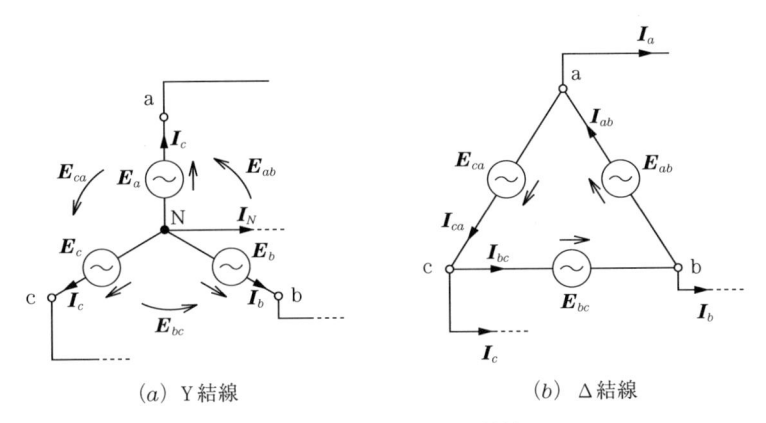

(a) Y結線

(b) Δ結線

図 7.16 三相起電力の結線

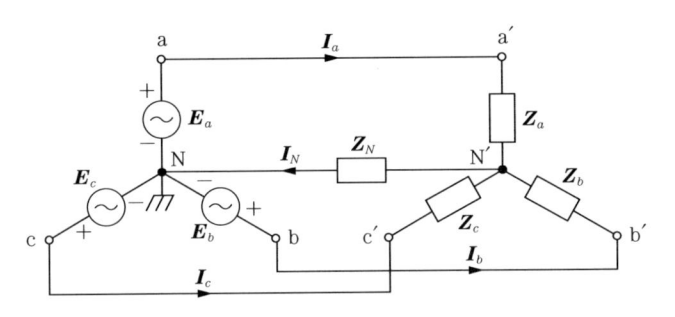

(a) Y結線とY負荷の接続

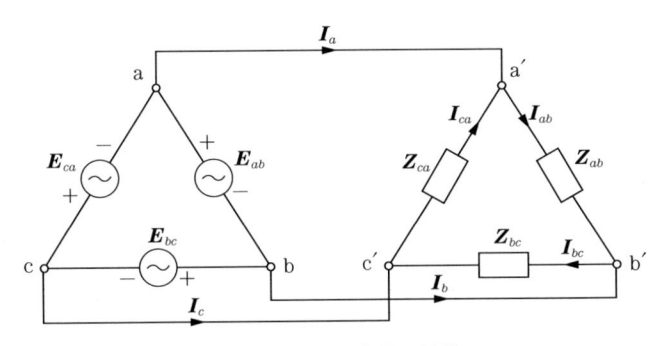

(b) Δ結線とΔ負荷の接続

図 7.17 三相電源と負荷の結線

電力の内部インピーダンスは省略してある。Y負荷では各負荷を共通端子 N′ でまとめてあり，この点 N′ も中性点という。

Y結線では，電圧は端子 a, b, c より三つの起電力（E_a, E_b, E_c）を取り出すため端子間の電圧 E_{ab}, E_{bc}, E_{ca} は次式で与えられる。

$$\left.\begin{aligned} \boldsymbol{E}_{ab} &= \boldsymbol{E}_a - \boldsymbol{E}_b = \boldsymbol{E}_a(1-\alpha^2) = \sqrt{3}\,\boldsymbol{E}_a e^{j\frac{\pi}{6}} \\ \boldsymbol{E}_{bc} &= \boldsymbol{E}_b - \boldsymbol{E}_c = \boldsymbol{E}_b(1-\alpha^2) = \sqrt{3}\,\boldsymbol{E}_b e^{j\frac{\pi}{6}} \\ \boldsymbol{E}_{ca} &= \boldsymbol{E}_c - \boldsymbol{E}_a = \boldsymbol{E}_c(1-\alpha^2) = \sqrt{3}\,\boldsymbol{E}_c e^{j\frac{\pi}{6}} \end{aligned}\right\} \quad (7.54)$$

ここで，E_{ab}, E_{bc}, E_{ca} は**線間電圧**と呼ばれ，E_a, E_b, E_c は**相電圧**と呼ばれる。それぞれの間の関係は，式(7.55)と図 **7.18** のベクトル図で表される。これより線間電圧の振幅 E_{ab}, E_{bc}, E_{ca} は

$$E_{ab} = \sqrt{3}\,E_a,\ \ E_{bc} = \sqrt{3}\,E_b,\ \ E_{ca} = \sqrt{3}\,E_c \quad (7.55)$$

となる。

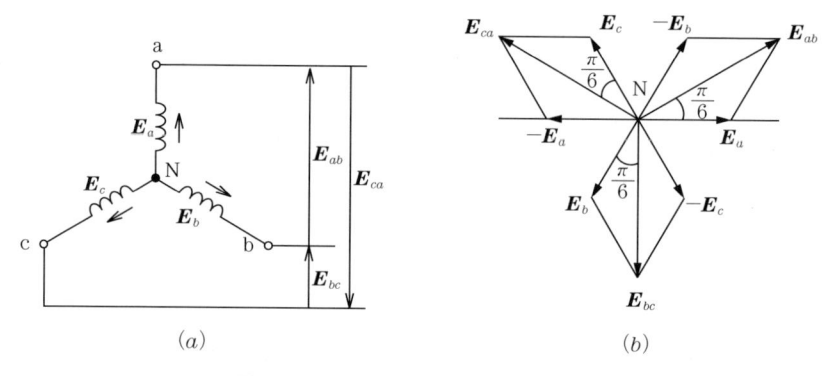

図 **7.18** Y結線と電圧のベクトル図

以上のように Y結線の線間電圧は相電圧の $\sqrt{3}$ 倍の大きさをもち，位相が相電圧より $\pi/6$ 進んだ三相電圧になる。図 **7.17**(a) で電源と各負荷の接続線に流れる線電流 I_a, I_b, I_c, I_N ならびに各負荷に流れる電流の関係は，点 N′ の電位を $V_{N'}$ とすると

$$Z_a I_a = E_a - V_{N'},\ \ Z_b I_b = E_b - V_{N'},\ \ Z_c I_c = E_c - V_{N'},$$
$$-Z_N I_N = V_{N'} \quad (7.56)$$

これより，点 N' でのキルヒホッフの電流則 $I_a + I_b + I_c + I_N = 0$ を適用して整理すると

$$V_{N'} = \frac{Y_a E_a + Y_b E_b + Y_c E_c}{Y_a + Y_b + Y_c + Y_n} \qquad (7.57)$$

三相起電力が対称で，Y 負荷のすべてのインピーダンスが等しい（平衡負荷という）とき，$Y_a = Y_b = Y_c = Y$ と置くと，$E_a + E_b + E_c = 0$ であるから

$$\left.\begin{array}{l} V_{N'} = 0, \quad I_N = 0 \\ I_a = Y E_a, \quad I_b = Y E_b, \quad I_c = Y E_c \end{array}\right\} \qquad (7.58)$$

が得られる。Y 結線では，三つの起電力（E_a, E_b, E_c）と負荷を中性点 N と点 N' を中心に結線することが一般的であり，電源電圧が対称で三つの負荷の大きさが等しければ，先に述べた対称性から点 N と点 N' を流れる電流 I_N は 0 になる。したがって，点 N と点 N' を結ぶ中性線をとっても同じになり，これより三相交流では 3 本の線で電力が送れることになる。ただし，これが成り立つのは電源電圧が対称で負荷の大きさが等しい場合であり，このような方式を平衡方式と呼ぶ。

Δ 結線と Δ 負荷の接続では三相起電力を E_{ab}, E_{bc}, E_{ca} として表現し，三相起電力が対称であれば

$$E_{ab} = E_m, \quad E_{bc} = E_m e^{-j\frac{2}{3}\pi}, \quad E_{ca} = E_m e^{j\frac{2}{3}\pi} \qquad (7.59)$$

で表され

$$E_{ab} + E_{bc} + E_{ca} = 0 \qquad (7.60)$$

である。各負荷に流れる電流を I_{ab}, I_{bc}, I_{ca}，電源と負荷間の**線電流**を I_a, I_b, I_c とすると

$$\left.\begin{array}{l} E_{ab} = Z_{ab} I_{ab}, \quad I_{ab} = \dfrac{E_{ab}}{Z_{ab}} \\[4pt] E_{bc} = Z_{bc} I_{bc}, \quad I_{bc} = \dfrac{E_{bc}}{Z_{bc}} \\[4pt] E_{ca} = Z_{ca} I_{ca}, \quad I_{ca} = \dfrac{E_{ca}}{Z_{ca}} \end{array}\right\} \qquad (7.61)$$

回路は平衡負荷で $Z_{ab} = Z_{bc} = Z_{ca} = Z$ とすると

$$\left.\begin{array}{l}\boldsymbol{I}_a = \boldsymbol{I}_{ab} - \boldsymbol{I}_{ca} = \dfrac{\boldsymbol{E}_{ab} - \boldsymbol{E}_{ca}}{\boldsymbol{Z}} = \dfrac{\boldsymbol{E}_{ab}(1-\alpha)}{\boldsymbol{Z}} = \dfrac{E_m(1-\alpha)}{\boldsymbol{Z}} \\[6pt] \boldsymbol{I}_b = \boldsymbol{I}_{bc} - \boldsymbol{I}_{ab} = \dfrac{\boldsymbol{E}_{bc} - \boldsymbol{E}_{ab}}{\boldsymbol{Z}} = \dfrac{\boldsymbol{E}_{bc}(1-\alpha)}{\boldsymbol{Z}} = \dfrac{E_m(\alpha^2-1)}{\boldsymbol{Z}} \\[6pt] \boldsymbol{I}_c = \boldsymbol{I}_{ca} - \boldsymbol{I}_{bc} = \dfrac{\boldsymbol{E}_{ca} - \boldsymbol{E}_{bc}}{\boldsymbol{Z}} = \dfrac{\boldsymbol{E}_{ca}(1-\alpha)}{\boldsymbol{Z}} = \dfrac{E_m(\alpha-\alpha^2)}{\boldsymbol{Z}}\end{array}\right\}$$

(7.62)

また

$$\boldsymbol{I}_a = \boldsymbol{I}_{ab}(1-\alpha),\ \ \boldsymbol{I}_b = \boldsymbol{I}_{bc}(1-\alpha),\ \ \boldsymbol{I}_c = \boldsymbol{I}_{ca}(1-\alpha) \quad (7.63)$$

であり，式(7.62)から $\boldsymbol{I}_a + \boldsymbol{I}_b + \boldsymbol{I}_c = 0$ となる。

例題 7.9 図 7.19 の対称 Y 形三相電源と Δ 形平衡負荷を接続した回路において，線電流 $\boldsymbol{I}_a$，$\boldsymbol{I}_b$，$\boldsymbol{I}_c$ と起電力 $\boldsymbol{E}_a$，$\boldsymbol{E}_b$，$\boldsymbol{E}_c$ および負荷に流れる電流 $\boldsymbol{I}_{ab}$，$\boldsymbol{I}_{bc}$，$\boldsymbol{I}_{ca}$ の関係を求めよ。

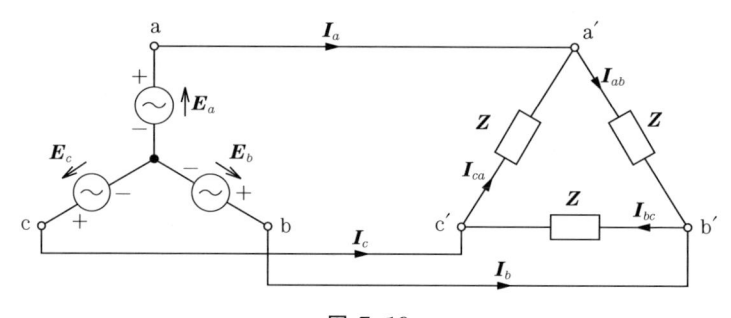

図 7.19

解 答 端子 ab, bc, ca 間の線間電圧を $\boldsymbol{E}_{ab}$，$\boldsymbol{E}_{bc}$，$\boldsymbol{E}_{ca}$ とすると

$$\left.\begin{array}{l}\boldsymbol{E}_{ab} = \boldsymbol{Z}\boldsymbol{I}_{ab} \\ \boldsymbol{E}_{bc} = \boldsymbol{Z}\boldsymbol{I}_{bc} \\ \boldsymbol{E}_{ca} = \boldsymbol{Z}\boldsymbol{I}_{ca}\end{array}\right\} \quad \text{または} \quad \left.\begin{array}{l}\boldsymbol{I}_{ab} = \dfrac{\boldsymbol{E}_{ab}}{\boldsymbol{Z}} \\[4pt] \boldsymbol{I}_{bc} = \dfrac{\boldsymbol{E}_{bc}}{\boldsymbol{Z}} \\[4pt] \boldsymbol{I}_{ca} = \dfrac{\boldsymbol{E}_{ca}}{\boldsymbol{Z}}\end{array}\right\}$$

一方

7.6 三相交流　117

$$\left.\begin{aligned}
I_a &= I_{ab} - I_{ca} = (1-\alpha)I_{ab} = \sqrt{3}\,I_{ab}e^{-j\frac{\pi}{6}} \\
I_b &= I_{bc} - I_{ab} = (1-\alpha)I_{bc} = \sqrt{3}\,I_{bc}e^{-j\frac{\pi}{6}} \\
I_c &= I_{ca} - I_{bc} = (1-\alpha)I_{ca} = \sqrt{3}\,I_{ca}e^{-j\frac{\pi}{6}}
\end{aligned}\right\}$$

線間電圧と相電圧の間には式(7.54)の関係があるから

$$E_a = \frac{ZI_a}{3}, \qquad E_b = \frac{ZI_b}{3}, \qquad E_c = \frac{ZI_c}{3}$$

7.6.3　三相交流の電力

三相交流における電力は，3個の単相回路という見方をすれば一相当りの電力を3倍すればよい。電圧が $E_a = E_a$ で負荷 $Z = Z_0 e^{j\phi}$ とすれば，電流 $I_a = I_a e^{-j\phi}$ は

$$I_a = \frac{E_a}{Z_0} e^{-j\phi} \tag{7.64}$$

一相当りの電力は

$$P = \frac{1}{2} E_a I_a \cos\phi \tag{7.65}$$

で与えられる。これより三相交流の全電力は

$$P_3 = 3P = \frac{3}{2} E_a I_a \cos\phi = \frac{\sqrt{3}}{2} E_{ab} I_a \cos\phi \tag{7.66}$$

となる。電力測定においては，測れる電圧が線間電圧である場合が多いため，三相電力の計算には，線間電圧と線電流の積を $\sqrt{3}/2$ 倍して負荷の力率を乗じて計算されることが多い。

一般に三相電力の測定では2台の単相電力計を使う**二電力計法**が基本である。**図7.20**はその原理を示したもので，2個の電力計 W_1，W_2 を各相の間に接続する。平衡負荷に流れる電流を I_a，I_b，I_c とすると全負荷で消費される電力ベクトル P は，対称三相・平衡負荷であるから $I_a + I_b + I_c = 0$ より

$$\begin{aligned}
P &= E_a I_a + E_b I_b + E_c I_c = (E_a - E_c)I_a + (E_b - E_c)I_b \\
&= \sqrt{3} E_a e^{-j\frac{\pi}{6}} I_a + \sqrt{3} E_b e^{j\frac{\pi}{6}} I_b
\end{aligned} \tag{7.67}$$

ここで負荷インピーダンス Z を $Z = Z_0 e^{j\phi}$ とすれば，式(7.67)は

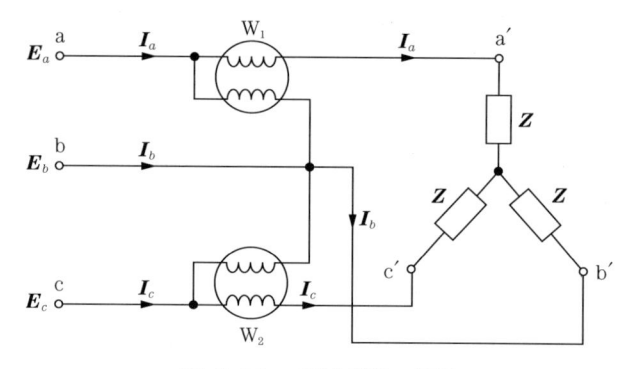

118　7. 交流回路と正弦波定常状態の解析

図 7.20　二電力計法の原理

$$P = P_1 + P_2 = \sqrt{3}\,E_a e^{-j\frac{\pi}{6}} I_a e^{-j\phi} + \sqrt{3}\,E_b e^{j\frac{\pi}{6}} I_b e^{-j\phi}$$
$$= \sqrt{3}\,E_a I_a e^{-j\left(\frac{\pi}{6}+\phi\right)} + \sqrt{3}\,E_b I_b e^{j\left(\frac{\pi}{6}-\phi\right)} \qquad (7.68)$$

$|E_a| = |E_b| = E_m$，また $I_a = I_b = I_m$ として，式(7.68)右辺の第1項と第2項の平均電力をそれぞれ P_1, P_2 で表すと

$$P_1 = \frac{\sqrt{3}}{2} E_m I_m \cos\left(\frac{\pi}{6}+\phi\right) = \frac{\sqrt{3}}{2} E_m I_m \left\{\cos\left(\frac{\pi}{6}\right)\cos\phi - \sin\left(\frac{\pi}{6}\right)\sin\phi\right\},$$
$$P_2 = \frac{\sqrt{3}}{2} E_m I_m \cos\left(\frac{\pi}{6}-\phi\right) = \frac{\sqrt{3}}{2} E_m I_m \left\{\cos\left(\frac{\pi}{6}\right)\cos\phi + \sin\left(\frac{\pi}{6}\right)\sin\phi\right\}$$
$$(7.69)$$

これより2個の電力計 W_1, W_2 で測定される平均電力 P_1, P_2 の総和 P は

$$P = 2\frac{\sqrt{3}}{2} \cdot \frac{\sqrt{3}}{2} E_m I_m \cos\phi = \frac{3}{2} E_m I_m \cos\phi \qquad (7.70)$$

となり，式(7.66)と一致する。

　以上のように，多相交流回路では n 本の導線を使って送られる電力は，$(n-1)$ 個の電力計で測定することができる。これを**ブロンデルの定理**という。

例題 7.10　図 7.17(a) の Y 結線の回路で 50 [Ω] の抵抗3個を Y 形接続し，対称三相の線間電圧 100 [V]（実効値）を加えたとき，各抵抗に流れる電流と抵抗で消費される全電力を求めよ。同じ抵抗を Δ 形に接続したときについても同様に求めよ。

解答 相電圧 E_a と負荷抵抗に流れる電流 I_a は式 (7.55), (7.66) から

$$E_a = \frac{100}{\sqrt{3}} = 50 I_a$$

これより

$$I_a = \frac{2}{\sqrt{3}} \, [\mathrm{A}]$$

各相の電流も同じである。全電力は電圧と電流が実効値であるから

$$P = 3 \times 50 \times \left(\frac{2}{\sqrt{3}}\right)^2 = 200 \, [\mathrm{W}]$$

抵抗を Δ 結線にした場合, 負荷抵抗に流れる電流 I_{ab} と抵抗で消費される電力 P は

$50 I_{ab} = 100$　より　$I_{ab} = 2 \, [\mathrm{A}]$（各相の電流も同じ）

$$P = 3 \times 50 \times 2^2 = 600 \, [\mathrm{W}]$$

7.6.4 回転磁界

対称三相起電力を，120°ずつ角度をおいて配置された三つのコイルに印加すると発電機の場合と逆のことが起こり，角速度 ω で回転する回転磁界が発生する。この中に永久磁石を置けば磁石は回り出し三相モータが実現できる。単相モータの場合ではコイルに流れる電流の方向を切り替えるスイッチが必要であったが，三相モータの場合は，コイルと永久磁石のみで構成され簡単で信頼性が高くなる。これが，大電力用途で三相交流が使われる理由の一つである。

◆ 演 習 問 題 ◆

【7.1】 図 7.21 の回路で 1-1' 端子から右をみたインピーダンスを求めよ。電圧 e と電流 i の位相差が $\pi/4$ となるための条件を求めよ。また，このときの電流 i と回路で消費する平均電力を求めよ。ただし，$e = 3\sin\omega t$ とする。

【7.2】 図 7.22 の回路で回路に流れる電流 $i(t)$ とその実効値を求め，さらに回路で消費する平均電力を求めよ。

【7.3】 図 7.23 の回路で Z の値にかかわらず V が一定となるための条件を示せ。そのときの V を求めるとともに V と I_s の位相差を求めよ。

【7.4】 図 7.24 の回路でインピーダンス Z に流れる電流 I をテブナンの定理を使

図 7.21

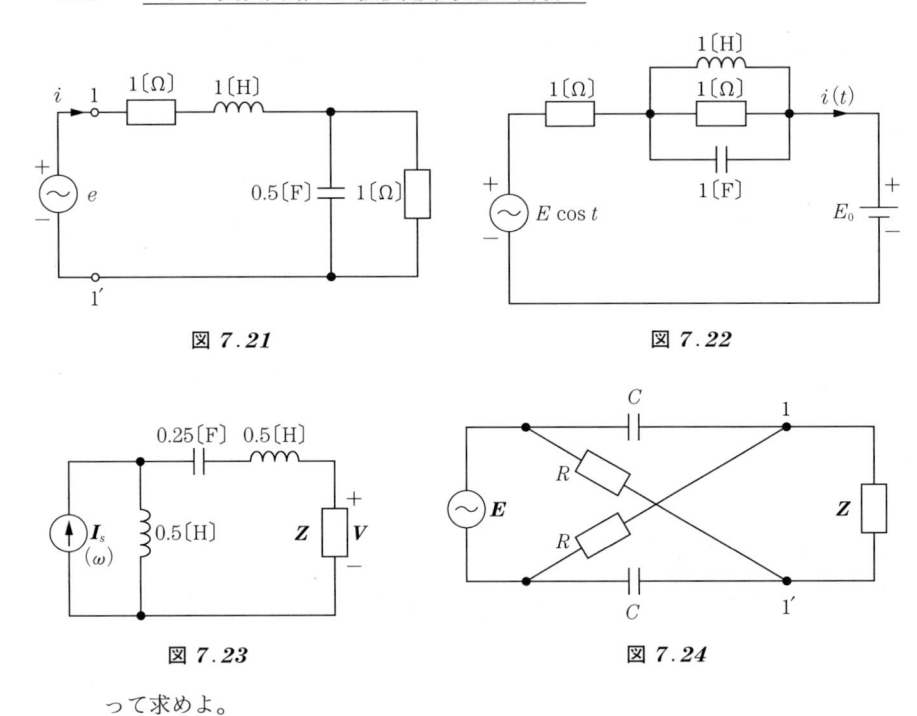

図 7.22

図 7.23

図 7.24

って求めよ。

【7.5】 図 7.25 の回路で 1-1′ 端子から右をみたインピーダンスを求めよ。1-1′ 端子間の電圧を E としたとき，$V = E/2$ となるためには R をいくらにすればよいか。このとき，1-1′ 端子間に電圧 $e(t) = E \sin \omega t + E_0$ を接続したときに回路に流れる電流 $i(t)$ とその実効値を求めよ。

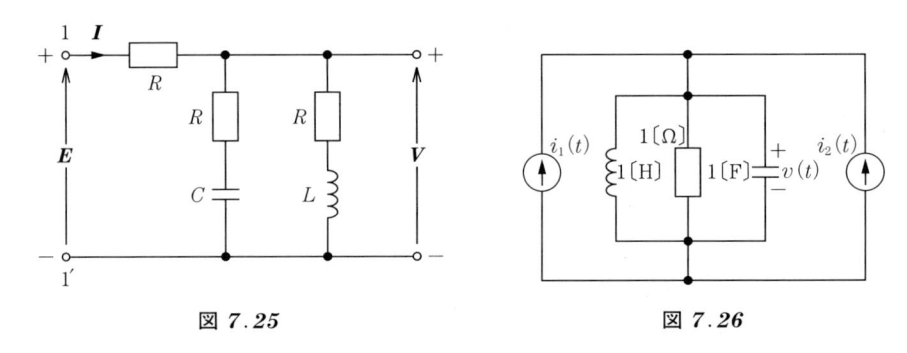

図 7.25

図 7.26

【7.6】 図 7.26 の回路で $i_1(t) = 2 \sin t$，$i_2(t) = \cos 2t$ のとき，コンデンサの端子電圧 $v(t)$ とこの回路で消費する平均電力を求めよ。

【7.7】 図 7.27 の回路で電流計 A_1，A_2，A_3 の計測電流 I_1，I_2，I_3 と抵抗 R の値から負荷インピーダンス Z で消費される電力を求めよ．ただし，電流計の内部抵抗は 0 とする．この方法を三電流計法という．

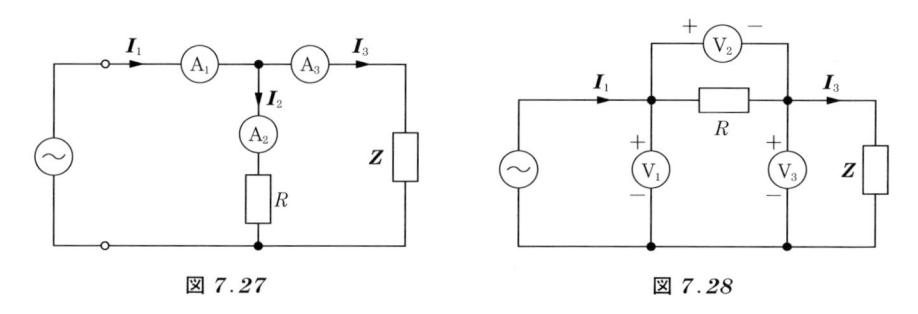

図 7.27

図 7.28

【7.8】 図 7.28 の回路で 3 台の電圧計の計測電圧 V_1，V_2，V_3 と抵抗 R の値から負荷インピーダンス Z で消費される電力を求めよ．ただし，電圧計の内部抵抗は無限大とする．この方法を三電圧計法という．

【7.9】 図 7.29 の回路で対称三相交流 E_1，E_2，E_3 を加えたとき，中性線電流 I_N を 0 とする条件を求めよ．

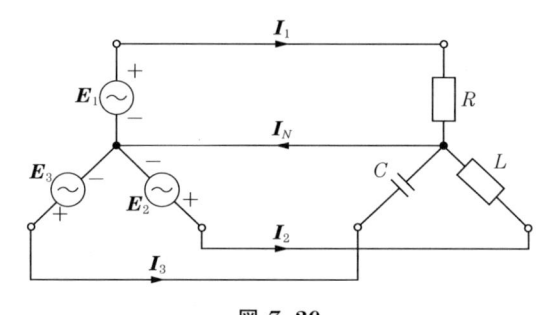

図 7.29

【7.10】 Y 結線の回路で R [Ω] の抵抗 3 個を Y 形接続し，対称三相の線間電圧 (実効値) 100 [V] を加えたとき，線電流が 10 [A] となった．これらの抵抗を Δ 結線にして同じ電源に接続したときに流れる線電流を求めよ．また，それぞれの場合に抵抗で消費される全平均電力を求めよ．

8章

結合回路素子の特性

この章では変圧器のように二つのコイルが近接して存在し，相互に電圧・電流に影響を与えるような相互インダクタンスを含む回路の性質や，電流源あるいは電圧源の値が回路の他の部分の電圧や電流で定まるような従属電源についてその取扱いを考えてみる。

8.1 相互インダクタンス

8.1.1 相互インダクタンスの性質

独立した一つのコイルに電流 i が流れているとき，そのときのコイルの端子電圧 v との関係は，2章で示したように

$$v = L\frac{di}{dt} \tag{8.1}$$

である。ここで L はコイルの自己インダクタンスであるが，コイルに流れる電流 i によって生じる磁束の強さ ϕ との関係を表している（$\phi = Li$）。いま，図 8.1 に示すように，自己インダクタンスが L_1，L_2 である二つのコイルを近接して置いた場合を考える。この状態ではそれぞれのコイルに生じる磁束がたがいに結合しあうように接近しているので，コイル間に相互誘導作用が生じて一方のコイルの電流変化によって他方のコイルに起電力が誘起される。すな

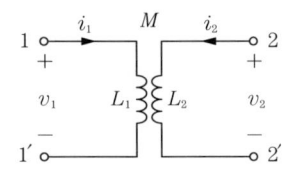

図 8.1 相互結合した二つのコイル

わち，L_2 に流れる電流 i_2 は電磁誘導により L_1 の端子電圧 v_1 に影響を与え

$$v_1 = L_1 \frac{di_1}{dt} + M_{21} \frac{di_2}{dt} \tag{8.2}$$

同様に L_2 の端子電圧 v_2 も

$$v_2 = L_2 \frac{di_2}{dt} + M_{12} \frac{di_1}{dt} \tag{8.3}$$

と表される。ここで $M_{12} = M_{21} = M$ であり，この M を**相互インダクタンス**といい，単位はヘンリー［H］である。M の値は二つのコイルの巻き方，あるいはコイルに流れる電流の向きによってコイルに生じる磁界の向きが変わるので，正あるいは負の値をとる。

図 **8.2** に示すようにコイルの巻き方が二つとも同じ向きであっても図(a)のように電流 i_1, i_2 によって生じる磁束が同じ向きの場合には M の値は正，図(b)のように一方の電流の向きが逆で，磁束が逆向きになる場合には M は負となる。結合回路素子の M の値は，コイルの巻き方と電流の向きの違いによって4種類の組合せが考えられ，図 **8.3** に示すような関係が定められる。すなわち，コイルの回路記号上に示した黒い点に対して電流 i_1, i_2 が同じ向きの

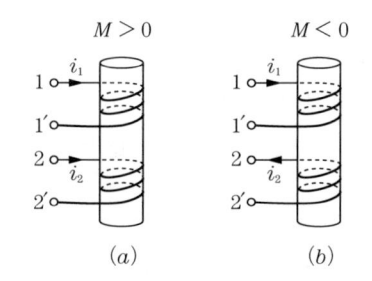

図 **8.2** コイルの巻き方と電流の向きによる M の符号の違い

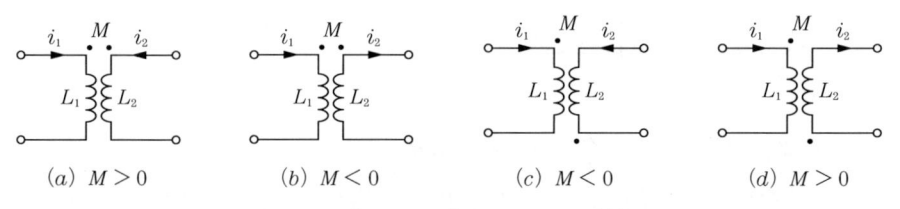

(a) $M > 0$　　(b) $M < 0$　　(c) $M < 0$　　(d) $M > 0$

図 **8.3** 相互インダクタンス M の符号

ときに M は正，逆のときに M は負であるようにコイルが巻いてあるとする。

相互インダクタンスは二つのコイルに生じる磁束がたがいに交差する状態によって決まるが，コイルの巻数，コイルの間隔，コイルの中心軸の傾き，磁束が生じる媒質の磁気的性質などに依存する。この磁束の結合の度合いを示すのが**結合係数** k であり

$$M = \pm k\sqrt{L_1 L_2} \qquad (8.4)$$

と表され，$k \leqq 1$ である。

式(8.2)および式(8.3)からわかるように相互インダクタンスで得られる電圧変化は交流のような時間的に変動する電流によって誘起されるものである。したがって相互インダクタンスを含む回路では正弦波定常状態の解析を取り扱うことが多く，電圧と電流の関係はフェーザ法を使って表すほうが都合がよい。式(8.2)，(8.3)をフェーザ法で表すと

$$\left.\begin{array}{l} \bm{V}_1 = j\omega L_1 \bm{I}_1 + j\omega M \bm{I}_2 \\ \bm{V}_2 = j\omega L_2 \bm{I}_2 + j\omega M \bm{I}_1 \end{array}\right\} \qquad (8.5)$$

となる。これを書き換えると

$$\left.\begin{array}{l} \bm{V}_1 = j\omega(L_1 - M)\bm{I}_1 + j\omega M(\bm{I}_1 + \bm{I}_2) \\ \bm{V}_2 = j\omega(L_2 - M)\bm{I}_2 + j\omega M(\bm{I}_1 + \bm{I}_2) \end{array}\right\} \qquad (8.6)$$

となるが，この回路方程式は**図 8.4**に示す回路の方程式を表していることにほかならない。すなわち図 8.1 と図 8.4 の回路はたがいに等価であるといえる。

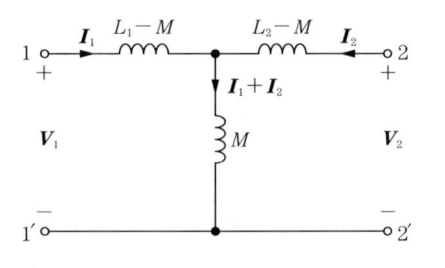

図 8.4 相互インダクタンスの等価回路

8.1.2 相互インダクタンスを含む回路

つぎに相互インダクタンスを含む交流回路についてその取扱いを考えてみよ

う。例として図 8.5 に示す回路の回路方程式を立てると

$$R_1 i_1 + L_1 \frac{di_1}{dt} + M \frac{di_2}{dt} = e(t) \tag{8.7}$$

$$R_2 i_2 + L_2 \frac{di_2}{dt} + M \frac{di_1}{dt} = 0 \tag{8.8}$$

となる。

図 8.5 相互インダクタンスを含む交流回路

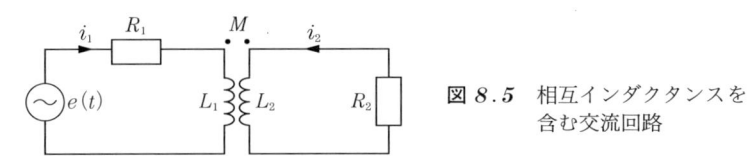

$e(t)$ が正弦波であり，定常状態であるならば，上の二つの式はフェーザ法で

$$(R_1 + j\omega L_1) \boldsymbol{I}_1 + j\omega M \boldsymbol{I}_2 = \boldsymbol{E} \tag{8.9}$$

$$(R_2 + j\omega L_2) \boldsymbol{I}_2 + j\omega M \boldsymbol{I}_1 = 0 \tag{8.10}$$

と表される。これより $\boldsymbol{I}_1$ と $\boldsymbol{I}_2$ を求めると

$$\boldsymbol{I}_1 = \frac{(R_2 + j\omega L_2) \boldsymbol{E}}{(R_1 + j\omega L_1)(R_2 + j\omega L_2) + \omega^2 M^2} \tag{8.11}$$

$$\boldsymbol{I}_2 = \frac{-j\omega M \boldsymbol{E}}{(R_1 + j\omega L_1)(R_2 + j\omega L_2) + \omega^2 M^2} \tag{8.12}$$

ここで $\boldsymbol{I}_1$ の振幅 $|\boldsymbol{I}_1|$ と $\boldsymbol{E}$ に対する位相差 ϕ_1 を求めると

$$|\boldsymbol{I}_1| = \frac{\sqrt{R_2{}^2 + \omega^2 L_2{}^2}|\boldsymbol{E}|}{\sqrt{\{R_1 R_2 - \omega^2 (L_1 L_2 - M^2)\}^2 + \omega^2 (L_1 R_2 + L_2 R_1)^2}} \tag{8.13}$$

$$\phi_1 = \tan^{-1} \frac{-\omega \{L_1 R_2{}^2 + \omega^2 L_2 (L_1 L_2 - M^2)\}}{R_2 (R_1 R_2 + \omega^2 M^2) + \omega^2 R_1 L_2{}^2} \tag{8.14}$$

となる。また $\boldsymbol{I}_2$ の振幅 $|\boldsymbol{I}_2|$ と $\boldsymbol{E}$ に対する位相差 ϕ_2 は

$$|\boldsymbol{I}_2| = \frac{\omega M |\boldsymbol{E}|}{\sqrt{\{R_1 R_2 - \omega^2 (L_1 L_2 - M^2)\}^2 + \omega^2 (L_1 R_2 + L_2 R_1)^2}} \tag{8.15}$$

$$\phi_2 = \tan^{-1} \frac{-R_1 R_2 + \omega^2 (L_1 L_2 - M^2)}{\omega (L_1 R_2 + L_2 R_1)} \tag{8.16}$$

となる。

例題 8.1 図 8.6 の回路において，電流 I_1 と I_2 の位相差が $\pi/2$，かつ振幅が等しくなる条件を求めよ。そのときの電圧 V_1 と V_2 の振幅の比を求めよ。

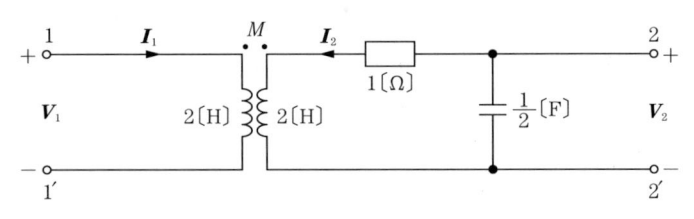

図 8.6

解 答 回路の電圧と電流の関係は

$$V_1 = j2\omega I_1 + j\omega M I_2$$
$$V_2 = j\omega M I_1 + (1 + j2\omega) I_2$$
$$V_2 = j\frac{2}{\omega} I_2$$

上の 2 番目と 3 番目の式から

$$j\omega M I_1 + (1 + j2\omega) I_2 = j\frac{2}{\omega} I_2$$
$$I_1 = \frac{j + (2/\omega - 2\omega)}{\omega M} I_2$$

I_1 と I_2 の位相差が $\pi/2$ であるためには，上式右辺の実数項が 0 となることである。したがって

$$\left(\frac{2}{\omega} - 2\omega\right) = 0$$

これより

$$\omega = 1 \quad (\omega > 0)$$

このとき

$$-j\omega M I_1 = I_2$$

となるから，I_1 と I_2 の振幅が等しくなるには $M = 1$ であり，$I_1 = jI_2$ となる。
以上の条件のもとで V_1 と V_2 の振幅の比を求めると

$$V_1 = \left(\frac{1}{2} + j\right) V_2$$

が得られる。これより

$$\left|\frac{V_1}{V_2}\right| = \sqrt{\left(\frac{1}{2}\right)^2 + 1} = \frac{\sqrt{5}}{2}$$

8.1.3 相互インダクタンスの直列・並列接続

図 8.7 に示すように相互インダクタンスを構成する二つのコイルの端子を直列または並列に接続したとき，1-1′ 端子からみたインピーダンス Z はどうなるであろうか．

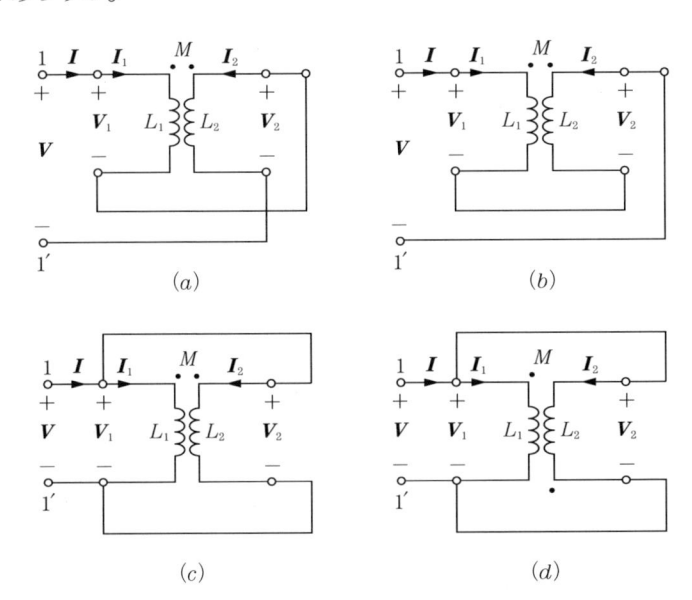

図 8.7 相互インダクタンスの直列・並列接続

まず，相互インダクタンスの電圧と電流の関係は

$$\left.\begin{array}{l} V_1 = j\omega L_1 I_1 \pm j\omega M I_2 \\ V_2 = j\omega L_2 I_2 \pm j\omega M I_1 \end{array}\right\} \quad (8.17)$$

である．図 (a) の場合には

$$V = V_1 + V_2, \quad I_1 = I_2 = I, \quad M > 0 \quad (8.18)$$

であるから

$$\left.\begin{array}{l} V_1 = j\omega (L_1 + M) I \\ V_2 = j\omega (L_2 + M) I \end{array}\right\} \quad (8.19)$$

上の両式の和をとると

$$V = V_1 + V_2 = j\omega (L_1 + L_2 + 2M) I \quad (8.20)$$

これよりインピーダンス Z は

$$Z = \frac{V}{I} = j\omega(L_1 + L_2 + 2M) \qquad (8.21)$$

図(b)の場合は

$$V = V_1 - V_2, \quad I_1 = I, \quad I_2 = -I, \quad M > 0 \qquad (8.22)$$

であるから

$$\left.\begin{array}{l} V_1 = j\omega(L_1 - M)I \\ V_2 = j\omega(-L_2 + M)I \end{array}\right\} \qquad (8.23)$$

$$V = V_1 - V_2 = j\omega(L_1 + L_2 - 2M)I \qquad (8.24)$$

$$Z = j\omega(L_1 + L_2 - 2M) \qquad (8.25)$$

となる。図(c)の場合は

$$V_1 = V_2 = V, \quad I = I_1 + I_2, \quad M > 0 \qquad (8.26)$$

であるから

$$\left.\begin{array}{l} V = j\omega L_1 I_1 + j\omega M I_2 \\ V = j\omega L_2 I_2 + j\omega M I_1 \end{array}\right\} \qquad (8.27)$$

これより

$$I_1 = \frac{j\omega(L_2 - M)V}{\omega^2(M^2 - L_1 L_2)}, \quad I_2 = \frac{j\omega(L_1 - M)V}{\omega^2(M^2 - L_1 L_2)}$$

$$I = I_1 + I_2 = \frac{j\omega(L_1 + L_2 - 2M)V}{\omega^2(M^2 - L_1 L_2)} \qquad (8.28)$$

したがって

$$Z = \frac{V}{I} = \frac{\omega^2(M^2 - L_1 L_2)}{j\omega(L_1 + L_2 - 2M)} = j\omega\frac{L_1 L_2 - M^2}{L_1 + L_2 - 2M} \qquad (8.29)$$

となる。最後に図(d)の場合を考える。

$$V_1 = V_2 = V, \quad I = I_1 + I_2, \quad M < 0 \qquad (8.30)$$

であるから，図(c)の場合で M の代わりに $-M$ とすると

$$Z = j\omega\frac{L_1 L_2 - M^2}{L_1 + L_2 + 2M} \qquad (8.31)$$

が得られる。

例題 8.2 図 8.8 の回路において，1-1' 端子から右をみたインピーダンス Z を求めよ．つぎに電圧 E と電流 I の位相差が $\pi/4$ となる条件を示し，そのときの電圧と電流を求めよ．

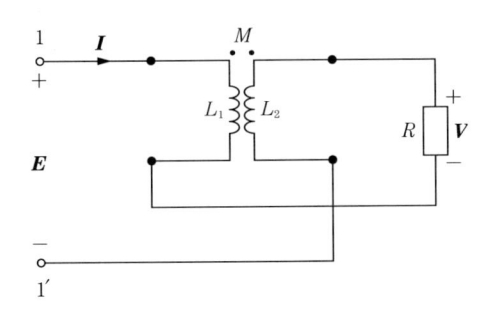

図 8.8

解 答 この回路にキルヒホッフの電圧則を適用すると

$$E = j\omega L_1 I_1 + j\omega M I_2 + R I_2 + j\omega L_2 I_2 + j\omega M I_1$$

ここで，$I_1 = I_2 = I$ であるから

$$E = \{R + j\omega(L_1 + L_2 + 2M)\} I$$

$$Z = R + j\omega(L_1 + L_2 + 2M)$$

位相差が $\pi/4$ となる条件は

$$R = \omega(L_1 + L_2 + 2M)$$

したがって

$$\omega = \frac{R}{L_1 + L_2 + 2M}$$

このとき $Z = R(1+j)$ となるから

$$V = -RI = -\frac{RE}{R(1+j)} = -\frac{(1-j)E}{2}$$

$$I = -\frac{(1-j)E}{2R}$$

8.2 従 属 電 源

2 章で電圧源および電流源について説明してきたが，これらの電源は電圧あるいは電流が回路の状態とは独立して一定の値を供給する独立電源であった．これに対して，回路のある部分の電圧や電流によって電源の電圧あるいは電流

が定まるような電源も考えられる。例えば，増幅器などを構成するトランジスタやFET（電界効果トランジスタ）では入力信号の電流や電圧によって出力信号の電圧や電流が定まるような特性をもっている。これは回路の一部の電圧や電流によって定まる電源をもっていることと同じであり，このような電源を**従属電源**（被制御電源）という。

従属電源には図 8.9 に示すように四つの種類が考えられる。図(a)は電圧制御形電圧源であり，回路中の二端子間の電圧 v_1 に依存して定まる電圧源 v_2 であり

$$v_2 = \mu v_1 \tag{8.32}$$

で表される。μ は定数倍を意味する。図(b)は電流制御形電圧源であり，回路中の任意の枝に流れる電流 i_1 に依存して定まる電圧源 v_2 であり

$$v_2 = r i_1 \tag{8.33}$$

で表されるが，r は抵抗の性質を示し，単位はオーム〔Ω〕である。図(c)は電圧制御形電流源であり，回路中の二端子間の電圧 v_1 に依存して定まる電流源 i_2 であり

$$i_2 = g v_1 \tag{8.34}$$

で表される。g はコンダクタンスの性質を示し，単位はジーメンス〔S〕であ

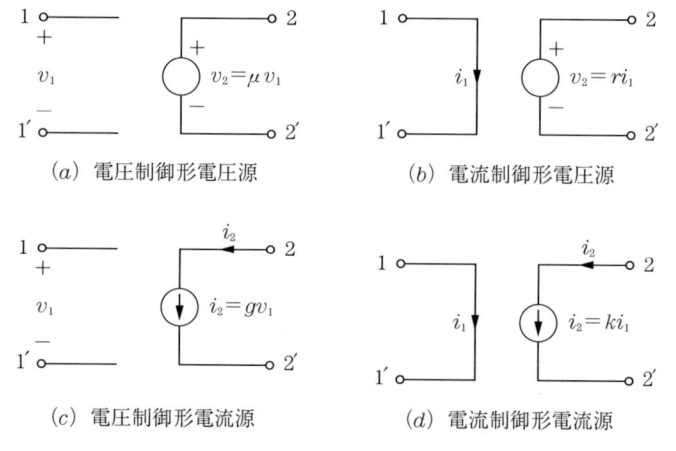

(a) 電圧制御形電圧源

(b) 電流制御形電圧源

(c) 電圧制御形電流源

(d) 電流制御形電流源

図 8.9　従属電源の四つの形

8.2 従属電源

る。図(d)は電流制御形電流源であり，回路中の任意の枝に流れる電流 i_1 に依存して定まる電流源 i_2 であり

$$i_2 = ki_1 \tag{8.35}$$

で表される。k は定数倍を意味する。

　以上の四つの従属電源はいずれも理想的な形をしているが，実際には電源の内部抵抗や制御側（1-1' 端子側）の内部抵抗も考慮しなければならない。例えば図 8.10 に示すように電圧制御形電圧源の制御側（入力側）に r_1，被制御側（出力側）に r_2 の抵抗を考える必要がある。

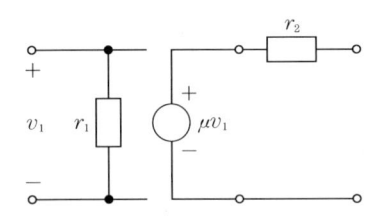

図 8.10 内部抵抗を考慮した電圧制御形電圧源の回路構成

例題 8.3 図 8.11 の従属電源を含む回路において，電圧 v_1 と v_2 の関係を求めよ。$\mu = \infty$ のとき，v_1 と v_2 の関係はどうなるかを示せ。

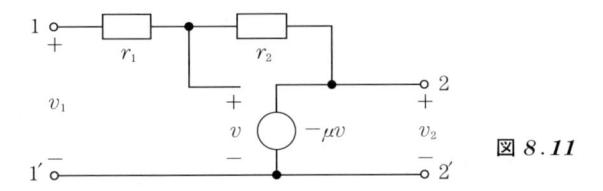

図 8.11

解答 端子1から流れ込む電流を i とすると

$$v_1 = r_1 i + v, \qquad v = r_2 i - \mu v, \qquad v_2 = -\mu v$$

以上の式から

$$v_1 = \left\{1 + (1+\mu)\frac{r_1}{r_2}\right\} v = \left\{1 + (1+\mu)\frac{r_1}{r_2}\right\} \left(-\frac{1}{\mu}\right) v_2$$

$\mu = \infty$ のとき

$$v_1 = -\frac{r_1}{r_2} v_2$$

例題 8.4 図 8.12 の回路において，1-1′端子から右をみたインピーダンス Z を求めよ。つぎに電圧 E と電流 I の位相差が $-\pi/4$ となる条件を示し，そのときの電圧 E と電流 I の関係を求めよ。

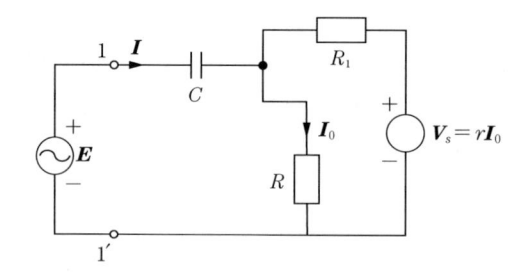

図 8.12

解答 この回路にキルヒホッフの電圧則を適用すると

$$E = \frac{1}{j\omega C}I + RI_0, \qquad RI_0 = R_1(I - I_0) + rI_0$$

これより

$$E = \left(\frac{1}{j\omega C} + \frac{RR_1}{R + R_1 - r}\right)I$$

$$Z = \frac{1}{j\omega C} + \frac{RR_1}{R + R_1 - r}$$

E と I の位相差が $-\pi/4$ となる条件は，Z の実部と虚部が等しいときで

$$\omega = \frac{R + R_1 - r}{CRR_1}$$

$$\therefore \quad E = \frac{RR_1}{R + R_1 - r}(1 - j)I$$

◆ 演 習 問 題 ◆

【8.1】 図 8.13 の回路において，1-1′端子から右をみたインピーダンス Z を求め，電圧 E と電流 I の位相が同相となるための条件を求めよ。

【8.2】 図 8.14 の回路において，1-1′端子から右をみたインピーダンス Z を求め，電圧 E と電流 I の位相が同相となるための条件を求めよ。また，そのときのコンデンサの端子電圧 V と E の比を求めよ。

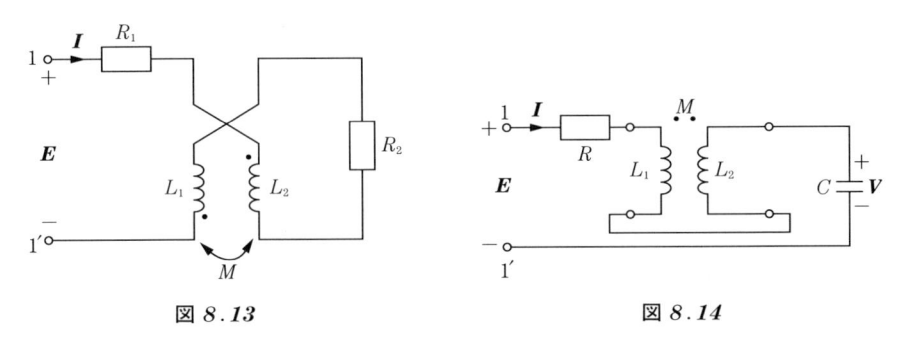

演 習 問 題 133

図 8.13

図 8.14

【8.3】 図 8.15 の従属電源を含む回路において，1-1' 端子から右をみた抵抗 R_0 を求めよ．また，$R_0 = 2 \, [\Omega]$ となるための k の値を求めよ．

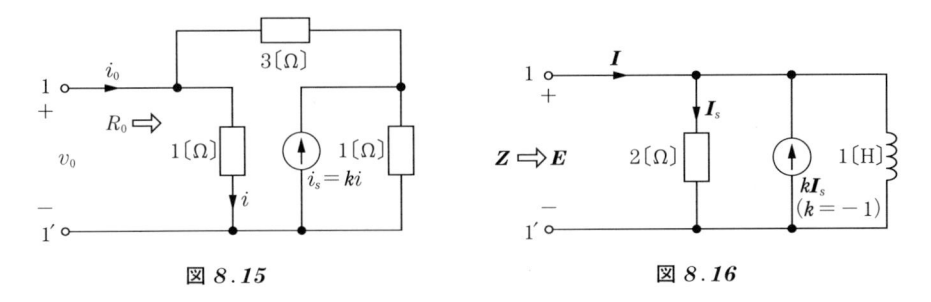

図 8.15

図 8.16

【8.4】 図 8.16 の回路において，1-1' 端子間のインピーダンス Z を求めよ．また，電圧 E と電流 I の位相差が $\pi/4$ となるための条件を示し，そのときの回路で消費する平均電力を求めよ．

【8.5】 図 8.17 の回路において，1-1' 端子から右をみたアドミタンス Y を求め，$Y = 0$ および実数になるための条件を求めよ．ただし，$R = 1 \, [\Omega]$，$C = 1 \, [F]$，$L_1 = L_2 = M = 1 \, [H]$ とする．

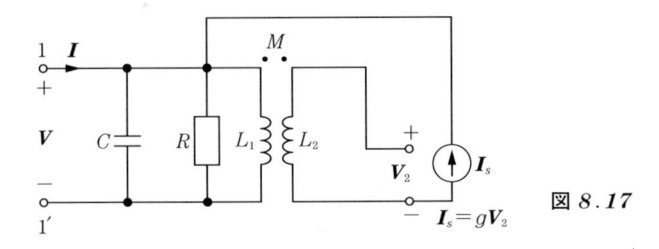

図 8.17

9章 二端子対回路

ある回路網を使って信号やエネルギーを送る場合，回路内の途中の状態を問題にしないで単に入力側と出力側の電圧や電流のみに注目して回路の特性を議論することができる．変圧器，フィルタ，伝送線路などがその例であるが，このような一対の入力端子と他の一対の出力端子における電圧と電流のみで回路網の特性を関係付ける回路を**二端子対回路**という．この章では回路網内に起電力を含まない二端子対回路の取扱いについて考え，二端子対回路の特性パラメータの表し方について学ぶ．

9.1 二端子対回路

9.1.1 インピーダンス行列と Z パラメータ

8章で学んだ相互インダクタンスは二つのコイルが相互に結合した形の二つの端子対からなる**二端子対回路**である．

ここで，図 **9.1** のような回路内の構成や状態を考えずに左右両端の端子間に電圧源を二つだけ接続した回路において，回路方程式がどのように表されるかを考えてみる．

この回路は n 個の独立な閉路からなり，1-1′ 端子間，2-2′ 端子間にそれぞれ E_1，E_2 の電圧が加えられ，各閉路に閉路電流 I_1，I_2，$\cdots$ I_n が流れている

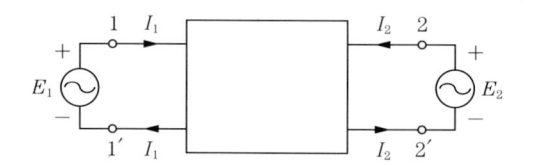

図 **9.1** 二端子対回路とインピーダンス行列

ものとすると†，閉路方程式は 3 章で示したように

$$\begin{bmatrix} Z_{11} & Z_{12} & \cdots & Z_{1n} \\ Z_{21} & Z_{22} & \cdots & Z_{2n} \\ \vdots & \vdots & \cdots & \vdots \\ \vdots & \vdots & \cdots & \vdots \\ Z_{n1} & Z_{n2} & \cdots & Z_{nn} \end{bmatrix} \begin{bmatrix} I_1 \\ I_2 \\ \vdots \\ \vdots \\ I_n \end{bmatrix} = \begin{bmatrix} E_1 \\ E_2 \\ 0 \\ \vdots \\ 0 \end{bmatrix} \qquad (9.1)$$

の形で表される。ここで上の方程式の行列をつぎのように破線で小行列に分割してみる。

$$\begin{bmatrix} Z_{11} & Z_{12} & \vdots & \cdots & Z_{1n} \\ Z_{21} & Z_{22} & \vdots & \cdots & Z_{2n} \\ \hdashline Z_{31} & Z_{32} & \vdots & \cdots & \vdots \\ \vdots & \vdots & \vdots & \cdots & \vdots \\ Z_{n1} & Z_{n2} & \vdots & \cdots & Z_{nn} \end{bmatrix} = \begin{bmatrix} \boldsymbol{Z}_{aa} & \boldsymbol{Z}_{ab} \\ \hdashline \boldsymbol{Z}_{ba} & \boldsymbol{Z}_{bb} \end{bmatrix} \qquad (9.2)$$

$$\begin{bmatrix} I_1 \\ I_2 \\ \hdashline \vdots \\ I_n \end{bmatrix} = \begin{bmatrix} \boldsymbol{I}_a \\ \hdashline \boldsymbol{I}_b \end{bmatrix} \qquad (9.3)$$

$$\begin{bmatrix} E_1 \\ E_2 \\ \hdashline 0 \\ \vdots \\ 0 \end{bmatrix} = \begin{bmatrix} \boldsymbol{E}_a \\ \hdashline \boldsymbol{0} \end{bmatrix} \qquad (9.4)$$

以上より，回路方程式(9.1)は

---

† 7 章，8 章ではフェーザ法による電圧，電流，インピーダンスなどの複素表示を太字で表したが，9 章，10 章ではほとんどの記号が複素表示であるため，これを省略する。

$$\begin{bmatrix} Z_{aa} & Z_{ab} \\ Z_{ba} & Z_{bb} \end{bmatrix} \begin{bmatrix} I_a \\ I_b \end{bmatrix} = \begin{bmatrix} E_a \\ 0 \end{bmatrix} \tag{9.5}$$

と表され，これを展開すると

$$\left. \begin{array}{l} Z_{aa} I_a + Z_{ab} I_b = E_a \\ Z_{ab} I_a + Z_{bb} I_b = 0 \end{array} \right\} \tag{9.6}$$

となる。ここで，I_a は二端子対回路の入力端子と出力端子の電流を表すが，回路網内の閉路電流 I_b を消去するために，式(9.6)の第2式に左から Z_{bb}^{-1} を掛けて整理すると

$$I_b = - Z_{bb}^{-1} Z_{ba} I_a \tag{9.7}$$

が得られる。これを式(9.6)の第1式に代入すると

$$(Z_{aa} - Z_{ab} Z_{bb}^{-1} Z_{ba}) I_a = E_a \tag{9.8}$$

となる。上式に式(9.2)～(9.4)の各要素を入れて元の形に戻すと

$$\left\{ \begin{bmatrix} Z_{11} & Z_{12} \\ Z_{21} & Z_{22} \end{bmatrix} - \begin{bmatrix} Z_{13} & \cdots & Z_{1n} \\ Z_{23} & \cdots & Z_{2n} \end{bmatrix} \begin{bmatrix} Z_{33} & Z_{34} & \cdots & Z_{3n} \\ Z_{43} & Z_{44} & \cdots & Z_{4n} \\ \cdots & \cdots & \cdots & \cdots \\ Z_{n3} & Z_{n4} & \cdots & Z_{nn} \end{bmatrix}^{-1} \begin{bmatrix} Z_{31} & Z_{32} \\ Z_{41} & Z_{42} \\ \vdots & \vdots \\ Z_{n1} & Z_{n2} \end{bmatrix} \right\} \begin{bmatrix} I_1 \\ I_2 \end{bmatrix} = \begin{bmatrix} E_1 \\ E_2 \end{bmatrix} \tag{9.9}$$

となるが，左辺のインピーダンスを表す各要素はつぎのように整理される。

$$\begin{bmatrix} Z_{11}' & Z_{12}' \\ Z_{21}' & Z_{22}' \end{bmatrix} \begin{bmatrix} I_1 \\ I_2 \end{bmatrix} = \begin{bmatrix} E_1 \\ E_2 \end{bmatrix} \tag{9.10}$$

このように回路内のかくれた閉路電流 I_b を消去して，1-1′ 端子および 2-2′ 端子の二端子対の電流と電圧の関係のみに着目して回路の特性を取り扱うことができる。このような二端子対回路の 1-1′ 端子側を1次側（または入力側），2-2′ 端子側を2次側（または出力側）ということにする。

式(9.10)に示した行列

$$\begin{bmatrix} Z_{11}' & Z_{12}' \\ Z_{21}' & Z_{22}' \end{bmatrix}$$

を二端子対回路の**インピーダンス行列（Z 行列）**と呼び，各要素 $Z_{11}{}'$, $Z_{12}{}'$, $Z_{21}{}'$, $Z_{22}{}'$ を **Z パラメータ**と呼ぶ。

つぎに Z パラメータの物理的意味を考えてみよう。式(9.10)の $'$ を省略してつぎのように書き直して表す。

$$\left.\begin{array}{l} Z_{11}I_1 + Z_{12}I_2 = E_1 \\ Z_{21}I_1 + Z_{22}I_2 = E_2 \end{array}\right\} \tag{9.11}$$

ここで第 1 番目の式において $I_2 = 0$，すなわち図 **9.2**(a)に示すように回路の 2 次側を開放した状態で 1 次側の電圧と電流の比を求めれば Z_{11} が求まる。

$$Z_{11} = \left(\frac{E_1}{I_1}\right)_{I_2=0} \tag{9.12}$$

(a) $I_2 = 0$, $Z_{11} = \dfrac{E_1}{I_1}$

(b) $I_1 = 0$, $Z_{12} = \dfrac{E_1}{I_2}$

(c) $I_2 = 0$, $Z_{21} = \dfrac{E_2}{I_1}$

(d) $I_1 = 0$, $Z_{22} = \dfrac{E_2}{I_2}$

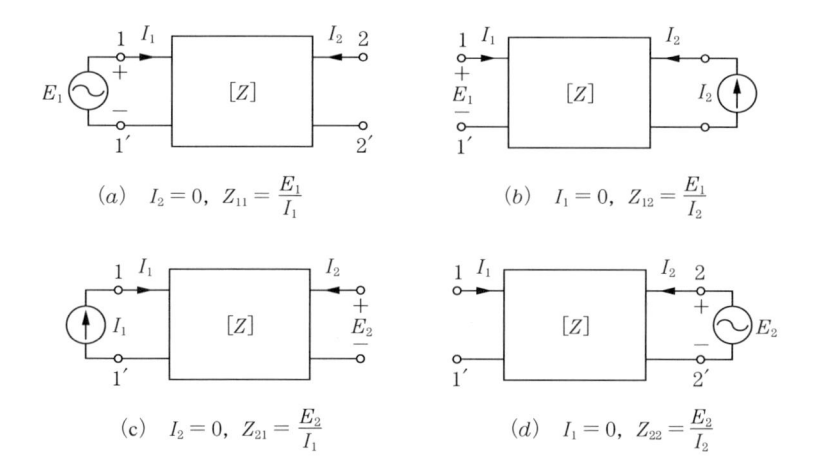

図 **9.2** Z パラメータの意味

同様にして Z_{12}, Z_{21}, Z_{22} は，図(b)〜(d)に示すように回路の 1 次側または 2 次側を開放して

$$Z_{12} = \left(\frac{E_1}{I_2}\right)_{I_1=0} \tag{9.13}$$

$$Z_{21} = \left(\frac{E_2}{I_1}\right)_{I_2=0} \tag{9.14}$$

$$Z_{22} = \left(\frac{E_2}{I_2}\right)_{I_1=0} \tag{9.15}$$

のように求められる。いずれも電圧と電流の比であるからインピーダンスを表し，単位は〔Ω〕である。実用上，二端子対回路の Z パラメータを求めるには回路方程式を導くより，式 (9.12)〜(9.15) の物理的意味から求めるほうが簡単なことが多い。

例題 9.1 図 $9.3(a)$〜(c) の二端子対回路のインピーダンス行列を求めよ。

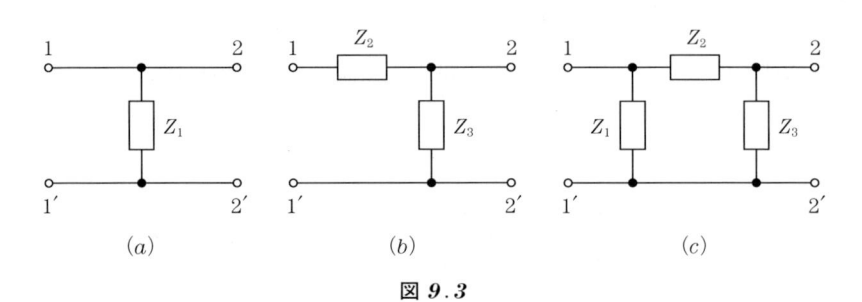

図 9.3

解 答 1-1′端子，2-2′端子の電圧，電流をそれぞれ V_1, I_1 と V_2, I_2 とすると図 (a) の回路では 2-2′端子開放のとき $(I_2 = 0)$

$$V_1 = Z_1 I_1, \qquad V_2 = Z_1 I_1$$

1-1′端子開放のとき $(I_1 = 0)$

$$V_1 = Z_1 I_2, \qquad V_2 = Z_1 I_2$$

これらより

$$Z_{11} = \frac{V_1}{I_1} = Z_1, \quad Z_{12} = \frac{V_1}{I_2} = Z_1, \quad Z_{21} = \frac{V_2}{I_1} = Z_1, \quad Z_{22} = \frac{V_2}{I_2} = Z_1$$

$$\begin{bmatrix} Z_{11} & Z_{12} \\ Z_{21} & Z_{22} \end{bmatrix} = \begin{bmatrix} Z_1 & Z_1 \\ Z_1 & Z_1 \end{bmatrix}$$

図 (b) の回路では 2-2′端子開放のとき $(I_2 = 0)$

$$V_1 = (Z_2 + Z_3) I_1, \qquad V_2 = Z_3 I_1$$

1-1′端子開放のとき $(I_1 = 0)$

$$V_1 = Z_3 I_2, \qquad V_2 = Z_3 I_2$$

これらより

$$\begin{bmatrix} Z_{11} & Z_{12} \\ Z_{21} & Z_{22} \end{bmatrix} = \begin{bmatrix} Z_2 + Z_3 & Z_3 \\ Z_3 & Z_3 \end{bmatrix}$$

図(c)の回路では 2-2′ 端子開放のとき ($I_2 = 0$)
$$V_1 = \frac{Z_1(Z_2 + Z_3)}{Z_1 + Z_3 + Z_3}I_1, \qquad V_2 = \frac{Z_1 Z_3}{Z_1 + Z_2 + Z_3}I_1$$

1-1′ 端子開放のとき ($I_1 = 0$)
$$V_1 = \frac{Z_1 Z_3}{Z_1 + Z_2 + Z_3}I_2, \qquad V_2 = \frac{Z_3(Z_1 + Z_2)}{Z_1 + Z_2 + Z_3}I_2$$

これらより
$$\begin{bmatrix} Z_{11} & Z_{12} \\ Z_{21} & Z_{22} \end{bmatrix} = \begin{bmatrix} \dfrac{Z_1(Z_2 + Z_3)}{Z_1 + Z_2 + Z_3} & \dfrac{Z_1 Z_3}{Z_1 + Z_2 + Z_3} \\ \dfrac{Z_1 Z_3}{Z_1 + Z_2 + Z_3} & \dfrac{Z_3(Z_1 + Z_2)}{Z_1 + Z_2 + Z_3} \end{bmatrix}$$

例題 9.2 図 9.4(a) の二端子対回路のインピーダンス行列を求めよ。また，図(b) の二端子対回路が，図(a) の回路と等価であるための Z_1, Z_2, Z_3 を求めよ。

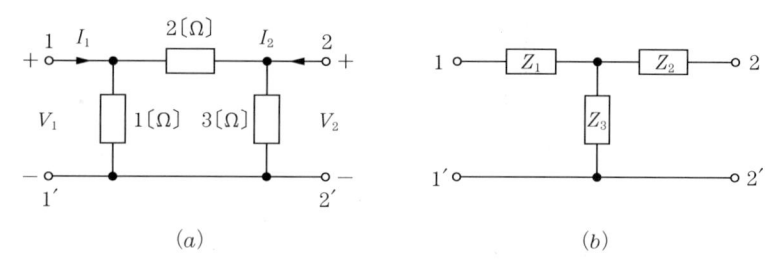

図 9.4

解答 図(a) の回路のインピーダンス行列は例題 9.1 の結果を用いると
$$\begin{bmatrix} Z_{11} & Z_{12} \\ Z_{21} & Z_{22} \end{bmatrix} = \frac{1}{6}\begin{bmatrix} 5 & 3 \\ 3 & 9 \end{bmatrix}$$

図(b) の回路では
$$\begin{bmatrix} Z_{11} & Z_{12} \\ Z_{21} & Z_{22} \end{bmatrix} = \begin{bmatrix} Z_1 + Z_3 & Z_3 \\ Z_3 & Z_2 + Z_3 \end{bmatrix}$$

二つの回路が等価であるための条件は，それぞれの Z パラメータが等しいことで
$$Z_3 = \frac{3}{6} = \frac{1}{2}\ [\Omega], \qquad Z_1 = \frac{2}{6} = \frac{1}{3}\ [\Omega], \qquad Z_2 = 1\ [\Omega]$$

9.1.2 アドミタンス行列と Y パラメータ

図 **9.5** に示すような二つの電流源 I_1, I_2 を接続した二端子対回路内の電圧と電流の関係を考えてみよう。

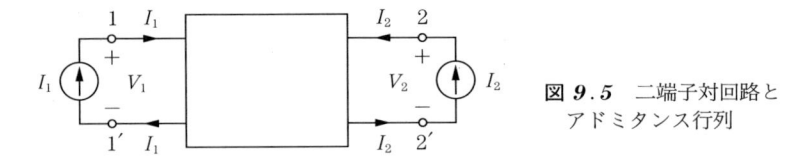

図 9.5 二端子対回路とアドミタンス行列

この回路の節点方程式は，3 章で示したように回路が $(n+1)$ 個の節点をもつ場合には

$$\begin{bmatrix} Y_{11} & Y_{12} & \cdots & Y_{1n} \\ Y_{21} & Y_{22} & \cdots & Y_{2n} \\ \vdots & \vdots & \cdots & \vdots \\ \vdots & \vdots & \cdots & \vdots \\ Y_{n1} & Y_{n2} & \cdots & Y_{nn} \end{bmatrix} \begin{bmatrix} V_1 \\ V_2 \\ \vdots \\ \vdots \\ V_n \end{bmatrix} = \begin{bmatrix} I_1 \\ I_2 \\ 0 \\ \vdots \\ 0 \end{bmatrix} \tag{9.16}$$

の形で表される。ここで，$V_1 \sim V_n$ は節点電圧である。式(9.16)の行列を式(9.2)～(9.4)と同じように小行列に分割して整理すると

$$\begin{bmatrix} Y_{aa} & Y_{ab} \\ Y_{ba} & Y_{bb} \end{bmatrix} \begin{bmatrix} V_a \\ V_b \end{bmatrix} = \begin{bmatrix} I_a \\ 0 \end{bmatrix} \tag{9.17}$$

が得られ，これを展開すると

$$\left. \begin{array}{l} Y_{aa}V_a + Y_{ab}V_b = I_a \\ Y_{ba}V_a + Y_{bb}V_b = 0 \end{array} \right\} \tag{9.18}$$

となる。ここで，V_a は二端子対回路の入力端子と出力端子の電圧を表すが，回路網内にかくれた節点電圧 V_b を消去するために，式(9.18)の第 2 式に左から Y_{bb}^{-1} を掛けて整理すると

$$V_b = -Y_{bb}^{-1} Y_{ba} V_a \tag{9.19}$$

が得られる。これを式(9.18)の第 1 式に代入すると

$$(Y_{aa} - Y_{ab} Y_{bb}^{-1} Y_{ba}) V_a = I_a \tag{9.20}$$

となる．上式に各要素を入れて元の形に戻すと

$$\left\{\begin{bmatrix} Y_{11} & Y_{12} \\ Y_{21} & Y_{22} \end{bmatrix} - \begin{bmatrix} Y_{13} & Y_{14} & \cdots & Y_{1n} \\ Y_{23} & Y_{24} & \cdots & Y_{2n} \end{bmatrix} \begin{bmatrix} Y_{33} & Y_{34} & \cdots & Y_{3n} \\ Y_{43} & Y_{44} & \cdots & Y_{4n} \\ \vdots & \vdots & \cdots & \vdots \\ \vdots & \vdots & \cdots & \vdots \\ Y_{n3} & Y_{n4} & \cdots & Y_{nn} \end{bmatrix}^{-1} \begin{bmatrix} Y_{31} & Y_{32} \\ Y_{41} & Y_{42} \\ \vdots & \vdots \\ \vdots & \vdots \\ Y_{n1} & Y_{n2} \end{bmatrix}\right\} \begin{bmatrix} V_1 \\ V_2 \end{bmatrix} = \begin{bmatrix} I_1 \\ I_2 \end{bmatrix}$$

$$(9.21)$$

となるが，左辺のアドミタンスを表す各要素はつぎのように整理される．

$$\begin{bmatrix} Y_{11}' & Y_{12}' \\ Y_{21}' & Y_{22}' \end{bmatrix} \begin{bmatrix} V_1 \\ V_2 \end{bmatrix} = \begin{bmatrix} I_1 \\ I_2 \end{bmatrix} \tag{9.22}$$

式(9.22)の左辺の行列

$$\begin{bmatrix} Y_{11}' & Y_{12}' \\ Y_{21}' & Y_{22}' \end{bmatrix}$$

を二端子対回路の**アドミタンス行列（Y 行列）**と呼び，Y_{11}'，Y_{12}'，Y_{21}'，Y_{22}'を **Y パラメータ**と呼ぶ．続いて Y パラメータの物理的意味を考えてみよう．式(9.22)の Y パラメータをつぎのように書き直して表す．

$$\left.\begin{array}{l} Y_{11}V_1 + Y_{12}V_2 = I_1 \\ Y_{21}V_1 + Y_{22}V_2 = I_2 \end{array}\right\} \tag{9.23}$$

ここで第1式において $V_2 = 0$，すなわち図 **9.6**(a) に示すように回路の2次側を短絡した状態で1次側の電流と電圧の比を求めれば Y_{11} が求まる．

$$Y_{11} = \left(\frac{I_1}{V_1}\right)_{V_2=0} \tag{9.24}$$

同様にして Y_{12}，Y_{21}，Y_{22} は，図(b)〜(d)に示すように回路の1次側または2次側を短絡して

$$Y_{12} = \left(\frac{I_1}{V_2}\right)_{V_1=0} \tag{9.25}$$

$$Y_{21} = \left(\frac{I_2}{V_1}\right)_{V_2=0} \tag{9.26}$$

142　9. 二端子対回路

(a)　$V_2 = 0$,　$Y_{11} = \dfrac{I_1}{V_1}$

(b)　$V_1 = 0$,　$Y_{12} = \dfrac{I_1}{V_2}$

(c)　$V_2 = 0$,　$Y_{21} = \dfrac{I_2}{V_1}$

(d)　$V_1 = 0$,　$Y_{22} = \dfrac{I_2}{V_2}$

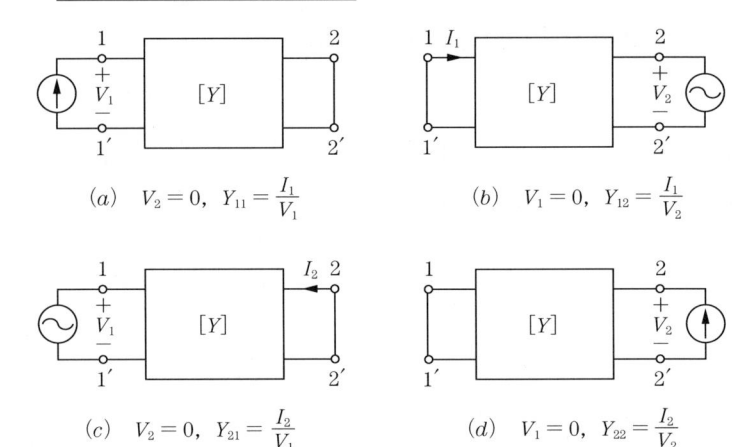

図 9.6　Y パラメータの意味

$$Y_{22} = \left(\dfrac{I_2}{V_2}\right)_{V_1=0} \tag{9.27}$$

のように求められる。いずれも電流と電圧の比であるからアドミタンスを表し，単位は〔S〕である。

例題 9.3　図 9.7(a)，(b)の二端子対回路のアドミタンス行列を求めよ。

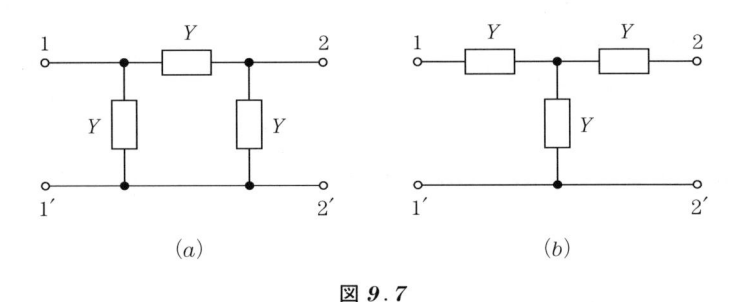

図 9.7

解　答　二端子対回路の入力端と出力端の電圧，電流をそれぞれ V_1, I_1 と V_2, I_2 とすると，図(a)の回路において 1′-2′ 端子間を基線として節点方程式を立てると

$$I_1 = 2YV_1 - YV_2, \quad I_2 = -YV_1 + 2YV_2$$

2-2′ 端子を短絡したとき（$V_2 = 0$）

$$I_1 = 2YV_1, \qquad I_2 = -YV_1$$

1-1′ 端子を短絡したとき（$V_1 = 0$）

$$I_1 = -YV_2, \qquad I_2 = 2YV_2$$

これらより

$$\begin{bmatrix} Y_{11} & Y_{12} \\ Y_{21} & Y_{22} \end{bmatrix} = \begin{bmatrix} 2Y & -Y \\ -Y & 2Y \end{bmatrix}$$

図(b)の回路において同様に

$$V_1 = \frac{I_1}{Y} + \frac{I_1 + I_2}{Y}, \qquad V_2 = \frac{I_2}{Y} + \frac{I_1 + I_2}{Y}$$

2-2′ 端子を短絡したとき（$V_2 = 0$）

$$V_1 = \frac{3I_1}{2Y}, \qquad V_1 = -\frac{3I_2}{Y}$$

1-1′ 端子を短絡したとき（$V_1 = 0$）

$$V_2 = -\frac{3I_1}{Y}, \qquad V_2 = \frac{3I_2}{2Y}$$

これらより

$$\begin{bmatrix} Y_{11} & Y_{12} \\ Y_{21} & Y_{22} \end{bmatrix} = \begin{bmatrix} \dfrac{2Y}{3} & \dfrac{-Y}{3} \\ \dfrac{-Y}{3} & \dfrac{2Y}{3} \end{bmatrix}$$

9.1.3 伝送行列と伝送パラメータ

インピーダンス行列やアドミタンス行列は，1次側および2次側の電圧 V_1, V_2 と電流 I_1, I_2 の関係を表したものであるが，実用上，1次側の電圧，電流 V_1, I_1 に対する2次側の電圧，電流 V_2, I_2 の関係を求める場合が多い．そこで

$$\left. \begin{array}{l} Y_{11}V_1 + Y_{12}V_2 = I_1 \\ Y_{21}V_1 + Y_{22}V_2 = I_2 \end{array} \right\}$$

において，第2式の V_1 を第1式に代入して V_1 を消去すると

$$I_1 = \frac{Y_{12}Y_{21} - Y_{11}Y_{22}}{Y_{21}}V_2 + \frac{Y_{11}}{Y_{21}}I_2 \tag{9.28}$$

が得られる．これを第1式に代入し，I_1 を消去すると

$$V_1 = -\frac{Y_{22}}{Y_{21}}V_2 + \frac{1}{Y_{21}}I_2 \tag{9.29}$$

が得られる。式(9.28), (9.29)を行列の形で書くと

$$\begin{bmatrix} V_1 \\ I_1 \end{bmatrix} = \frac{1}{Y_{21}} \begin{bmatrix} -Y_{22} & 1 \\ Y_{12}Y_{21} - Y_{11}Y_{22} & Y_{11} \end{bmatrix} \begin{bmatrix} V_2 \\ I_2 \end{bmatrix} \qquad (9.30)$$

となり,1次側の電圧 V_1, 電流 I_1 に対する2次側の電圧 V_2, 電流 I_2 の関係が行列の形で表される。ここで式(9.30)を

$$\begin{bmatrix} V_1 \\ I_1 \end{bmatrix} = \begin{bmatrix} A & -B \\ C & -D \end{bmatrix} \begin{bmatrix} V_2 \\ I_2 \end{bmatrix} \qquad (9.31)$$

のように表すことができ,さらに2次側の電流の向きを図 9.8 のように逆向きにとると†

$$\begin{bmatrix} V_1 \\ I_1 \end{bmatrix} = \begin{bmatrix} A & B \\ C & D \end{bmatrix} \begin{bmatrix} V_2 \\ -I_2 \end{bmatrix} \qquad (9.32)$$

となる。この

$$\begin{bmatrix} A & B \\ C & D \end{bmatrix}$$

を**伝送行列(F 行列)**と呼び,A, B, C, D を二端子対回路の**伝送パラメータ(F パラメータ)**と呼ぶ。伝送行列は基本行列,縦続行列ということもある。

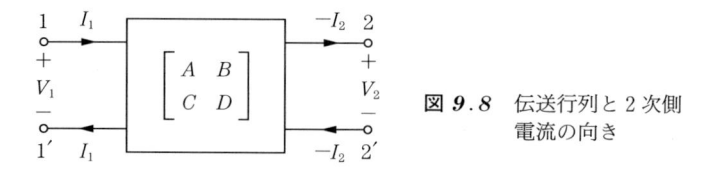

図 9.8 伝送行列と2次側電流の向き

伝送パラメータについても Z パラメータや Y パラメータの場合と同様に物理的意味を考えると式(9.32)において A, B, C, D は

$$A = \left(\frac{V_1}{V_2}\right)_{I_2=0} \qquad (9.33)$$

---

† 2次側の電流の向きを右向きにとる理由は,別の二端子対回路を接続するとき,接続した回路の1次側の電流の向きと前段の2次側の電流の向きが一致して取扱いに便利となるからである。

$$B = \left(-\frac{V_1}{I_2}\right)_{V_2=0} \tag{9.34}$$

$$C = \left(\frac{I_1}{V_2}\right)_{I_2=0} \tag{9.35}$$

$$D = \left(-\frac{I_1}{I_2}\right)_{V_2=0} \tag{9.36}$$

と表され，これらの関係は図 **9.9**(a)〜(d)の回路構成で示される．線形の受動素子を使う場合は，$AD - BC = 1$ の関係がある．

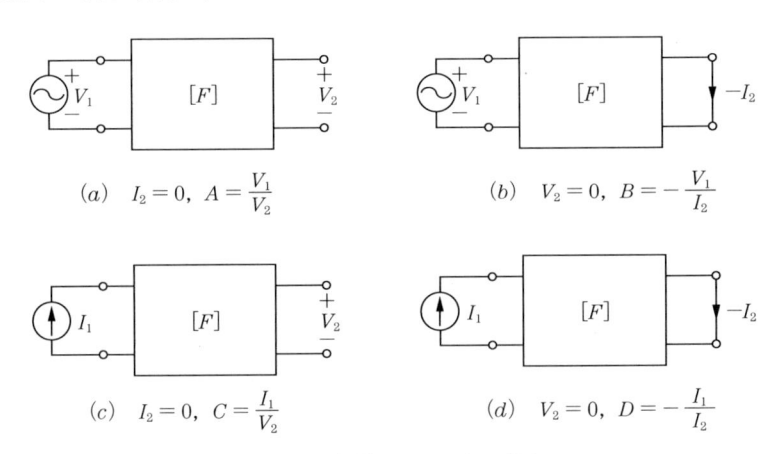

(a) $I_2 = 0$, $A = \dfrac{V_1}{V_2}$

(b) $V_2 = 0$, $B = -\dfrac{V_1}{I_2}$

(c) $I_2 = 0$, $C = \dfrac{I_1}{V_2}$

(d) $V_2 = 0$, $D = -\dfrac{I_1}{I_2}$

図 **9.9** 伝送パラメータの意味

例題 9.4 図 **9.10** の二端子対回路の伝送パラメータを求めよ．

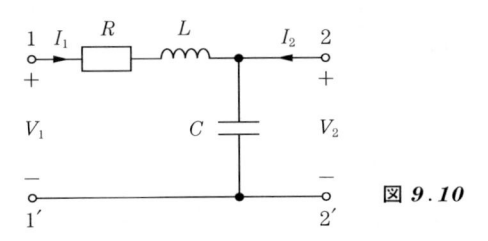

図 **9.10**

解 答 図の回路の回路方程式を立てると

$$V_1 = \left(R + j\omega L + \frac{1}{j\omega C}\right)I_1 + \frac{1}{j\omega C}I_2, \quad V_2 = \frac{1}{j\omega C}(I_1 + I_2)$$

2-2′ 端子開放のとき（$I_2 = 0$）

$$V_1 = \left(R + j\omega L + \frac{1}{j\omega C}\right) I_1, \qquad V_2 = \frac{1}{j\omega C} I_1$$

2-2′ 端子短絡のとき（$V_2 = 0$）

$$V_1 = (R + j\omega L) I_1, \qquad V_2 = \frac{1}{j\omega C}(I_1 + I_2) = 0, \qquad I_1 = -I_2$$

上の四つの式より，伝送パラメータは

$$A = \left(\frac{V_1}{V_2}\right)_{I_2=0} = 1 - \omega^2 LC + j\omega CR$$

$$B = \left(-\frac{V_1}{I_2}\right)_{V_2=0} = R + j\omega L$$

$$C = \left(\frac{I_1}{V_2}\right)_{I_2=0} = j\omega C$$

$$D = \left(-\frac{I_1}{I_2}\right)_{V_2=0} = 1$$

9.2 二端子対回路の接続

実用上，非常に役立つ二端子対回路の中には簡単な二端子対回路を複数接続して回路構成したものも少なくない．このような接続によってできた新しい二端子対回路のパラメータは元の簡単な二端子対回路のパラメータの和や積の形で表される場合が多い．

9.2.1 縦 続 接 続

図 **9.11** は**縦続接続**と呼ばれる二端子対回路の接続である．
左と右の二つの回路の電圧と電流の関係はそれぞれ

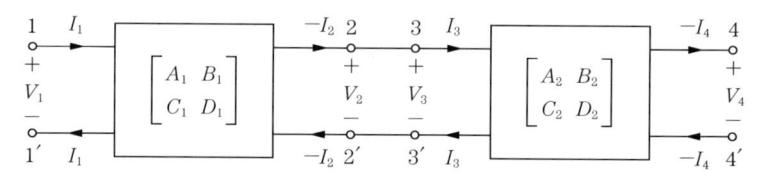

図 **9.11** 二端子対回路の縦続接続

$$\begin{bmatrix} V_1 \\ I_1 \end{bmatrix} = \begin{bmatrix} A_1 & B_1 \\ C_1 & D_1 \end{bmatrix} \begin{bmatrix} V_2 \\ -I_2 \end{bmatrix} \qquad (9.37)$$

$$\begin{bmatrix} V_3 \\ I_3 \end{bmatrix} = \begin{bmatrix} A_2 & B_2 \\ C_2 & D_2 \end{bmatrix} \begin{bmatrix} V_4 \\ -I_4 \end{bmatrix} \qquad (9.38)$$

すでに述べたように二端子対回路では端子対の一方の端子から流れ込んだ電流は，同じ端子対の他方の端子から流れ出すと考えているが，左と右の回路の接続端子における電流の向きは都合よく一致して

$$-I_2 = I_3$$

と表される。

また，$V_2 = V_3$ であるから

$$\begin{bmatrix} V_1 \\ I_1 \end{bmatrix} = \begin{bmatrix} A_1 & B_1 \\ C_1 & D_1 \end{bmatrix} \begin{bmatrix} A_2 & B_2 \\ C_2 & D_2 \end{bmatrix} \begin{bmatrix} V_4 \\ -I_4 \end{bmatrix}$$
$$= \begin{bmatrix} A_1 A_2 + B_1 C_2 & A_1 B_2 + B_1 D_2 \\ C_1 A_2 + D_1 C_2 & C_1 B_2 + D_1 D_2 \end{bmatrix} \begin{bmatrix} V_4 \\ -I_4 \end{bmatrix} \qquad (9.39)$$

となる。以上のように二つの二端子対回路を縦続接続した場合の伝送行列は，元の二つの二端子対回路の伝送行列の積で表される。全体を一つの二端子対回路とみたときの伝送パラメータは

$$\begin{bmatrix} A & B \\ C & D \end{bmatrix} = \begin{bmatrix} A_1 A_2 + B_1 C_2 & A_1 B_2 + B_1 D_2 \\ C_1 A_2 + D_1 C_2 & C_1 B_2 + D_1 D_2 \end{bmatrix} \qquad (9.40)$$

である。

例題 9.5 図 **9.12** の二端子対回路の伝送行列を求めよ。

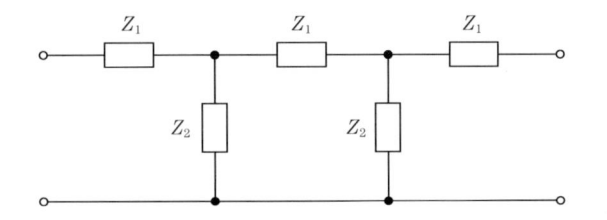

図 **9.12**

9. 二端子対回路

解　答　二端子対回路を図 9.13 (a), (b), (c) の三つの簡単な二端子対回路の従属接続からなると考えて，それぞれの伝送行列の積で表す。

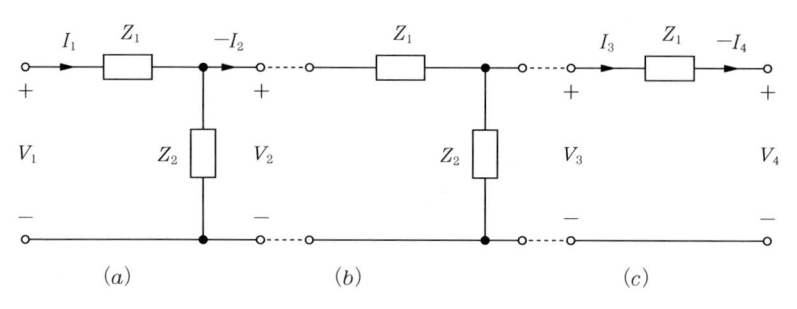

(a) 　　　　　　　　　(b) 　　　　　　　　　(c)

図 9.13

図(a)の二端子対回路では
$$V_1 = Z_1 I_1 + Z_2 (I_1 + I_2), \qquad V_2 = Z_2 (I_1 + I_2)$$
これらの式から
$$A = \left(\frac{V_1}{V_2}\right)_{I_2=0} = \frac{Z_1 + Z_2}{Z_2}, \qquad B = \left(-\frac{V_1}{I_2}\right)_{V_2=0} = Z_1$$
$$C = \left(\frac{I_1}{V_2}\right)_{I_2=0} = \frac{1}{Z_2}, \qquad D = \left(-\frac{I_1}{I_2}\right)_{V_2=0} = 1$$
$$[\boldsymbol{F}_a] = \begin{bmatrix} \dfrac{Z_1+Z_2}{Z_2} & Z_1 \\ \dfrac{1}{Z_2} & 1 \end{bmatrix}$$

図(b)の二端子対回路も同様にして $[\boldsymbol{F}_b] = [\boldsymbol{F}_a]$

図(c)の二端子対回路では
$$V_3 - V_4 = Z_1 I_3, \qquad I_3 = -I_4$$
より
$$[\boldsymbol{F}_c] = \begin{bmatrix} 1 & Z_1 \\ 0 & 1 \end{bmatrix}$$

以上より，元の二端子対回路の伝送行列 $\boldsymbol{F}$ は
$$\boldsymbol{F} = [\boldsymbol{F}_b] \cdot [\boldsymbol{F}_a] \cdot [\boldsymbol{F}_c] = \begin{bmatrix} A & B \\ C & D \end{bmatrix}$$
$$A = \left(\frac{Z_1+Z_2}{Z_2}\right)^2 + \frac{Z_1}{Z_2}$$
$$B = Z_1 \left\{\left(\frac{Z_1+Z_2}{Z_2}\right)^2 + \frac{Z_1}{Z_2}\right\} + \left\{\frac{Z_1(Z_1+Z_2)}{Z_2} + Z_1\right\}$$

$$C = \frac{Z_1 + Z_2}{Z_2{}^2} + \frac{1}{Z_2}$$

$$D = Z_1 \left(\frac{Z_1 + Z_2}{Z_2{}^2} + \frac{1}{Z_2} \right) + \frac{Z_1}{Z_2} + 1$$

となる。

9.2.2 並 列 接 続

つぎに図 **9.14** に示すような二つの二端子対回路の接続を**並列接続**という。

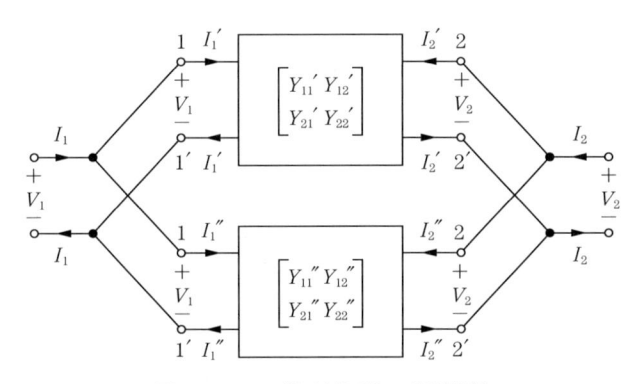

図 **9.14** 二端子対回路の並列接続

この場合，二端子対回路の電圧と電流の関係をアドミタンス行列で表すと都合がよい。すなわち

$$\left.\begin{array}{l}\begin{bmatrix} Y_{11}' & Y_{12}' \\ Y_{21}' & Y_{22}' \end{bmatrix} \begin{bmatrix} V_1 \\ V_2 \end{bmatrix} = \begin{bmatrix} I_1' \\ I_2' \end{bmatrix} \\[2ex] \begin{bmatrix} Y_{11}'' & Y_{12}'' \\ Y_{21}'' & Y_{22}'' \end{bmatrix} \begin{bmatrix} V_1 \\ V_2 \end{bmatrix} = \begin{bmatrix} I_1'' \\ I_2'' \end{bmatrix}\end{array}\right\} \quad (9.41)$$

ここで

$$I_1 = I_1' + I_1'', \quad I_2 = I_2' + I_2'' \quad (9.42)$$

の関係があるから

$$\begin{bmatrix} Y_{11}' + Y_{11}'' & Y_{12}' + Y_{12}'' \\ Y_{21}' + Y_{21}'' & Y_{22}' + Y_{22}'' \end{bmatrix} \begin{bmatrix} V_1 \\ V_2 \end{bmatrix} = \begin{bmatrix} I_1 \\ I_2 \end{bmatrix} \quad (9.43)$$

となる。すなわち，並列接続した二端子対回路の Y パラメータは元の二端子対回路の Y パラメータの和で表される。全体を一つの二端子対回路とみたときのアドミタンス行列は

$$\begin{bmatrix} Y_{11} & Y_{12} \\ Y_{21} & Y_{22} \end{bmatrix} = \begin{bmatrix} Y_{11}' + Y_{11}'' & Y_{12}' + Y_{12}'' \\ Y_{21}' + Y_{21}'' & Y_{22}' + Y_{22}'' \end{bmatrix} \tag{9.44}$$

である。

しかし，これが成り立つのは，本来，二端子対回路の端子1から流れ込んだ電流 I_1 が端子 1′ から流れ出し，端子2から流れ込んだ電流 I_2 が端子 2′ から流れ出すものと考えてきたからであるが，この条件が満たされないと式(9.44)の計算ができなくなり，並列接続した回路の Y パラメータは元の二つの回路の Y パラメータの和にならなくなる。

例えば，図 9.15 に示すような場合，図中の Y が接続により短絡されてしまうため二端子対回路の条件が成り立たなくなり，式(9.44)の並列接続の計算はできない。

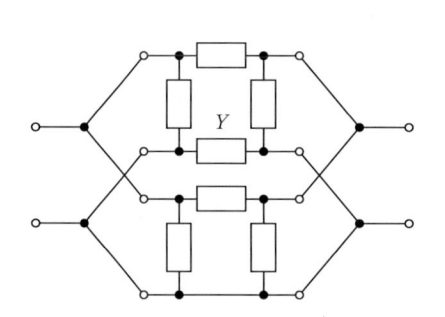

図 9.15 並列接続の計算ができない例

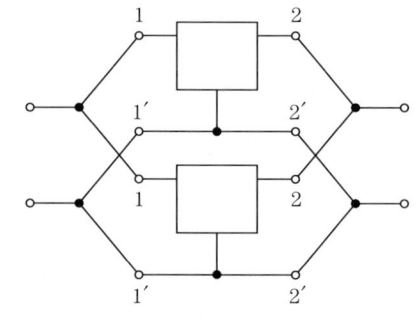

図 9.16 共通帰線をもつ二端子対回路の並列接続

一方，図 9.16 に示すように，共通帰線をもつ場合には，二つの二端子対回路の 1′ 端子と 2′ 端子がそれぞれ直接に結ばれているので並列接続の計算ができる。

例題 9.6 図 9.17 の二端子対回路のアドミタンス行列を求めよ。

9.2 二端子対回路の接続

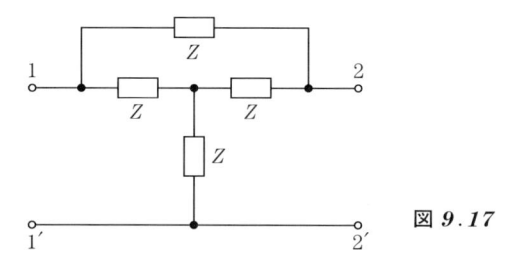

図 9.17

解　答　図の回路を図 9.18 のように二端子対回路の並列接続として取り扱う。それぞれのアドミタンス行列を求めるが，(a) の回路では
$$V_1 - V_2 = ZI_1', \qquad I_1' = -I_2'$$
これより
$$[\boldsymbol{Y}_a] = \frac{1}{Z}\begin{bmatrix} 1 & -1 \\ -1 & 1 \end{bmatrix}$$

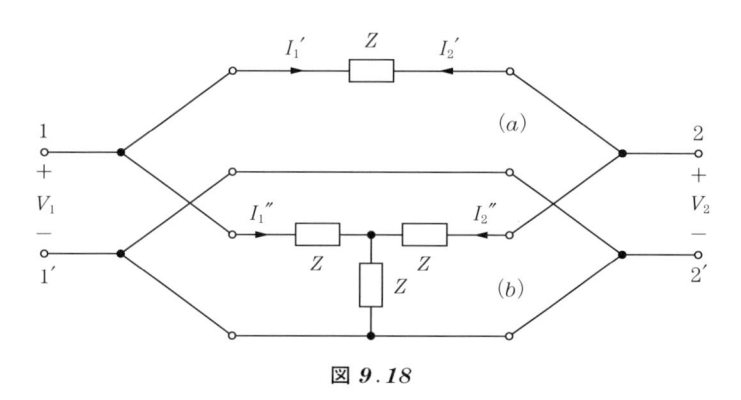

図 9.18

一方，(b) の回路では
$$V_1 = ZI_1'' + Z(I_1'' + I_2'') = 2ZI_1'' + ZI_2''$$
$$V_2 = ZI_2'' + Z(I_1'' + I_2'') = ZI_1'' + 2ZI_2''$$
これより
$$[\boldsymbol{Y}_b] = \frac{1}{3Z}\begin{bmatrix} 2 & -1 \\ -1 & 2 \end{bmatrix}$$
以上より，全体の二端子対回路の伝送行列 $[\boldsymbol{Y}]$ は
$$[\boldsymbol{Y}] = [\boldsymbol{Y}_a] + [\boldsymbol{Y}_b] = \frac{1}{3Z}\begin{bmatrix} 5 & -4 \\ -4 & 5 \end{bmatrix}$$

9.2.3 直列接続

図 9.19 に示すような二端子対回路の接続を**直列接続**という。この場合，二端子対回路の電圧と電流の関係をインピーダンス行列で表すと都合がよい。

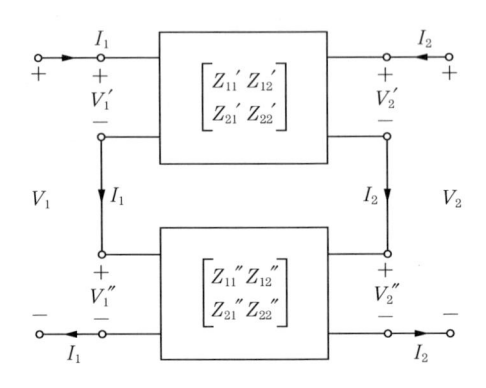

図 9.19 二端子対回路の直列接続

図の回路では

$$\left.\begin{array}{l}\begin{bmatrix}V_1'\\V_2'\end{bmatrix}=\begin{bmatrix}Z_{11}' & Z_{12}'\\Z_{21}' & Z_{22}'\end{bmatrix}\begin{bmatrix}I_1\\I_2\end{bmatrix}\\[1em]\begin{bmatrix}V_1''\\V_2''\end{bmatrix}=\begin{bmatrix}Z_{11}'' & Z_{12}''\\Z_{21}'' & Z_{22}''\end{bmatrix}\begin{bmatrix}I_1\\I_2\end{bmatrix}\end{array}\right\} \quad (9.45)$$

であり

$$V_1 = V_1' + V_1'', \quad V_2 = V_2' + V_2'' \quad (9.46)$$

の関係があるから

$$\begin{bmatrix}V_1\\V_2\end{bmatrix}=\begin{bmatrix}V_1'+V_1''\\V_2'+V_2''\end{bmatrix}=\begin{bmatrix}Z_{11}'+Z_{11}'' & Z_{12}'+Z_{12}''\\Z_{21}'+Z_{21}'' & Z_{22}'+Z_{22}''\end{bmatrix}\begin{bmatrix}I_1\\I_2\end{bmatrix} \quad (9.47)$$

となる。すなわち，直列接続した二端子対回路の Z パラメータは元の二端子対回路の Z パラメータの和で表される。全体を一つの二端子対回路とみたときのインピーダンス行列は

$$\begin{bmatrix}Z_{11} & Z_{12}\\Z_{21} & Z_{22}\end{bmatrix}=\begin{bmatrix}Z_{11}'+Z_{11}'' & Z_{12}'+Z_{12}''\\Z_{21}'+Z_{21}'' & Z_{22}'+Z_{22}''\end{bmatrix} \quad (9.48)$$

である。

なお，直列接続の場合にも二端子対回路の条件が満たされなくなる場合があるので注意しなければならない．そのときは接続した後の全体の二端子対回路から直接パラメータを求めなければならない．

例題 9.7 図 9.20 の二端子対回路のインピーダンス行列を，図 9.21 に示すような二つの二端子対回路の直列接続から求めよ．

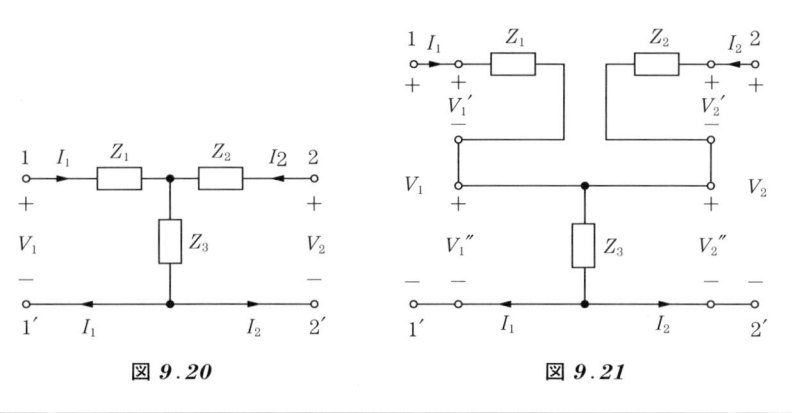

図 9.20

図 9.21

解　答　図 9.21 の回路において
$$V_1' = Z_1 I_1, \quad V_2' = Z_2 I_2$$
$$V_1'' = Z_3(I_1 + I_2), \quad V_2'' = Z_3(I_1 + I_2)$$
であるから
$$V_1 = V_1' + V_1'' = (Z_1 + Z_3)I_1 + Z_3 I_2$$
$$V_2 = V_2' + V_2'' = Z_3 I_1 + (Z_2 + Z_3)I_2$$
これより，インピーダンス行列は
$$[\boldsymbol{Z}] = \begin{bmatrix} Z_1 + Z_3 & Z_3 \\ Z_3 & Z_2 + Z_3 \end{bmatrix}$$

9.3　影像パラメータと二端子対回路の信号伝送

9.3.1　影像インピーダンス

図 9.22 に示すように二端子対回路の二つの端子対 1-1′ と 2-2′ にそれぞれインピーダンス Z_{i1} と Z_{i2} を接続したとき，1-1′ 端子から右側をみたインピーダンスが Z_{i1} に等しく，2-2′ 端子から左側をみたインピーダンスが Z_{i2} に等し

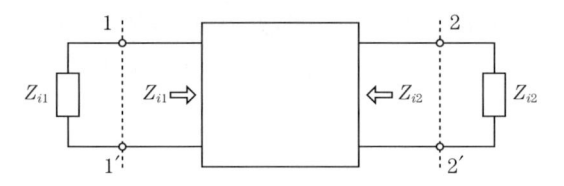

図 9.22 影像インピーダンス

い場合，このインピーダンス Z_{i1} と Z_{i2} は鏡の影像のような関係になっていることから，**影像インピーダンス**という。

いま，**図 9.23** のように二端子対回路を伝送パラメータで表し，入力端子 1-1′ に信号源 E_s とインピーダンス Z_{i1} が接続され，出力端子 2-2′ に負荷インピーダンス Z_{i2} が接続されている場合を考える。回路方程式は

$$\begin{bmatrix} V_1 \\ I_1 \end{bmatrix} = \begin{bmatrix} A & B \\ C & D \end{bmatrix} \begin{bmatrix} V_2 \\ -I_2 \end{bmatrix} \qquad (9.49)$$

$$V_2 = -Z_{i2} I_2 \qquad (9.50)$$

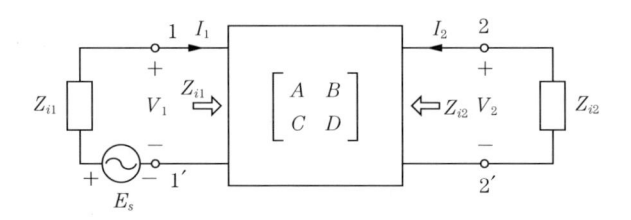

図 9.23 影像インピーダンスと伝送行列

これより

$$\left. \begin{array}{l} V_1 = (AZ_{i2} + B)(-I_2) \\ I_1 = (CZ_{i2} + D)(-I_2) \end{array} \right\} \qquad (9.51)$$

となり，1-1′ 端子から右側をみたインピーダンスは

$$\frac{V_1}{I_1} = \frac{AZ_{i2} + B}{CZ_{i2} + D} = Z_{i1} \qquad (9.52)$$

となる。これはまた回路の入力インピーダンスを表している。

つぎに，信号電圧 E_s を1次側から2次側に移し，同様にして 2-2′ 端子から左側をみたインピーダンスを求めると

$$\frac{V_2}{I_2} = \frac{DZ_{i1} + B}{CZ_{i1} + A} = Z_{i2} \tag{9.53}$$

となる。これはまた回路の出力インピーダンスでもある。式(9.52), (9.53)から影像インピーダンスは伝送パラメータによって

$$Z_{i1}{}^2 = \frac{AB}{CD}, \quad Z_{i2}{}^2 = \frac{BD}{AC} \tag{9.54}$$

と表される。影像インピーダンス Z_{i1}, Z_{i2} は正負の値をもつが，実用上，実数が正となる値を使えばよい。

9.3.2 信号伝送と影像パラメータ

図9.23において1-1′端子と2-2′端子の電圧 V_1, V_2 の比を

$$\frac{V_1}{V_2} = e^{\theta_1} \tag{9.55}$$

と表すと

$$e^{\theta_1} = \sqrt{\frac{A}{D}}(\sqrt{AD} + \sqrt{BC}) \tag{9.56}$$

が得られる。また，各端子の電流 I_1, $(-I_2)$ の比を

$$\frac{I_1}{(-I_2)} = e^{\theta_2} \tag{9.57}$$

と表すと

$$e^{\theta_2} = \sqrt{\frac{D}{A}}(\sqrt{AD} + \sqrt{BC}) \tag{9.58}$$

となる。これらの θ_1, θ_2 を**伝達定数**といい，影像インピーダンス Z_{i1}, Z_{i2} と伝達定数 θ_1, θ_2 をあわせて**影像パラメータ**という。線形の受動素子を使う場合には

$$\theta = \frac{\theta_1 + \theta_2}{2} \tag{9.59}$$

として，三つのパラメータで影像パラメータを表してもよい。なお，式(9.55)と(9.57)の逆数はそれぞれ**電圧利得，電流利得**という。以上より

$$e^\theta = \sqrt{AD} + \sqrt{BC}$$
$$\theta = \log(\sqrt{AD} + \sqrt{BC})$$
(9.60)

が得られる。また

$$e^{(\theta_1+\theta_2)} = \frac{V_1}{V_2} \cdot \frac{I_1}{(-I_2)} \qquad (9.61)$$

$$\theta = \frac{1}{2}\log\left\{\frac{V_1 I_1}{V_2(-I_2)}\right\} = \frac{1}{2}\log\frac{P_1}{P_2} \qquad (9.62)$$

が得られる。ここで，P_1，P_2 はそれぞれ入力端子側（信号源側）と出力端子側（負荷側）の電力を表している。前に述べたように二端子対回路が線形の受動素子で構成される回路であれば $AD - BC = 1$ であるから

$$e^{-\theta} = \sqrt{AD} - \sqrt{BC} \qquad (9.63)$$

となり

$$\cosh\theta = \frac{e^\theta + e^{-\theta}}{2} = \sqrt{AD} \qquad (9.64)$$

$$\sinh\theta = \frac{e^\theta - e^{-\theta}}{2} = \sqrt{BC} \qquad (9.65)$$

$$\tanh\theta = \frac{e^\theta - e^{-\theta}}{e^\theta + e^{-\theta}} = \sqrt{\frac{BC}{AD}} \qquad (9.66)$$

が得られる。θ は一般に複素数であり，これを実数部と虚数部に分けて

$$\theta = \alpha + j\beta \qquad (9.67)$$

で表したとき，実数部 α は減衰を表す項で**減衰定数**といい，虚数部 β は位相を表す項で**位相定数**という。

例題 9.8 図 9.24 の二端子対回路の伝送行列と影像インピーダンスおよ

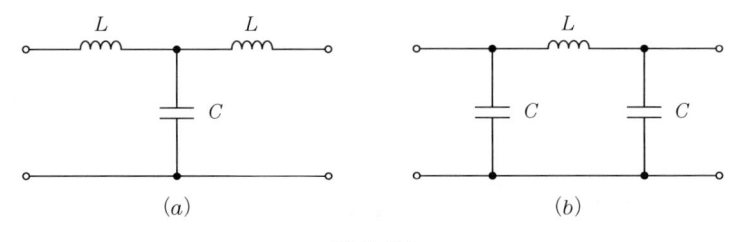

図 9.24

び伝達定数を求めよ．各端子対の電圧，電流をそれぞれ V_1, V_2, I_1, I_2 とする．

解答 図(a)の回路では

$$V_1 = j\omega L I_1 + \frac{I_1 + I_2}{j\omega C}, \qquad V_2 = j\omega L I_2 + \frac{I_1 + I_2}{j\omega C}$$

の関係より

$$A = D = 1 - \omega^2 LC, \qquad B = j\omega L(2 - \omega^2 LC), \qquad C = j\omega C$$

$$Z_{i1} = \sqrt{\frac{L}{C}(2 - \omega^2 LC)}, \qquad Z_{i2} = \sqrt{\frac{L}{C}(2 - \omega^2 LC)}$$

$$\theta = \cosh^{-1}\sqrt{AD} = \cosh^{-1}(1 - \omega^2 LC)$$

図(b)の回路では L に流れる電流を I' とすると

$$V_1 - V_2 = j\omega L I', \qquad V_1 = \frac{I_1 - I'}{j\omega C}, \qquad V_2 = \frac{I_2 + I'}{j\omega C}$$

の関係より

$$A = D = 1 - \omega^2 LC, \qquad B = j\omega L, \qquad C = j\omega C(2 - \omega^2 LC)$$

$$Z_{i1} = \sqrt{\frac{AB}{CD}} = \sqrt{\frac{L}{C(2 - \omega^2 LC)}}, \qquad Z_{i2} = \sqrt{\frac{BD}{AC}} = \sqrt{\frac{L}{C(2 - \omega^2 LC)}}$$

$$\theta = \cosh^{-1}\sqrt{AD} = \cosh^{-1}(1 - \omega^2 LC)$$

9.4 フィルタ

9.4.1 フィルタの特性

つぎに二端子対回路の例としてフィルタを取り上げることにする．フィルタは種々の周波数成分を含む電気信号を入力したとき，ある周波数範囲の信号成分はできるだけ損失することなく通過させ，それ以外の周波数成分はなるべく減衰させて出力しないようにする一種の信号処理器である．信号の周波数成分のうち減衰なく通過させる周波数範囲を通過域といい，減衰させる周波数範囲を減衰域という．フィルタは通過域（減衰域）の違いによって4種類に分けられ，図 **9.25** にその減衰特性を示す．

一般に入力信号 V_1 と出力信号 V_2 の比である伝達関数 $H(j\omega)$，またはその振幅 $|H(j\omega)|$ で特性が表される．出力が入力の $1/\sqrt{2}$（−3 dB）になる周波数

(a) 低域通過フィルタ

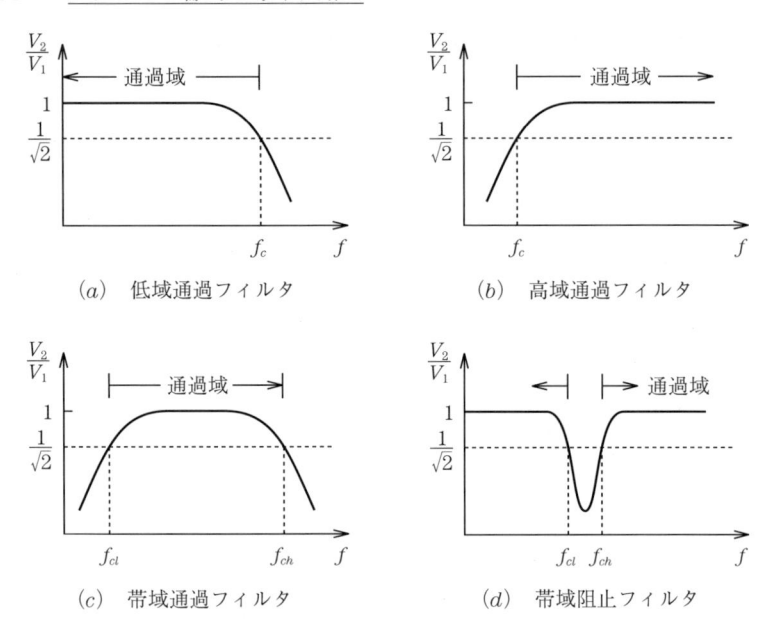

(b) 高域通過フィルタ

(c) 帯域通過フィルタ

(d) 帯域阻止フィルタ

図 9.25　フィルタの種類と減衰特性

を**遮断周波数** f_c という．

$$H(j\omega) = \frac{V_2(j\omega)}{V_1(j\omega)} \qquad (9.68)$$

低域通過フィルタ（LPF）は高い周波数成分を減衰させて，低周波の信号成分を通すフィルタであり，**高域通過フィルタ**（HPF）は逆に低い周波数成分を減衰させて，高周波の信号成分を通すフィルタである．**帯域通過フィルタ**（BPF）は，低域遮断周波数 f_{cl} と高域遮断周波数 f_{ch} にはさまれる中間帯域の信号成分を通して，より低い周波数成分およびより高い周波数成分を減衰させるフィルタである．**帯域阻止フィルタ**（BEF）は特定の狭い周波数帯域のみの通過を阻止するフィルタであり，**ノッチフィルタ**，**帯域除去フィルタ**ともいい，特定の雑音の除去に用いられる．

図 9.26 の Γ 形二端子対回路において

$$\left.\begin{array}{l} Z_1 Z_2 = K^2 \\ K = \sqrt{Z_1 Z_2} \end{array}\right\} \qquad (9.69)$$

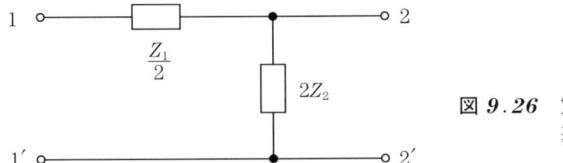

図 **9.26** 定 K 形フィルタの基本構成

の関係にあるとき，この回路を**定 K 形フィルタ**という。K は**公称インピーダンス**というが，抵抗の次元をもち，実数となる。

この回路の伝送パラメータは

$$\begin{bmatrix} A & B \\ C & D \end{bmatrix} = \begin{bmatrix} 1 + \dfrac{Z_1}{4Z_2} & \dfrac{Z_1}{2} \\ \dfrac{1}{2Z_2} & 1 \end{bmatrix} \tag{9.70}$$

であり，影像パラメータは

$$Z_{i1} = K\sqrt{1 + \frac{Z_1^2}{4K^2}} \tag{9.71}$$

$$Z_{i2} = \frac{K}{\sqrt{1 + \dfrac{Z_1^2}{4K^2}}} \tag{9.72}$$

$$\cosh \theta = \sqrt{1 + \frac{Z_1^2}{4K^2}} \tag{9.73}$$

$$\sinh \theta = \frac{Z_1}{2K} \tag{9.74}$$

$$\tanh \theta = \frac{1}{\sqrt{1 + \dfrac{4K^2}{Z_1^2}}} \tag{9.75}$$

と表される。ここで減衰定数 $\alpha = 0$ である周波数範囲が通過域，$\alpha \neq 0$ の周波数範囲が減衰域となり，この境界の周波数が遮断周波数となる。

9.4.2 低域通過フィルタ

ここでは純リアクタンス素子の L と C で構成されるアナログフィルタについて考える。LC 低域通過フィルタは，図 9.26 をもとに**図 9.27** のように

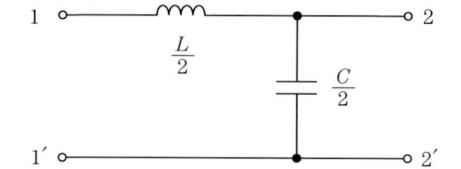

図 9.27 定 K 形低域通過フィルタ

$$Z_1 = j\omega L, \quad Z_2 = \frac{1}{j\omega C}, \quad K = \sqrt{\frac{L}{C}} \tag{9.76}$$

で構成される。

通過域について考えると $\alpha = 0$ であるから

$$\tanh \theta = \tanh j\beta = j \tan \beta \tag{9.77}$$

となり，$\tanh \theta$ が虚数となる周波数範囲を求める。式 (9.66) より

$$\tanh \theta = \sqrt{\frac{BC}{AD}} = \sqrt{\frac{Z_1}{Z_1 + 4Z_2}} = \sqrt{\frac{\omega^2 LC}{\omega^2 LC - 4}} \tag{9.78}$$

式 (9.78) が虚数となる条件は

$$\omega^2 LC - 4 < 0 \tag{9.79}$$

であり

$$-1 < \frac{\omega \sqrt{LC}}{2} < 1 \tag{9.80}$$

$\omega \geqq 0$ から

$$0 \leqq \omega < \frac{2}{\sqrt{LC}} \tag{9.81}$$

が得られる。

この範囲が通過域であり，遮断角周波数 ω_c および遮断周波数 f_c は

$$\omega_c = \frac{2}{\sqrt{LC}}, \quad f_c = \frac{1}{\pi \sqrt{LC}} \tag{9.82}$$

である。このとき位相定数 β は

$$\sinh \theta = \sinh(\alpha + j\beta) = \sinh \alpha \cos \beta + j \cosh \alpha \sin \beta = \frac{Z_1}{2K} \tag{9.83}$$

の関係から $\alpha = 0$ において

$$j\sin\beta = \frac{j\omega L}{2\sqrt{L/C}} \tag{9.84}$$

となるので，通過域 $0 \leq \omega < \omega_c$ の範囲で

$$\beta = \sin^{-1}\left(\frac{\omega\sqrt{LC}}{2}\right) = \sin^{-1}\left(\frac{\omega}{\omega_c}\right) \tag{9.85}$$

の位相特性が得られる。

つぎに減衰域は，伝達定数 $\tanh\theta$ が実数となる範囲で与えられるが

$$\tanh\theta = \frac{\sinh(\alpha+j\beta)}{\cosh(\alpha+j\beta)} = \frac{\sinh\alpha\cosh\alpha + j\sin\beta\cos\beta}{\cosh^2\alpha\cos^2\beta + \sinh^2\alpha\sin^2\beta} \tag{9.86}$$

において，$\sin\beta\cos\beta = (\sin 2\beta)/2 = 0$，すなわち

$$\beta = n\frac{\pi}{2} \quad (n=0,\ \pm 1,\ \pm 2,\ \cdots) \tag{9.87}$$

のとき，$\sinh\alpha\cosh\alpha$ は0でない値をもつので $\alpha \neq 0$ となり，この回路で減衰がみられる。$\tanh\theta$ が実数となる範囲は

$$\frac{\omega\sqrt{LC}}{2} > 1 \tag{9.88}$$

で与えられ，これより $\omega = \omega_c \sim \infty$ の角周波数領域で出力は減衰する。一般に位相 β は式(9.87)の $n=1$ の値で表し

$$\beta = \frac{\pi}{2} \tag{9.89}$$

であり，このとき α は

$$\sinh\theta = \sinh\alpha\cos\beta + j\cosh\alpha\sin\beta = j\cosh\alpha = \frac{j\omega L}{2\sqrt{L/C}} \tag{9.90}$$

より

$$\alpha = \cosh^{-1}\left(\frac{\omega\sqrt{LC}}{2}\right) = \cosh^{-1}\left(\frac{\omega}{\omega_c}\right) \tag{9.91}$$

となる。

以上より定 K 形低域通過フィルタの周波数特性を示すと**図 9.28** のようになる。

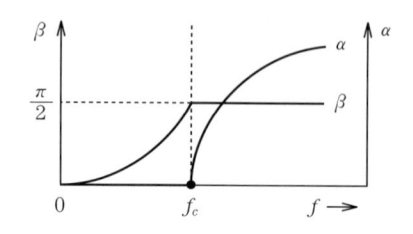

図 **9.28** 定 K 形低域通過フィルタの周波数特性

9.4.3 高域通過フィルタ

つぎに**図 9.29**のような定 K 形高域通過フィルタの二端子対回路を考える。

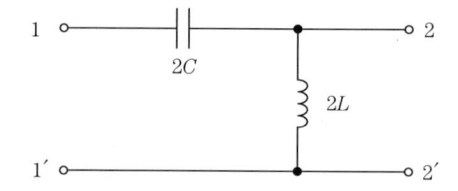

図 **9.29** 定 K 形高域通過フィルタ

$$Z_1 = \frac{1}{j\omega C}, \quad Z_2 = j\omega L, \quad K = \sqrt{\frac{L}{C}} \tag{9.92}$$

であるから，式(9.76)〜(9.91)と同様な取扱いを行うと，通過域は $\alpha = 0$ として

$$\omega \geqq \frac{1}{2\sqrt{LC}} \tag{9.93}$$

が得られる。また，遮断角周波数 ω_c および遮断周波数 f_c は

$$\omega_c = \frac{1}{2\sqrt{LC}}, \quad f_c = \frac{1}{4\pi\sqrt{LC}} \tag{9.94}$$

で与えられる。このとき位相定数 β は，通過域 $\omega \geqq \omega_c$ の範囲で

$$\beta = -\sin^{-1}\left(\frac{1}{2\omega\sqrt{LC}}\right) = -\sin^{-1}\left(\frac{\omega_c}{\omega}\right) \tag{9.95}$$

となる。一方，減衰域は $0 \leqq \omega < \omega_c$ であり

$$\alpha = \cosh^{-1}\left(\frac{1}{2\omega\sqrt{LC}}\right) = \cosh^{-1}\left(\frac{\omega_c}{\omega}\right) \tag{9.96}$$

$$\beta = -\frac{\pi}{2} \tag{9.97}$$

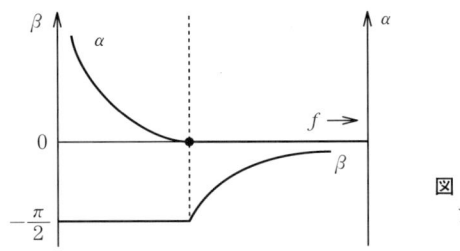

図 **9.30** 定 K 形高域通過フィルタの周波数特性

となる。定 K 形高域通過フィルタの周波数特性を図 **9.30** に示す。

◆ 演 習 問 題 ◆

【9.1】 図 **9.31** の二端子対回路のインピーダンス行列とアドミタンス行列を求めよ。

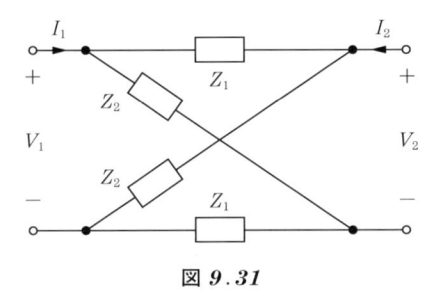

図 **9.31**

【9.2】 図 **9.32**(a) の二端子対回路のインピーダンス行列を求めよ。また，図(b) の二端子対回路が図(a) の回路と等価であるための Z_1, Z_2, Z_3 を求めよ。

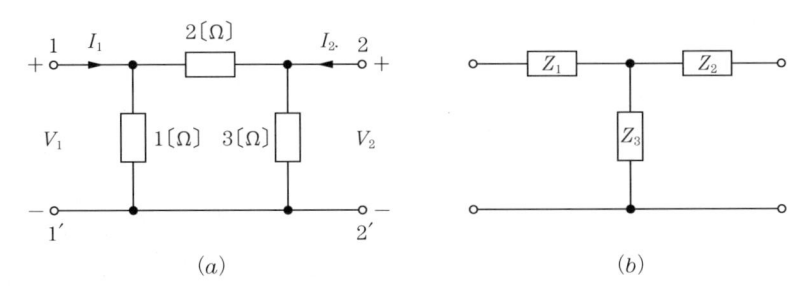

(a)　　　　　　　　　　　　　　　　　　　　　　　　　(b)

図 **9.32**

【9.3】 図 9.33 の二端子対回路の伝送行列を求めよ．また，端子対電圧 V_1, V_2 が同相となるための角周波数 ω を求め，そのときの V_1/V_2 を求めよ．

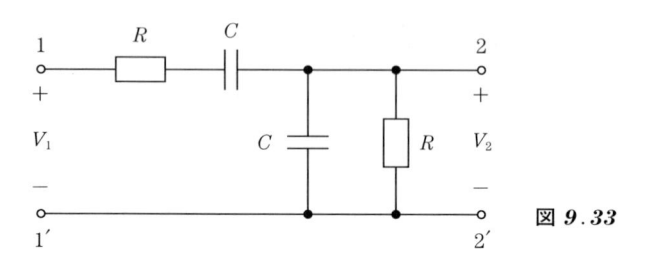

図 9.33

【9.4】 図 9.34 (a), (b) の二端子対回路において，1-1' 端子から右側をみたインピーダンス Z_i を求めよ．

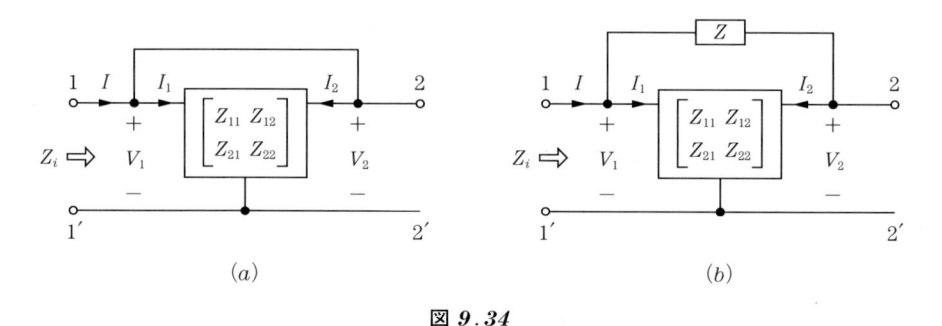

図 9.34

【9.5】 例題 9.3 の結果を参考にして，図 9.35 の二端子対回路のアドミタンス行列を求めよ．

図 9.35

図 9.36

【9.6】 図 9.36 の二端子対回路のインピーダンス行列を求めよ．また，2-2' 端子を短絡したとき ($V_2 = 0$)，1-1' 端子から右をみたインピーダンスを求めよ．

【9.7】 図 9.37 の二端子対回路のアドミタンス行列を求めよ。また，2-2′ 端子を開放したとき $(I_2 = 0)$，端子対電圧の比 V_2/V_1 を求め，$|V_2/V_1|$ の周波数特性を示せ。

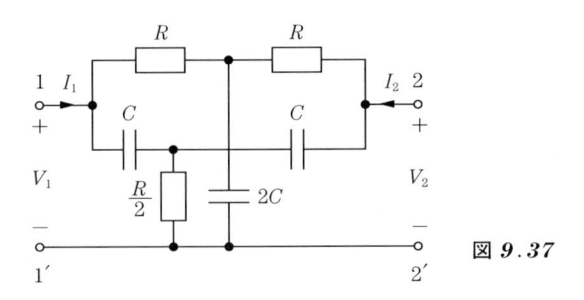

図 9.37

【9.8】 図 9.38(a)，(b)の二端子対回路の影像インピーダンスがそれぞれ等しくなるような Z_3 を求めよ。

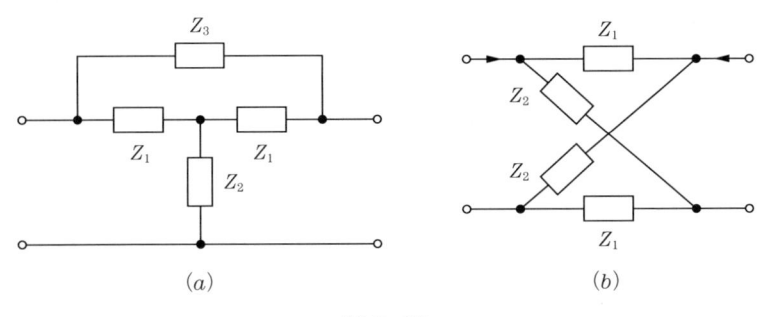

図 9.38

【9.9】 図 9.27 の定 K 形低域通過フィルタの遮断周波数を $f_c = 100$ [kHz]，公称インピーダンスを $K = 50$ [Ω] としたとき，回路の L と C の値を求めよ。

【9.10】 図 9.29 の定 K 形高域通過フィルタの遮断周波数を $f_c = 1$ [kHz]，公称インピーダンスを $K = 300$ [Ω] としたとき，回路の L と C の値を求めよ。

10章 分布定数回路

9章までに取り扱ってきた回路は集中定数回路と呼ばれるが，同軸ケーブル，テレビのフィーダ線，長距離の送電線，有線放送ケーブルなどでは回路のサイズが電気信号の波長より大きくなり，R，L，C などの回路素子が線路上に分布しているような特性を示す。このような回路構成を分布定数回路または分布定数線路という。この章では，二端子対回路として表される分布定数回路の構成と回路内の電圧・電流の特性をどのように表すかについて考える。

10.1 分布定数回路の基礎方程式

図 10.1 は**分布定数回路**の一部を示したものであるが，一般に単位長さ当りのインダクタンス L [H/m]，抵抗 R [Ω/m]，静電容量 C [F/m]，コンダクタンス G [S/m] が Δx の距離に線路に沿って分布しているものとする（以後，**分布定数線路**ということにする）。

1-1′ 端子および 2-2′ 端子の電圧，電流をそれぞれ (v, i)，$(v + \Delta v, i +$

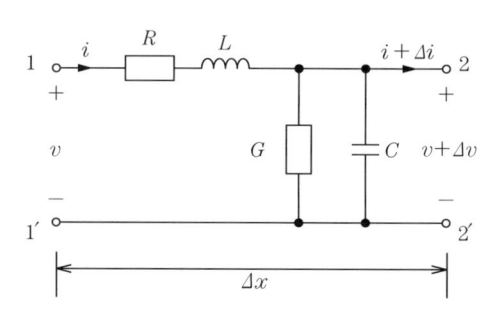

図 10.1 分布定数回路の基本構成

10.1 分布定数回路の基礎方程式

$\varDelta i$) とすると

$$v - (v + \varDelta v) = L\varDelta x \frac{\partial i}{\partial t} + R\varDelta x i \tag{10.1}$$

$$i - (i + \varDelta i) = C\varDelta x \frac{\partial v}{\partial t} + G\varDelta x v \tag{10.2}$$

これらより

$$-\frac{\varDelta v}{\varDelta x} = L\frac{\partial i}{\partial t} + Ri \tag{10.3}$$

$$-\frac{\varDelta i}{\varDelta x} = C\frac{\partial v}{\partial t} + Gv \tag{10.4}$$

となるが,極限 ($\varDelta x \to 0$) をとると

$$-\frac{\partial v}{\partial x} = L\frac{\partial i}{\partial t} + Ri \tag{10.5}$$

$$-\frac{\partial i}{\partial x} = C\frac{\partial v}{\partial t} + Gv \tag{10.6}$$

と表される。ここで式(10.5)を x で微分し,式(10.6)を t で微分し,整理すると

$$\frac{\partial^2 v}{\partial x^2} = LC\frac{\partial^2 v}{\partial t^2} + (LG + RC)\frac{\partial v}{\partial t} + RGv \tag{10.7}$$

電流 i についても同様に

$$\frac{\partial^2 i}{\partial x^2} = LC\frac{\partial^2 i}{\partial t^2} + (LG + RC)\frac{\partial i}{\partial t} + RGi \tag{10.8}$$

となり,まったく同じ形の偏微分方程式が得られる。式(10.7),(10.8)を**電信方程式**という。

もし,$G = 0$, $R = 0$ であれば(これを無損失線路というが)

$$\frac{\partial^2 v}{\partial x^2} = LC\frac{\partial^2 v}{\partial t^2} \tag{10.9}$$

$$\frac{\partial^2 i}{\partial x^2} = LC\frac{\partial^2 i}{\partial t^2} \tag{10.10}$$

となり,これらの方程式を**波動方程式**という。ここで

10. 分布定数回路

$$x - ut = X_1, \quad x + ut = X_2, \quad u = \frac{1}{\sqrt{LC}}$$

と置くと

$$\frac{\partial v}{\partial x} = \frac{\partial v}{\partial X_1} \cdot \frac{\partial X_1}{\partial x} + \frac{\partial v}{\partial X_2} \cdot \frac{\partial X_2}{\partial x} = \frac{\partial v}{\partial X_1} + \frac{\partial v}{\partial X_2} \tag{10.11}$$

$$\frac{\partial^2 v}{\partial x^2} = \frac{\partial^2 v}{\partial X_1^2} + 2\frac{\partial^2 v}{\partial X_1 \partial X_2} + \frac{\partial^2 v}{\partial X_2^2} \tag{10.12}$$

$$\frac{\partial v}{\partial t} = \frac{\partial v}{\partial X_1} \cdot \frac{\partial X_1}{\partial t} + \frac{\partial v}{\partial X_2} \cdot \frac{\partial X_2}{\partial t} = -u\frac{\partial v}{\partial X_1} + u\frac{\partial v}{\partial X_2} \tag{10.13}$$

$$\frac{\partial^2 v}{\partial t^2} = u^2 \frac{\partial^2 v}{\partial X_1^2} - 2u^2 \frac{\partial^2 v}{\partial X_1 \partial X_2} + u^2 \frac{\partial^2 v}{\partial X_2^2} \tag{10.14}$$

が得られる。式(10.12), (10.14)を式(10.9)に代入すると

$$\frac{\partial^2 v}{\partial X_1^2} + 2\frac{\partial^2 v}{\partial X_1 \partial X_2} + \frac{\partial^2 v}{\partial X_2^2} = LCu^2 \left(\frac{\partial^2 v}{\partial X_1^2} - 2\frac{\partial^2 v}{\partial X_1 \partial X_2} + \frac{\partial^2 v}{\partial X_2^2} \right) \tag{10.15}$$

$LCu^2 = 1$ であるから

$$\frac{\partial^2 v}{\partial X_1 \partial X_2} = 0 \tag{10.16}$$

となる。上式を積分すると

$$\frac{\partial v}{\partial X_1} = f(X_1 a) \tag{10.17}$$

のように表される。f は a に関する任意関数であるが，さらに積分すると

$$v = \int f(X_1) \, dX_1 + G(X_2) = F(X_1) + G(X_2)$$
$$= F(x - ut) + G(x + ut) \tag{10.18}$$

が得られる。電流 i に関する波動方程式の解も同様に求まるが，これら**ダランベールの解**をまとめて示すと

$$\left. \begin{array}{l} v(x, t) = F(x - ut) + G(x + ut) \\ i(x, t) = H(x - ut) + I(x + ut) \end{array} \right\} \tag{10.19}$$

となる。$F(x - ut)$, $H(x - ut)$ は速度 u で x の正の方向に進む波（進行波）を表し，信号源から分布定数線路に入射したものであり，入射波ともいう。

一方，$G(x+ut)$，$I(x+ut)$ は速度 u で x の負の方向に進む波で反射波（後退波ともいう）を表し，線路上の不連続点や終端に達した波が反射して信号源側へ戻る波である。u は位相速度といい，線路上を伝わる波動の伝搬速度であり，単位は [m/s] である。周囲の媒質が空気（真空）ならば伝搬速度は光速に等しく，$u = 3 \times 10^8$ [m/s] である。図 **10.2** は線路上を伝わる進行波と反射波の様子を示したものであり，線路上では進行波と反射波が同時に存在する。

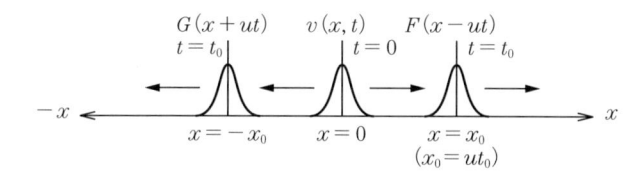

図 **10.2** 分布定数線路上を伝わる波動

10.2 特性インピーダンスと反射係数

F，G，H，I は 2 階微分可能な関数で，初期条件と境界条件によりその形が決まる。分布定数線路が無損失，すなわち $R = 0$，$G = 0$ のとき，式 (10.5)，(10.6) は

$$-\frac{\partial v}{\partial x} = L\frac{\partial i}{\partial t}, \quad -\frac{\partial i}{\partial x} = C\frac{\partial v}{\partial t} \tag{10.20}$$

と表される。

$$\frac{\partial v}{\partial t} = -u\{F'(x-ut) - G'(x+ut)\} \tag{10.21}$$

であるので

$$\begin{aligned}\frac{\partial i}{\partial x} &= uC\{F'(x-ut) - G'(x+ut)\} \\ &= \frac{1}{Z_0}\{F'(x-ut) - G'(x+ut)\}\end{aligned} \tag{10.22}$$

が得られる。ここで $Z_0 = \sqrt{L/C}$ である。両辺を x で積分すれば

$$i(x, t) = \frac{1}{Z_0}\{F(x-ut) - G(x+ut)\} \quad (10.23)$$

となる。

Z_0 を**特性インピーダンス**または**波動インピーダンス**といい，単位はオーム〔Ω〕である。

上で示したように，線路上には進行波（入射波）と反射波が同時に存在するが，式(10.19)の右辺の各項を

$$\left.\begin{array}{l} v_i(x, t) = F(x-ut) \\ v_r(x, t) = G(x+ut) \end{array}\right\} \quad (10.24)$$

と置いたとき，$v_i(x, t)$ を入射電圧波，$v_r(x, t)$ を反射電圧波といい

$$v(x, t) = v_i(x, t) + v_r(x, t) \quad (10.25)$$

である。また，式(10.23)は

$$\begin{aligned} i(x, t) &= \frac{1}{Z_0}\{v_i(x, t) - v_r(x, t)\} \\ &= i_i(x, t) + i_r(x, t) \end{aligned} \quad (10.26)$$

と表される。ここで，$i_i(x, t)$ を入射電流波，$i_r(x, t)$ を反射電流波という。

このような線路上に反射波が生じる原因となる線路の不連続点がある場合を考える。図 **10.3** の分布定数線路上で，不連続点 d の左側では特性インピーダンスが Z_{01} で，伝搬速度が u_1 であり，右側では特性インピーダンスが Z_{02} で，伝搬速度が u_2 であるとすると，点 d へ到達した入射波 (v_i, i_i) は，右側の線路に伝搬する透過波 (v_t, i_t) と左側へ戻っていく反射波 (v_r, i_r) を生じることになる。

点 d においては電圧，電流は連続であるから，入射波，反射波，透過波の

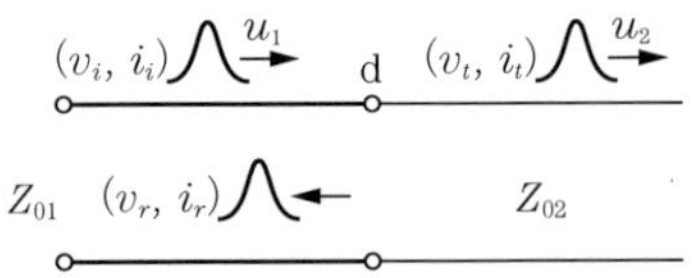

図 **10.3** 分布定数線路上の不連続点 d における反射

間には

$$\left. \begin{array}{l} v_i + v_r = v_t \\ i_i + i_r = i_t \end{array} \right\} \quad (10.27)$$

の関係が成り立つ。線路上を伝搬する電圧波と電流波の関係は，式(10.26)から

$$i_i = \frac{1}{Z_{01}} v_i, \quad i_r = -\frac{1}{Z_{01}} v_r, \quad i_t = \frac{1}{Z_{02}} v_t \quad (10.28)$$

のように表される。これより

$$\left. \begin{array}{l} Z_{01}(i_i - i_r) = Z_{02} i_t \\ \dfrac{1}{Z_{01}}(v_i - v_r) = \dfrac{1}{Z_{02}} v_t \end{array} \right\} \quad (10.29)$$

が得られる。式(10.27)，(10.29)より

$$\left. \begin{array}{l} v_r = \dfrac{Z_{02} - Z_{01}}{Z_{02} + Z_{01}} v_i, \quad v_t = \dfrac{2 Z_{02}}{Z_{02} + Z_{01}} v_i \\ i_r = -\dfrac{Z_{02} - Z_{01}}{Z_{02} + Z_{01}} i_i, \quad i_t = \dfrac{2 Z_{01}}{Z_{02} + Z_{01}} i_i \end{array} \right\} \quad (10.30)$$

これらから**反射係数**と**透過係数**がつぎのように示される。

電圧反射係数 $\quad \Gamma_v = \dfrac{v_r}{v_i} = \dfrac{Z_{02} - Z_{01}}{Z_{02} + Z_{01}} \quad (10.31)$

電流反射係数 $\quad \Gamma_i = \dfrac{i_r}{i_i} = -\dfrac{Z_{02} - Z_{01}}{Z_{02} + Z_{01}} = -\Gamma_v \quad (10.32)$

電圧透過係数 $\quad T_v = \dfrac{v_t}{v_i} = \dfrac{2 Z_{02}}{Z_{02} + Z_{01}} = 1 + \Gamma_v \quad (10.33)$

電流透過係数 $\quad T_i = \dfrac{i_t}{i_i} = \dfrac{2 Z_{01}}{Z_{02} + Z_{01}} = 1 - \Gamma_v \quad (10.34)$

図 **10.4**(a)に示すような特性インピーダンス Z_0 の無損失伝送線路上の点 d で線路が抵抗 R_L で終端されているとき，電圧反射係数と電流反射係数は

$$\Gamma_v = \frac{R_L - Z_0}{R_L + Z_0}, \quad \Gamma_i = -\frac{R_L - Z_0}{R_L + Z_0} \quad (10.35)$$

となる。

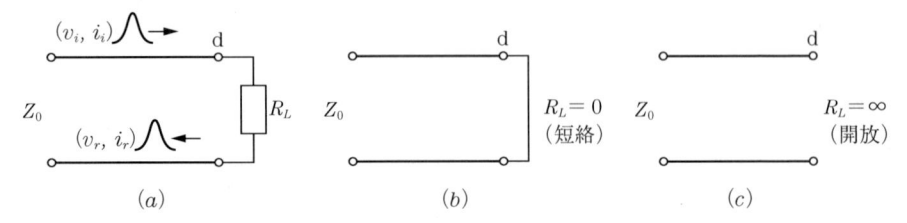

図 **10.4** 抵抗 R_L で終端された無損失分布定数線路上の反射

また，図(b)のように点 d の受信端が短絡されているときは，$R_L = 0$ であるから

$$\Gamma_v = \frac{-Z_0}{Z_0} = -1, \quad \Gamma_i = -\frac{-Z_0}{Z_0} = 1 \qquad (10.36)$$

図(c)のように受信端が開放されているときは，$R_L = \infty$ であるから

$$\Gamma_v = 1, \quad \Gamma_i = -1 \qquad (10.37)$$

終端抵抗を特性インピーダンスに整合させて $R_L = Z_0$ としたとき

$$\Gamma_v = 0, \quad \Gamma_i = 0 \qquad (10.38)$$

となり，反射は起こらない。

例題 10.1 特性インピーダンス Z_0 の無損失伝送線路の受信端を，（1）$R_L = Z_0/3$，（2）$Z_0/2$，（3）$2Z_0$，（4）$3Z_0$ で終端したとき，それぞれの場合の電圧反射係数と電流反射係数を求めよ。

解 答

（1）$\Gamma_v = \dfrac{Z_0/3 - Z_0}{Z_0/3 + Z_0} = -\dfrac{1}{2}, \quad \Gamma_i = -\dfrac{Z_0/3 - Z_0}{Z_0/3 + Z_0} = \dfrac{1}{2}$

（2）$\Gamma_v = \dfrac{Z_0/2 - Z_0}{Z_0/2 + Z_0} = -\dfrac{1}{3}, \quad \Gamma_i = -\dfrac{Z_0/2 - Z_0}{Z_0/2 + Z_0} = \dfrac{1}{3}$

（3）$\Gamma_v = \dfrac{2Z_0 - Z_0}{2Z_0 + Z_0} = \dfrac{1}{3}, \quad \Gamma_i = -\dfrac{2Z_0 - Z_0}{2Z_0 + Z_0} = -\dfrac{1}{3}$

（4）$\Gamma_v = \dfrac{3Z_0 - Z_0}{3Z_0 + Z_0} = \dfrac{1}{2}, \quad \Gamma_i = -\dfrac{3Z_0 - Z_0}{3Z_0 + Z_0} = -\dfrac{1}{2}$

10.3 無損失無限長線路の特性

図 10.5 の無損失無限長線路では $R = 0$, $G = 0$ であり，無限長であるので反射波はなく

$$G(x + ut) = 0, \quad I(x + ut) = 0 \tag{10.39}$$

と考えられるから，式(10.19)は

$$v(x, t) = F(x - ut), \quad i(x, t) = H(x - ut) = \frac{1}{Z_0}F(x - ut) \tag{10.40}$$

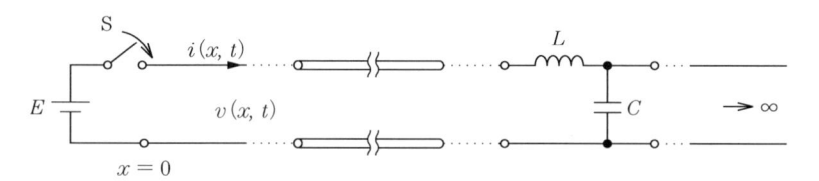

図 10.5 無損失無限長線路 ($R = 0$, $G = 0$)

これらより

$$\frac{v(x, t)}{i(x, t)} = Z_0 = \sqrt{\frac{L}{C}} \quad (\text{一定}) \tag{10.41}$$

上式は分布定数線路上のどこでも電圧と電流の比（特性インピーダンス）が一定であることを意味する．一般に同軸ケーブルの場合，$Z_0 = 50 \,[\Omega]$，フィーダー線では $Z_0 = 300 \,[\Omega]$ である．

図 10.5 において直流電圧源 E を接続して $t = 0$ でスイッチ S を入れると

$$i(x, t) = \sqrt{\frac{C}{L}} E \tag{10.42}$$

の電流が線路上を無限時間流れることになる．これは**図 10.6** に示すような集中定数回路に流れる電流 i と等価であることを意味する．

一方，**図 10.7** に示すように，このような無損失線路上の $x = l$ で $Z_0 = \sqrt{L/C}$ の抵抗を接続すると

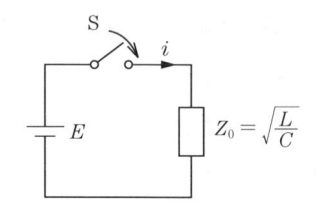

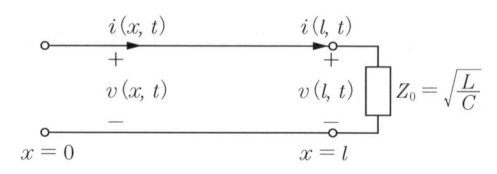

図 10.6 無損失無限長線路の等価回路　　**図 10.7** インピーダンス・マッチング

$$\frac{v(l, t)}{i(l, t)} = \sqrt{\frac{L}{C}} = Z_0 \qquad (10.41)'$$

であり，線路が無限長あるのと同じ特性を示し，無反射すなわち x の左方向へ進む波はみられない．これは式(10.38)で示したことと同じであり，このように特性インピーダンスと等しい抵抗で線路を終端し，無反射状態にして，抵抗に最大限の電力を供給することを**インピーダンス・マッチング**（インピーダンス整合）という．

10.4　反射のある無損失線路の波動伝搬特性

図 10.8 に示すように 1-1' 端子の送信端 $x = 0$ に電圧源 E を接続し，2-2' 端子の受信端 $x = l$ で線路を開放したとき，$t = 0$ でスイッチ S を入れると

$$\left. \begin{array}{l} v(0, t) = E \\ i(l, t) = 0 \end{array} \right\} \qquad (10.43)$$

である．

$t \geqq 0$ における線路上の電圧波は

$$v(x, t) = F(x - ut) + G(x + ut)$$

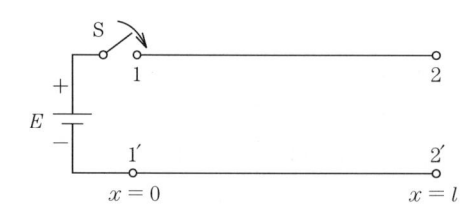

図 10.8 有限長の反射のある分布定数線路

10.4 反射のある無損失線路の波動伝搬特性

で記述されるが，$0 < t < l/u$ では入射波のみが受信端へ向かって伝搬するので

$$v(x, t) = F(x - ut) = E \tag{10.44}$$

伝送線路上の電圧波の伝搬状態を**図 10.9** に示すが，式(10.44)は図(a)，(b)の状態である。

さらに，受信端は開放されているので，受信端の電圧は式(10.24)，(10.37)から

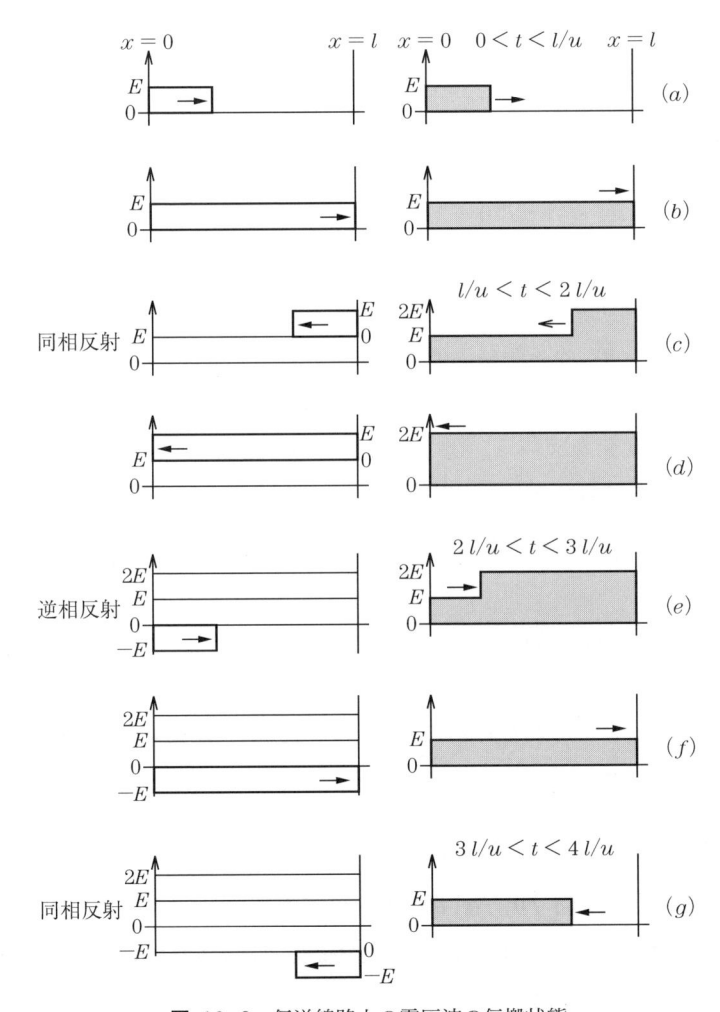

図 10.9 伝送線路上の電圧波の伝搬状態

$$F(l-ut) = G(l+ut) \tag{10.45}$$

となり，入射してきた進行波は同振幅，同位相で反射する。したがって

$$v(l, t) = F(l-ut) + G(l+ut)$$
$$= 2F(l-ut) = 2E \tag{10.46}$$

となり，2倍の電圧が反射してくる。その後，$l/u < t < 2l/u$ では，線路上に進行波と反射波が存在し

$$v(x, t) = 2F(x-ut) = 2E \tag{10.47}$$

この状態を図(c)，(d)に示す。反射波が送信端まで到達すると，送信端では電源の内部抵抗が0であるとするならば，電流に対して短絡と同じ状態と考えられるので，式(10.36)が適用されて

$$F(0-ut) = -G(0+ut) \tag{10.48}$$

となる。送信端では戻ってきた波の位相が反転されて反射され，この負の振幅をもった電圧波が受信端へ向かって伝搬する。すなわち，$2l/u < t < 3l/u$ では，これらが重なって線路上の電圧は

$$v(x, t) = 2F(x-ut) - F(x-ut) = 2E - E = E \tag{10.49}$$

となる。この状態を図(e)，(f)に示す。さらに $3l/u < t < 4l/u$ では，逆相の電圧波が受信端に到達した後，同相反射により図(g)の状態となり，$t = 4l/u$ では線路上の電圧分布は0となる。以後，上記のような伝搬の状態を繰り返す。

一方，$t \geqq 0$ における線路上の電流波については

$$i(x, t) = H(x-ut) + I(x+ut)$$

で記述されるが，$0 < t < l/u$ では入射電流波のみが受信端へ向かって伝搬するので

$$i(x, t) = H(x-ut) = I = \frac{E}{Z_0} \tag{10.50}$$

となる。この状態を**図 10.10**(a)，(b)に示す。

この進行波が受信端に到達すると，受信端は開放されているので，式(10.37)からもわかるように

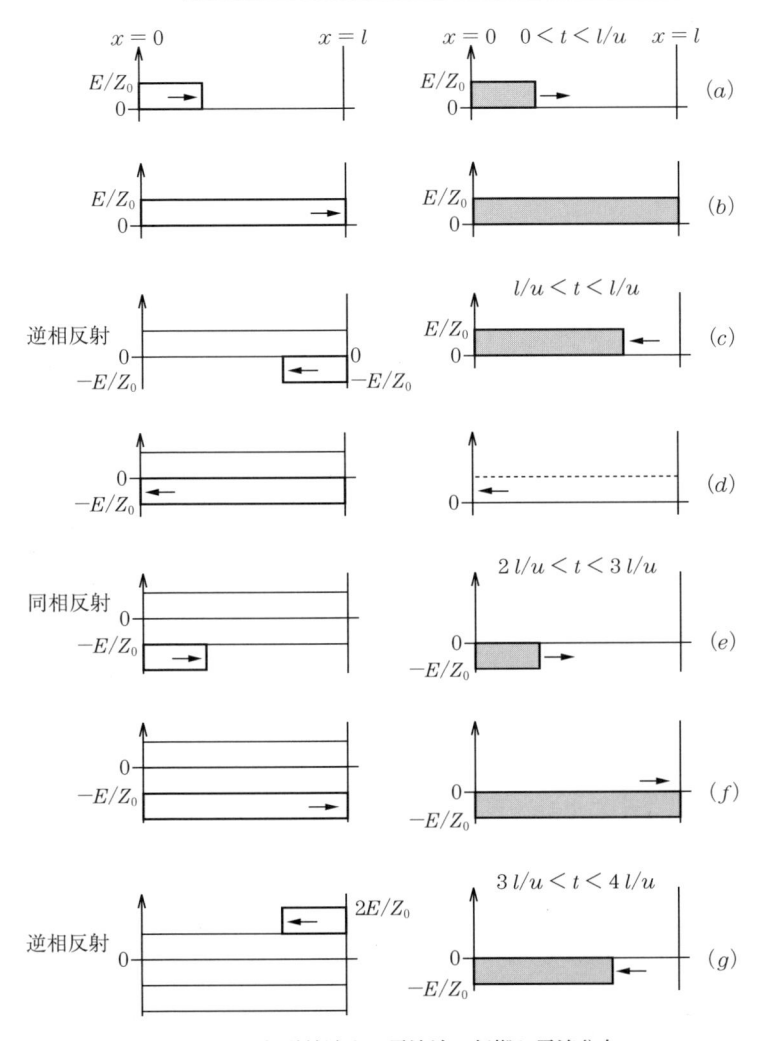

10.4 反射のある無損失線路の波動伝搬特性

図 10.10 伝送線路上の電流波の伝搬と電流分布

$$\left. \begin{array}{l} i(l,\ t) = H(l - ut) + I(l + ut) = 0 \\ I(l + ut) = -H(l - ut) \end{array} \right\} \quad (10.51)$$

となり，入射電流波の位相が反転した反射電流波が負の方向に伝送される。したがって，$l/u < t < 2l/u$ では，線路上の電流分布は図(c)，(d)のようになり，$t = 2l/u$ で

$i(0, t) = 0$

が得られる。一方，送信端では電源の内部抵抗が 0 であるならば，電流に対して短絡と同じ状態と考えられるので，式 (10.36) からもわかるように同相反射して，$2l/u < t < 3l/u$ では

$$i(x, t) = -\frac{E}{Z_0} \tag{10.52}$$

となる。この状態を図 (e)，(f) に示す。さらに $3l/u < t < 4l/u$ では，同相の電流波が受信端に到達した後，逆相反射により図 (g) の状態となり，$t = 4l/u$ では線路上の電流分布は 0 となる。以後，上記のような伝搬の状態を繰り返す。

例題 10.2 図 10.11 に示すように特性インピーダンス $Z_0 = 50\,[\Omega]$ を有する線路長 l の無損失伝送線路の受信端を開放した状態で，内部抵抗 $100\,[\Omega]$，直流電圧 $10\,[\mathrm{V}]$ の電圧源を $t = 0$ で接続したとき，線路上を伝搬する電圧波の分布を図示せよ。

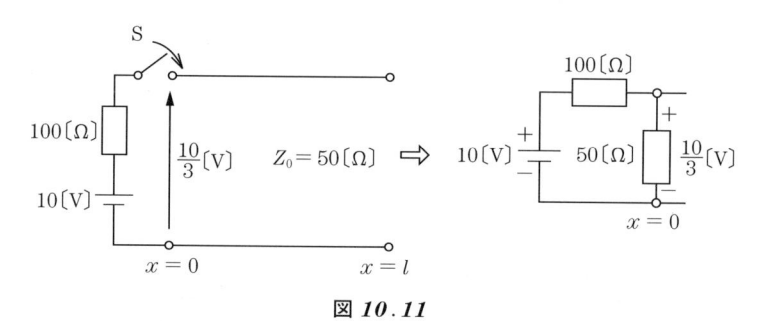

図 10.11

解答 $t = 0$ で電圧を印加したとき，送信端の電圧は

$$v(0, 0) = 10 \times \frac{50}{100 + 50} = \frac{10}{3}\,[\mathrm{V}]$$

であり，この電圧が受信端に向かって伝搬する。$t = l/u$ で受信端に到達すると受信端は開放されているので $\Gamma_v = 1$ で反射される。したがって，$l/u < t < 2l/u$ では，$10/3\,[\mathrm{V}]$ の電圧波が送信端に向かって伝搬する。$t = 2l/u$ で送信端に到達すると，電圧源部分は内部抵抗 $100\,[\Omega]$ で短絡されることになるので，反射係数は

$$\varGamma_v = \frac{100-50}{100+50} = \frac{1}{3}$$

となり，$(10/3)/3 = 10/9$ [V] の電圧波が反射されて，受信端に向かって伝搬する。$t = 3l/u$ で受信端に到達すると再び $\varGamma_v = 1$ で反射され，$3l/u < t < 4l/u$ では，$10/9$ [V] の電圧波が送信端に向かって伝搬する。$t = 4l/u$ で送信端に到達すると，$\varGamma_v = 1/3$ の反射電圧波 $10/27$ [V] となり，受信端に向かって伝搬する。

以後，この繰り返し反射が起こり，線路上の電圧分布は図 **10.12** のようになる。最終的に線路電圧 V は

$$V = \frac{10}{3} + \frac{10}{3} + \frac{10}{9}$$
$$+ \frac{10}{9} + \frac{10}{27} + \frac{10}{27}$$
$$+ \cdots = 10$$

となり，電源電圧に収束する。

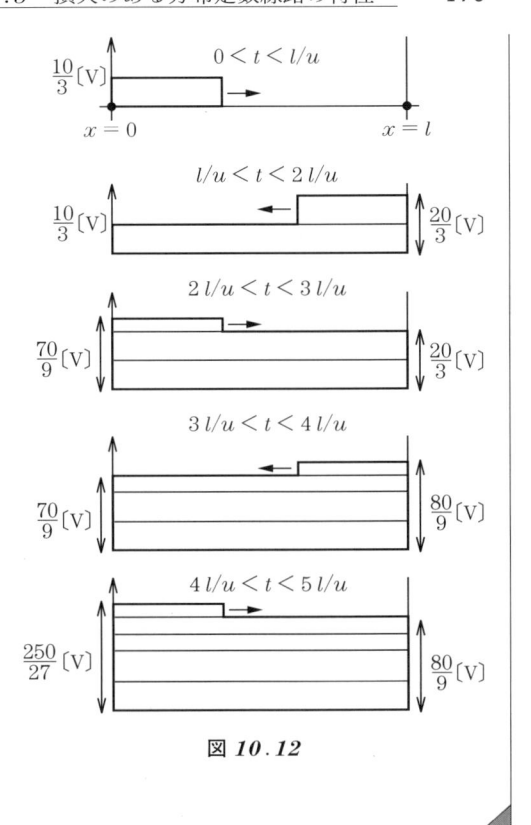

図 **10.12**

10.5 損失のある分布定数線路の特性

長距離の海底ケーブルや送電線などでは，一般に無損失の分布定数線路を実現するのはきわめて難しい。この場合，損失のある線路，すなわち R，G が 0 でない線路の特性を取り扱うことになる。図 **10.1** の分布定数線路において，線路上の電圧 $v(x, t)$ は距離 x とともに減衰していくと考えられるので，

$$v(x, t) = e^{-\alpha t} y(x, t) \tag{10.53}$$

と置くと

$$\frac{\partial^2 v}{\partial x^2} = e^{-\alpha t}\frac{\partial^2 y}{\partial x^2} \tag{10.54}$$

$$\frac{\partial v}{\partial t} = -\alpha e^{-\alpha t} y + e^{-\alpha t} \frac{\partial y}{\partial t} \tag{10.55}$$

$$\frac{\partial^2 v}{\partial t^2} = \alpha^2 e^{-\alpha t} y - 2\alpha e^{-\alpha t} \frac{\partial y}{\partial t} + e^{-\alpha t} \frac{\partial^2 y}{\partial t^2} \tag{10.56}$$

ここで，式(10.7)に式(10.54)〜(10.56)を代入して整理すると

$$\frac{\partial^2 y}{\partial x^2} = \{LC\alpha^2 - (LG + RC)\alpha + RG\}y$$

$$+ \{(LG + RC) - 2\alpha LC\}\frac{\partial y}{\partial t} + LC\frac{\partial^2 y}{\partial t^2} \tag{10.57}$$

ここで

$$\left.\begin{array}{l} LC\alpha^2 - (LG + RC)\alpha + RG = 0 \\ (LG + RC) - 2\alpha LC = 0 \end{array}\right\} \tag{10.58}$$

であると，式(10.57)は

$$\frac{\partial^2 y}{\partial x^2} = LC\frac{\partial^2 y}{\partial t^2} \tag{10.59}$$

となり，式(10.9)の波動方程式が得られる。これより

$$\left.\begin{array}{l} y(x,\ t) = F(x - ut) + G(x + ut) \\ v(x,\ t) = e^{-\alpha t}\{F(x - ut) + G(x + ut)\} \end{array}\right\} \tag{10.60}$$

が得られる。電圧波は，波形は変わらず，時間とともに減衰しながら伝搬することを示している。ここで α について考えてみる。式(10.58)の第2式を第1式に代入すると

$$LC\alpha^2 = RG \tag{10.61}$$

上式を式(10.58)の第1式に代入して整理すると

$$\alpha = \frac{1}{2}\left(\frac{R}{L} + \frac{G}{C}\right) \tag{10.62}$$

式(10.61)，(10.62)より

$$\left(\frac{R}{L} - \frac{G}{C}\right)^2 = 0 \tag{10.63}$$

以上より

10.5 損失のある分布定数線路の特性

$$\frac{R}{L} = \frac{G}{C} = a \quad \text{または} \quad a = \sqrt{\frac{RG}{LC}} \tag{10.64}$$

が得られる。

例題 10.3 図 10.13 に示す $R = 1\,[\Omega/\mathrm{m}]$, $L = 1\,[\mathrm{H/m}]$, $G = 1\,[\mathrm{S/m}]$, $C = 1\,[\mathrm{F/m}]$ の半無限長分布定数線路において，$t = 0$ でスイッチ S を閉じ，直流電圧 E を印加したとき，$t = 1$ および $t = 2$ における線路上の電圧分布 $v(x)$ を図示せよ。

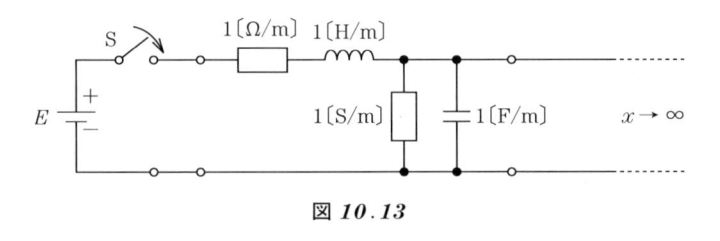

図 10.13

解 答 式 (10.60), (10.64) から

$$a = 1, \quad v(x, t) = e^{-t}\{F(x - ut) + G(x + ut)\}$$

半無限長線路であるから，反射波はなく

$$v(x, t) = e^{-t}F(x - ut)$$

損失による減衰がなければ，振幅 E の電圧波 $F(x - ut)$ が x 方向に伝搬していくが，上式からわかるように時間とともに伝搬方向に減衰していく。したがって，$t = 1$, $t = 2$ における線路上の電圧分布 $v(x)$ は

$$\left.\begin{array}{l} v(x, 1) = e^{-1}F(x - u) \\ v(x, 2) = e^{-2}F(x - 2u) \end{array}\right\}$$

であり，図 10.14 のようになる。

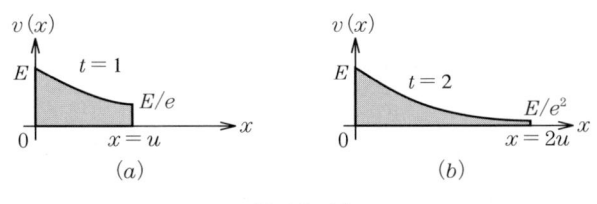

図 10.14

10.6 正弦波定常状態における分布定数線路の回路特性

10.6.1 基本方程式

つぎに分布定数線路に正弦波が印加され定常状態となっているときの回路の特性を考える。図 **10.15** の R, L, G, C が一様に分布している分布定数線路において角周波数 ω の正弦波交流が印加されて定常状態であるとすると，電圧 v と電流 i の関係は

$$i = Ie^{j\omega t}, \quad v = Ve^{j\omega t}$$

を式(10.5)，(10.6)に代入して

$$(j\omega L + R)\, Ie^{j\omega t} = -\frac{\partial V}{\partial x}e^{j\omega t} = -\frac{dV}{dx}e^{j\omega t} \qquad (10.65)$$

$$(j\omega C + G)\, Ve^{j\omega t} = -\frac{\partial I}{\partial x}e^{j\omega t} = -\frac{dI}{dx}e^{j\omega t} \qquad (10.66)$$

これより

$$(R + j\omega L)\, I = -\frac{dV}{dx} \qquad (10.67)$$

$$(G + j\omega C)\, V = -\frac{dI}{dx} \qquad (10.68)$$

が得られる。

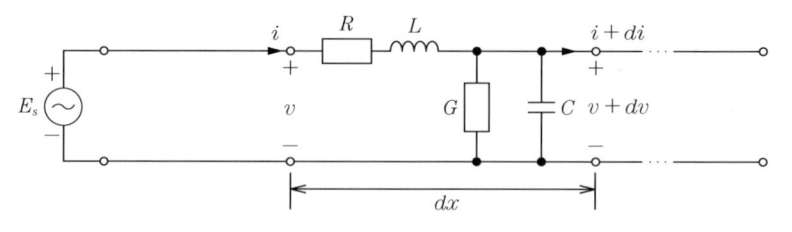

図 10.15 正弦波定常状態の分布定数線路

線路上の単位長当りの直列インピーダンス Z と並列アドミタンス Y をそれぞれ

$$Z = R + j\omega L, \quad Y = G + j\omega C \qquad (10.69)$$

10.6 正弦波定常状態における分布定数線路の回路特性

式(10.67),(10.68)をそれぞれ x について微分した後,元の式に代入して整理すると

$$\frac{d^2 V}{dx^2} = ZYV \tag{10.70}$$

$$\frac{d^2 I}{dx^2} = ZYI \tag{10.71}$$

が得られる。これらの式は正弦波定常状態における分布定数回路の基本となる微分方程式であり,式(10.9),(10.10)と同様の波動方程式である。式(10.70)の解を

$$V = Ae^{\gamma x} \tag{10.72}$$

と仮定して,式(10.70)に代入すると

$$\frac{d^2 V}{dx^2} = A\gamma^2 e^{\gamma x} = ZYAe^{\gamma x} \tag{10.73}$$

これより

$$\gamma = \pm \sqrt{ZY} \tag{10.74}$$

が得られる。したがって,式(10.72)は

$$V = Ae^{-\sqrt{ZY}\,x} + Be^{\sqrt{ZY}\,x} \tag{10.75}$$

のように表される。電流 I についても同様に

$$I = Ce^{-\sqrt{ZY}\,x} + De^{\sqrt{ZY}\,x} \tag{10.76}$$

が得られる。また,式(10.67)より

$$I = -\frac{1}{Z} \cdot \frac{dV}{dx} = \sqrt{\frac{Y}{Z}}(Ae^{-\sqrt{ZY}\,x} - Be^{\sqrt{ZY}\,x}) \tag{10.77}$$

となり,これより

$$C = A\sqrt{\frac{Y}{Z}},\ D = -B\sqrt{\frac{Y}{Z}} \tag{10.78}$$

の関係が得られる。したがって,式(10.76)は

$$I = \sqrt{\frac{Y}{Z}}(Ae^{-\sqrt{ZY}\,x} - Be^{\sqrt{ZY}\,x}) \tag{10.79}$$

となる。式(10.75)と式(10.79)は,線路上の任意の点 x における電圧と電

流を表し，A, B は積分定数であり，境界条件によって定まる。以上の関係において，電圧は x の増加にしたがって減衰する項 $Ae^{-\sqrt{ZY}x}$ と，x の減少すなわち $-x$ 方向の増加にしたがって減衰する項 $Be^{\sqrt{ZY}x} = Be^{-\sqrt{ZY}(-x)}$ の和であることがわかる。一方，電流については両者の差として表される。$Ae^{-\sqrt{ZY}x}$ は入射波を表し，$Be^{\sqrt{ZY}x}$ は反射波を表している。

以上において，$\gamma = \sqrt{ZY}$ を**伝搬定数**といい

$$\gamma = \sqrt{ZY} = \alpha + j\beta \qquad (j = \sqrt{-1}) \qquad (10.80)$$

と表すことができ，α は電圧と電流の振幅の減衰度を示すことから，これを**減衰定数**と呼び，単位を [neper/m] で表す。一方，β は位相の変化度を表す定数で，これを**位相定数**といい，単位は [rad/m] で表す。

$$Z_0 = \sqrt{\frac{Z}{Y}} \qquad (10.81)$$

は正弦波定常状態における特性インピーダンスである。

例題 10.4 図 **10.16** に示す半無限長分布定数線路の正弦波定常状態における微分方程式を示し，特性インピーダンス Z_0 と伝搬定数 γ を求めよ。また，(1) $R = G = 0$ の場合，(2) $L = C = 0$ の場合それぞれについて，Z_0, γ および 1-1′ 端子から右をみたインピーダンス Z_i を求めよ。

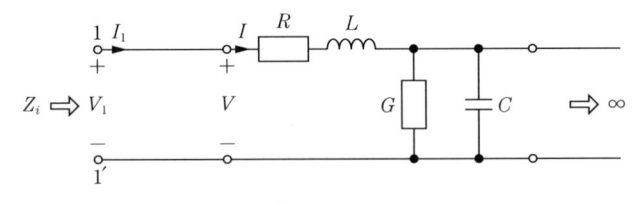

図 **10.16**

解 答 電圧 V, 電流 I に関する微分方程式は

$$\frac{d^2V}{dx^2} = (R + j\omega L)(G + j\omega C)V$$

$$\frac{d^2I}{dx^2} = (R + j\omega L)(G + j\omega C)I$$

特性インピーダンスおよび伝搬定数は

10.6 正弦波定常状態における分布定数線路の回路特性

$$Z_0 = \sqrt{\frac{R+j\omega L}{G+j\omega C}}, \quad \gamma = \sqrt{(R+j\omega L)(G+j\omega C)}$$

1-1′端子から右をみたインピーダンスは,式(10.75),(10.79)で $x=0$ として

$$Z_i = \frac{V_1}{I_1} = Z_0 \frac{A+B}{A-B}$$

半無限長であるから式(10.75),(10.79)の $B=0$ であり

$$Z_i = Z_0$$

これより,(1) $R=G=0$ の場合

$$Z_0 = \sqrt{\frac{L}{C}}, \quad \gamma = j\omega\sqrt{LC}, \quad Z_i = \sqrt{\frac{L}{C}}$$

(2) $L=C=0$ の場合

$$Z_0 = \sqrt{\frac{R}{G}}, \quad \gamma = \sqrt{RG}, \quad Z_i = \sqrt{\frac{R}{G}}$$

10.6.2 反射のない分布定数線路の特性

 分布定数線路上を入射波(進行波)のみが存在し,反射波を生じない場合を考える。そのような例は,線路が無限に長い場合と,線路を任意の距離において切断し,その部分に線路の特性インピーダンスに等しい負荷インピーダンスを接続した場合である。まず式(10.75),(10.79)において,$x=0$,および $x=l$ における電圧,電流をそれぞれ V_0, I_0 および V_l, I_l とすると

$$\left. \begin{array}{l} V_0 = A+B \\ Z_0 I_0 = A-B \end{array} \right\} \quad (10.82)$$

$$\left. \begin{array}{l} V_l = Ae^{-\gamma l} + Be^{\gamma l} \\ Z_0 I_l = Ae^{-\gamma l} - Be^{\gamma l} \end{array} \right\} \quad (10.83)$$

式(10.83)の二つの式の和と差を求めると

$$\left. \begin{array}{l} V_l + Z_0 I_l = 2Ae^{-\gamma l} \\ V_l - Z_0 I_l = 2Be^{\gamma l} \end{array} \right\} \quad (10.84)$$

これより

$$A = \frac{1}{2}(V_l + Z_0 I_l)e^{\gamma l} \quad (10.85)$$

10. 分布定数回路

$$B = \frac{1}{2}(V_l - Z_0 I_l) e^{-\gamma l} \tag{10.86}$$

したがって

$$V_0 = \frac{e^{\gamma l} + e^{-\gamma l}}{2} V_l + Z_0 \frac{e^{\gamma l} - e^{-\gamma l}}{2} I_l$$

$$= \cosh(\gamma l) V_l + Z_0 \sinh(\gamma l) I_l \tag{10.87}$$

$$Z_0 I_0 = \frac{e^{\gamma l} - e^{-\gamma l}}{2} V_l + Z_0 \frac{e^{\gamma l} + e^{-\gamma l}}{2} I_l$$

$$= \sinh(\gamma l) V_l + Z_0 \cosh(\gamma l) I_l \tag{10.88}$$

これらを行列の形で表すと

$$\begin{bmatrix} V_0 \\ I_0 \end{bmatrix} = \begin{bmatrix} \cosh(\gamma l) & Z_0 \sinh(\gamma l) \\ \dfrac{1}{Z_0} \sinh(\gamma l) & \cosh(\gamma l) \end{bmatrix} \begin{bmatrix} V_l \\ I_l \end{bmatrix} \tag{10.89}$$

上式右辺の行列は，分布定数線路上の区間 $0 \leq x \leq l$ における伝送行列を表していることになる。

ここで長さ l の分布定数線路において，**図 10.17** に示すように送電端に起電力 E_s，受電端に特性インピーダンスに等しい負荷インピーダンス Z_0 を接続した場合を考える。このときの受電端の電圧，電流の関係は $E_l = Z_0 I_l$ $(x = l)$ であるから，式 (10.83) より

$$Ae^{-\gamma l} + Be^{\gamma l} = Ae^{-\gamma l} - Be^{\gamma l}$$

$$2Be^{\gamma l} = 0 \tag{10.90}$$

となり，$B = 0$ となる。すなわち，負荷に特性インピーダンス Z_0 が接続された場合，反射波を生じない。

これより $x = 0$ では

図 10.17 Z_0 で短絡した有限長 l の分布定数線路

10.6 正弦波定常状態における分布定数線路の回路特性

$$E_s = A, \quad I_s = \frac{A}{Z_0} \tag{10.91}$$

となるから，線路の入力インピーダンス Z_i を求めると

$$Z_i = \frac{E_s}{I_s} = Z_0 \tag{10.92}$$

となり，入力インピーダンスは特性インピーダンスに等しくなる。

つぎに距離 x を無限に長くとった半無限長線路の場合を考える。式 (10.75)，(10.79) の右辺第二項はともにエネルギーの観点から ∞ になることはあり得ない。したがって，$B = 0$ であり

$$V = Ae^{-\gamma x} \tag{10.93}$$

$$I = \frac{1}{Z_0} Ae^{-\gamma x} \tag{10.94}$$

ここで $x = 0$ で $V = E_s$，$I = I_s$ とすると，$A = E_s$，$I_s = E_s/Z_0$ になるから

$$\frac{V}{I} = \frac{E_s}{I_s} = Z_0 = \sqrt{\frac{Z}{Y}} \tag{10.95}$$

が得られる。すでに述べたように，無限長線路で反射波がない場合には，線路上のすべての点で電圧と電流の比は特性インピーダンス Z_0 に等しいことがわかる。式 (10.92) と (10.95) は二つの分布定数線路が同じ回路特性を示すことを意味しており，線路長 l の線路を特性インピーダンス Z_0 で短絡すると，反射は起こらず無限長線路と同じ働きをすることがわかる。

例題 10.5 図 10.18 に示すように，単位長当りの抵抗とコンダクタンスがそれぞれ $R = 1\,[\Omega/\text{m}]$，$G = 1\,[\text{S/m}]$ である分布定数線路がある。
（1）線路が無限長 ($l = \infty$) の場合，1-1′ 端子から右をみた抵抗を求めよ。
（2）線路の長さが $l = 1\,[\text{m}]$ のとき，伝送行列を求めよ。（3）線路の長さ

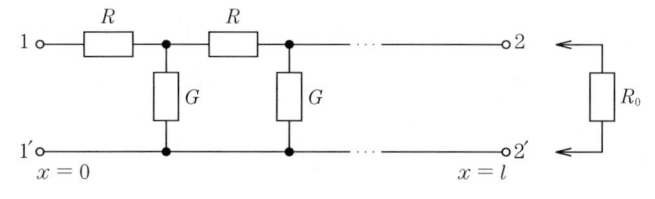

図 10.18

が $l = 1$ [m] で，2-2′ 端子に抵抗 R_0 を接続したとき，1-1′ 端子から右をみた抵抗を求めよ．

解　答　線路の特性インピーダンスは $Z_0 = 1$ [Ω] であり，伝搬定数は $\gamma = 1$ である．

（1）　半無限長であるから $B = 0$ であり，1-1′ 端子 ($x = 0$) の電圧，電流は $V_1 = A$, $I_1 = A/Z_0$ となるので $Z_i = 1$

（2）　$Z_0 = 1$, $\gamma = 1$, $l = 1$ であるから，伝送行列は式 (10.89) より

$$\begin{bmatrix} \cosh 1 & \sinh 1 \\ \sinh 1 & \cosh 1 \end{bmatrix}$$

（3）　式 (10.89) に $V_l = R_0 I_l$ を代入すると

$$V_1 = \cosh(\gamma l) R_0 I_l + Z_0 \sinh(\gamma l) I_l$$
$$Z_0 I_1 = \sinh(\gamma l) R_0 I_l + Z_0 \cosh(\gamma l) I_l$$

したがって，1-1′ 端子から右をみた抵抗 R_i は

$$R_i = \frac{V_1}{I_1} = Z_0 \frac{R_0 \cosh 1 + Z_0 \sinh 1}{R_0 \sinh 1 + Z_0 \cosh 1}$$

10.6.3　反射のある分布定数線路の特性

線路の特性インピーダンス Z_0 と受電端に接続されている負荷インピーダンス Z_L が等しくないとき，線路上に反射波が生じる．受電端では

$$E_R = Z_L I_R \tag{10.96}$$

であるから，式 (10.83) より

$$Ae^{-\gamma l} = \frac{E_R}{2Z_L}(Z_L + Z_0) = \frac{I_R}{2}(Z_L + Z_0) \tag{10.97}$$

$$Be^{\gamma l} = \frac{E_R}{2Z_L}(Z_L - Z_0) = \frac{I_R}{2}(Z_L - Z_0) \tag{10.98}$$

となる．式 (10.97) は進行波（入射波）を表す．また，式 (10.98) は反射波を表し，$Z_L = Z_0$ ならば 0 となり，反射は起こらずに電力はすべて負荷 Z_L で消費される．すでに述べたように入射波と反射波の比を反射係数といい，電圧に関する反射係数（電圧反射係数）Γ_v は，式 (10.31) と同じで

$$\Gamma_v = \frac{反射波電圧}{入射波電圧} = \frac{Be^{\gamma l}}{Ae^{-\gamma l}} = \frac{Z_L - Z_0}{Z_L + Z_0} \tag{10.99}$$

10.6 正弦波定常状態における分布定数線路の回路特性

一方，電流反射係数 Γ_i は反射電流の方向が逆向きであることを考慮して，式 (10.99) に負の符号をつけて

$$\Gamma_i = \frac{反射波電流}{入射波電流} = \frac{-Be^{\gamma l}}{Ae^{-\gamma l}} = \frac{Z_0 - Z_L}{Z_0 + Z_L} = -\Gamma_v \qquad (10.100)$$

と表される。これは式 (10.32) と同じである。以上より，つぎのことがわかる。

(1) 受電端開放のとき，すなわち $Z_L = \infty$ のとき $\Gamma_v = 1$ となり，入射波電圧はすべて反射される。また，$\Gamma_i = -1$ となり，電流の位相は反転して送電端に戻る。

(2) 受電端短絡のとき，すなわち $Z_L = 0$ のとき $\Gamma_v = -1$ となり，入射波電圧はすべて位相が反転して反射される。また，$\Gamma_i = 1$ となり，電流の位相はそのままで送電端に戻る。

一般に線路上では入射波と反射波が存在し，両者が干渉して**図 10.19** に示すような定在波ができる。その振幅は線路上に固定していて左右に動かないので**定在波**と呼ばれる。電圧の最大値および最小値は

$$V_{\max} = |A| + |B| = |V_i| + |V_r| \qquad (10.101)$$
$$V_{\min} = |A| - |B| = |V_i| - |V_r| \qquad (10.102)$$

ここで V_i は入射波電圧，V_r は反射波電圧である。これより電圧**定在波比** ρ は

$$\rho = \frac{V_{\max}}{V_{\min}} = \frac{|A| + |B|}{|A| - |B|} = \frac{|V_i| + |V_r|}{|V_i| - |V_r|} = \frac{1 + |\Gamma_v|}{1 - |\Gamma_v|} \qquad (10.103)$$

と表される。

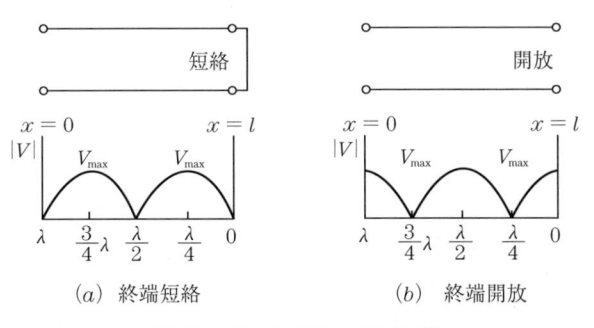

図 10.19 定在波の電圧分布

例題 10.6 図 10.20 に示す線路長 l の無損失伝送線路において，受信端が抵抗 R で短絡されているとき，送信端からみたインピーダンス Z_i を求めよ．また，$x = l$ での電圧反射係数 Γ_v を求め，$\Gamma_v = 0$ となる条件を示せ．

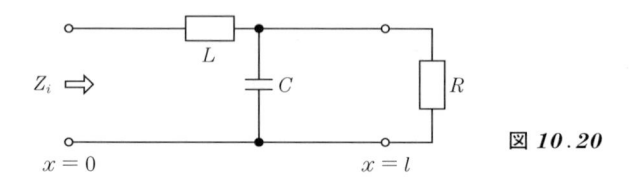

図 10.20

解 答 線路の特性インピーダンスは $Z_0 = \sqrt{L/C}$ であり，伝搬定数は $\gamma = j\omega\sqrt{LC}$ である．受信端の電圧，電流を V_l, I_l とすると，$V_l = RI_l$ であるから，式(10.89) より

$$V_0 = RI_l \cosh(\gamma l) + Z_0 \sinh(\gamma l) I_l$$
$$Z_0 I_0 = RI_l \sinh(\gamma l) + Z_0 \cosh(\gamma l) I_l$$
$$Z_i = \frac{V_0}{I_0} = Z_0 \frac{R \cosh(\gamma l) + Z_0 \sinh(\gamma l)}{R \sinh(\gamma l) + Z_0 \cosh(\gamma l)}$$

電圧反射係数 Γ_v は式(10.99) より

$$\Gamma_v = \frac{R - Z_0}{R + Z_0}$$

$\Gamma_v = 0$ であるためには $Z_0 = R$

10.6.4 線路の共振

長さ $x = l$ の分布定数線路において，送信端および受信端の電圧，電流をそれぞれ V_0, I_0, V_l, I_l として，まず受信端を開放した状態を考える．このとき $I_l = 0$ であるから，式(10.87)，(10.88) より

$$V_0 = \cosh(\gamma l) V_l \tag{10.104}$$

$$I_0 = \frac{1}{Z_0} \sinh(\gamma l) V_l \tag{10.105}$$

送信端から右をみたインピーダンス Z は

$$Z = \frac{V_0}{I_0} = Z_0 \frac{\cosh(\gamma l)}{\sinh(\gamma l)} \tag{10.106}$$

となる．ここで簡単のため，$R = 0$, $G = 0$ の場合を考える．

10.6 正弦波定常状態における分布定数線路の回路特性

$$Z_0 = \sqrt{\frac{L}{C}}, \quad \gamma = j\omega\sqrt{LC} \tag{10.107}$$

であるから

$$Z = \sqrt{\frac{L}{C}} \frac{\cos \omega\sqrt{LC}\,l}{j \sin \omega\sqrt{LC}\,l} = -j\sqrt{\frac{L}{C}} \cot \omega\sqrt{LC}\,l \tag{10.108}$$

図 **10.21** は上記のインピーダンスの大きさ $|Z|$ が $\omega\sqrt{LC}\,l$ によってどのように変化するかを示したものである。図から

$$\omega\sqrt{LC}\,l = \frac{\pi}{2}, \frac{3}{2}\pi, \cdots \text{で} Z = 0 : 共振$$

$$\omega\sqrt{LC}\,l = 0, \pi, 2\pi, \cdots \text{で} Z = \infty : 反共振$$

となることがわかる。

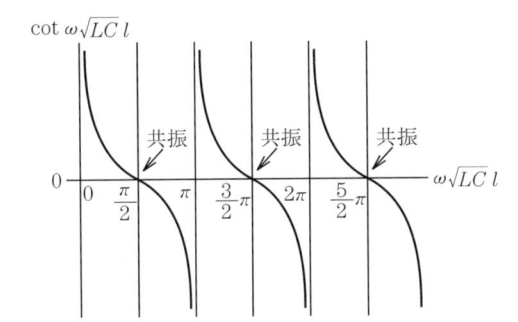

図 10.21 受信端開放時の分布定数線路の共振特性

一方，受信端を短絡すると，$V_l = 0$ であるから

$$V_0 = Z_0 \sinh(\gamma l) I_l \tag{10.109}$$

$$I_0 = \cosh(\gamma l) I_l \tag{10.110}$$

となり

$$Z = \frac{V_0}{I_0} = Z_0 \tanh(\gamma l) = jZ_0 \tan \omega\sqrt{LC}\,l \tag{10.111}$$

が得られる。図 **10.22** は上記のインピーダンスが $\omega\sqrt{LC}\,l$ によってどのように変化するかを示したものである。図からわかるように

$$\omega\sqrt{LC}\,l = 0, \pi, 2\pi, \cdots \text{で} Z = 0 : 共振$$

10. 分布定数回路

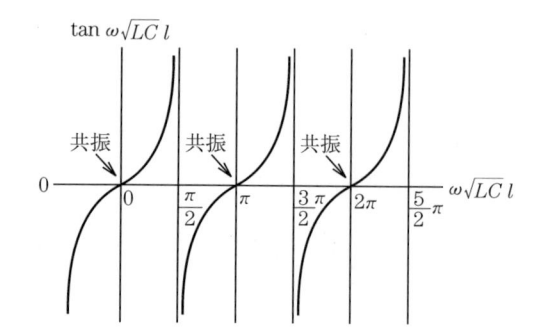

図10.22 受信端短絡時の分布定数線路の共振特性

$\omega\sqrt{LC}\,l = \dfrac{\pi}{2},\ \dfrac{3}{2}\pi,\ \cdots$ で $Z = \infty$：反共振

となる。以上のように，無損失分布定数線路の一端を短絡あるいは開放すると，他端からみた回路特性は共振あるいは反共振現象を示す。

例題 10.7 特性インピーダンス $Z_0 = 50\,[\Omega]$ の分布定数線路の受信端を短絡して，300 [MHz] で共振，反共振させるには線路長 l をいくらにすればよいか，共振，反共振それぞれについて求めよ。ただし，線路はできるだけ短いものとし，単位長当りのキャパシタンスは $C = 0.1\,[\text{nF}]$ とする。

解　答 受信端を短絡したときの共振は $\omega\sqrt{LC}\,l = \pi$ で起こるので

$$l = \frac{\pi}{\omega\sqrt{LC}} = \frac{\pi}{2\pi f\sqrt{LC}} = \frac{1}{2f\sqrt{LC}}$$

$$Z_0 = \sqrt{\frac{L}{C}} = 50, \quad \sqrt{L} = 50\sqrt{C}$$

より，$l = 1/100fC = 1/3 \times 10^{10} \times 10^{-10} = 1/3\,[\text{m}]$

一方，反共振は $\omega\sqrt{LC}\,l = \pi/2$ で起こるので

$$l = \frac{\pi/2}{2\pi f\sqrt{LC}} = \frac{1}{4f\sqrt{LC}}$$

より，$l = 1/200fC = 1/6 \times 10^{10} \times 10^{-10} = 1/6\,[\text{m}]$

◆ **演　習　問　題** ◆

【10.1】 図 10.23 に示すような単位長当りのインダクタンスとキャパシタンスが $L = 1\,[\text{H/m}]$，$C = 1\,[\text{F/m}]$ である無損失分布定数線路において，$x = 1$

演 習 問 題　193

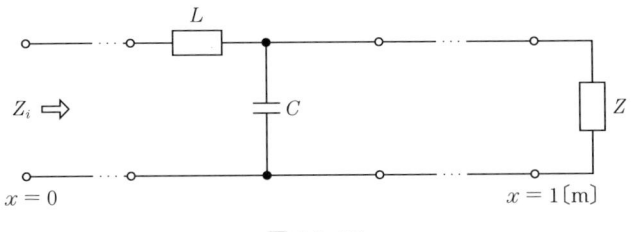

図 10.23

[m]で Z なるインピーダンスを接続した。正弦波定常状態で，（1）$Z=0$ [Ω]，（2）$Z=1$ [Ω]，（3）$Z=\infty$ であるときの入力端からみたインピーダンス Z_i をそれぞれ求めよ。ただし，$\omega=1$ [rad/s] とする。

【**10.2**】図 10.24(*a*) に示すように単位長当り $R=2$ [Ω/m]，$L=2$ [H/m]，$C=0.5$ [F/m]，$G=0.5$ [S/m] である半無限長分布定数線路において，（1）線路の 1-1′ 端子から右をみたインピーダンス Z を求めよ。（2）図(*b*)のように 1-1′ 端子間に内部抵抗 2 [Ω]，電圧値 2 [V] の直流電圧源を接続したとき，1-1′ 端子間の電圧を求めよ。（3）1-1′ 端子間に図(*c*)のような波形の電圧源を接続したとき，$x=1$ [m]（単位長）における電圧波形を求め，図示せよ。

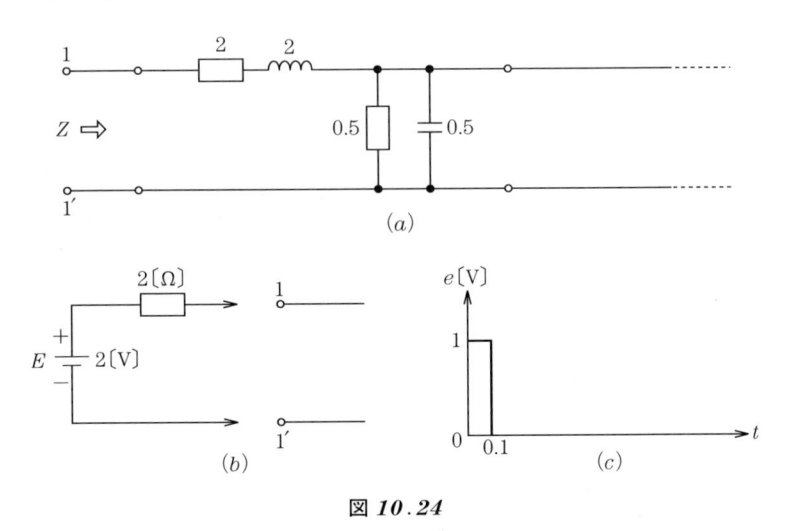

図 10.24

【**10.3**】図 10.25 の分布定数線路は，$0\leqq x \leqq 1$ [m] では $L=1$ [H/m]，$C=1$ [F/m] であり，$1<x$ [m] では $L=2$ [H/m]，$C=2$ [F/m] の無損失線路で

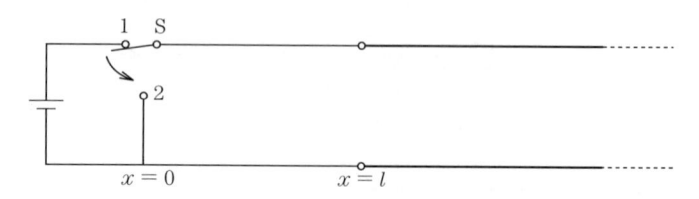

図 10.25

ある。$t=0$ でスイッチ S を閉じ，直流電圧 $E=1$ [V] を印加した後，$t=0.5$ 秒後にスイッチを端子 1 から 2 に切り換えた。$t=1$ 秒後，2 秒後，3 秒後の線路上の x に沿った電圧分布 $v(x)$ を図示せよ。

【10.4】 長さ l [m] の無損失分布定数線路において，受信端を開放したときの送信端からみたインピーダンスが Z_1，短絡したときのインピーダンスが Z_2 である場合，線路の特性インピーダンスと伝搬定数（位相定数）β を求めよ。

【10.5】 図 10.26 に示すような不連続の分布定数線路において，$R_2=2R_1$，$G_2=2G_1$ のとき，1-1′ 端子から右をみた抵抗を求めよ。

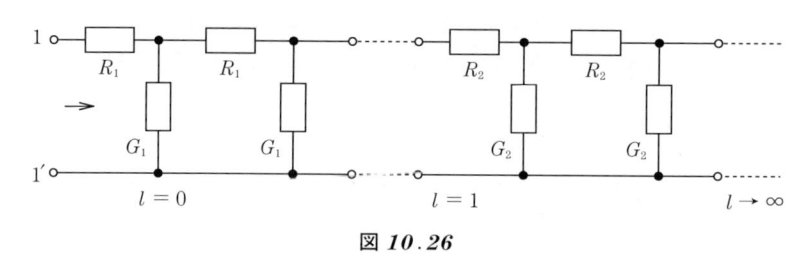

図 10.26

【10.6】 特性インピーダンス $Z_0=50$ [Ω] の分布定数線路の受信端に，$Z_L=100+j150$ [Ω] の負荷インピーダンスを接続したとき，受信端での反射係数と定在波比を求めよ。

付　録

ラプラス変換

付 1　ラプラス変換の定義

$f(t)$ が実変数 t の関数で

$$\mathcal{L}\{f(t)\} = F(s) = \int_0^\infty f(t)\,e^{-st}dt$$

が有限な値をもつとき，$F(s)$ を $f(t)$ の**ラプラス変換**といい，ラプラス変換することを，記号 "$\mathcal{L}$" で表す．

一方，$f(t)$ は $F(s)$ を用いて

$$\mathcal{L}^{-1}\{F(s)\} = f(t) = \frac{1}{2\pi j}\int_{\sigma-j\infty}^{\sigma+j\infty} F(s)\,e^{st}ds$$

で表される．これを**ラプラス逆変換**または逆ラプラス変換といい，記号 "$\mathcal{L}^{-1}$" で表す．

付 2　ラプラス変換の例

(1)　$\mathcal{L}\{e^{at}\} = \int_0^\infty e^{at}e^{-st}dt = \int_0^\infty e^{-(s-a)t}dt = \left.\frac{-e^{-(s-a)t}}{s-a}\right|_0^\infty = \frac{1}{s-a}$

(2)　$\mathcal{L}\{U(t)\} = \int_0^\infty U(t)\,e^{-st}dt = \int_0^\infty e^{-st}dt = \frac{1}{s}$

(3)　$\mathcal{L}\{e^{j\omega t}\} = \int_0^\infty e^{-(s-j\omega)t}dt = \frac{1}{s-j\omega} = \frac{s}{s^2+\omega^2} + j\frac{\omega}{s^2+\omega^2}$

$\qquad = \mathcal{L}\{\cos\omega t + j\sin\omega t\} = \mathcal{L}\{\cos\omega t\} + j\mathcal{L}\{\sin\omega t\}$

したがって

$$\mathcal{L}\{\cos\omega t\} = \frac{s}{s^2+\omega^2}$$

$$\mathcal{L}\{\sin\omega t\} = \frac{\omega}{s^2+\omega^2}$$

(4)　$\mathcal{L}\{t^n\} = \int_0^\infty t^n e^{-st}dt = \left.-\frac{t^n}{s}e^{-st}\right|_0^\infty + \frac{n}{s}\int_0^\infty t^{n-1}e^{-st}dt$

$\qquad = \frac{n}{s}\int_0^\infty t^{n-1}e^{-st}dt = \frac{n}{s}\mathcal{L}\{t^{n-1}\}$

これより

$$\mathscr{L}\{t^n\} = \frac{n}{s}\mathscr{L}\{t^{n-1}\}, \quad \mathscr{L}\{t^0\} = \frac{1}{s}$$

したがって

$$\mathscr{L}\{t^n\} = \frac{n!}{s^{n+1}}$$

付表 1 によく使われるラプラス変換およびラプラス逆変換の対応表を示す。

付表 1

$f(t)$	$F(s)$	$f(t)$	$F(s)$
$\delta(t)$ (デルタ関数)	1	$\cos \omega t$	$\dfrac{s}{s^2 + \omega^2}$
$U(t)$ (単位ステップ関数)	$\dfrac{1}{s}$	$\sin \omega t$	$\dfrac{\omega}{s^2 + \omega^2}$
e^{at}	$\dfrac{1}{s-a}$	$e^{-at}\cos \omega t$	$\dfrac{s+\alpha}{(s+\alpha)^2 + \omega^2}$
t	$\dfrac{1}{s^2}$	$e^{-at}\sin \omega t$	$\dfrac{\omega}{(s+\alpha)^2 + \omega^2}$
$\dfrac{t^{n-1}}{(n-1)!}$	$\dfrac{1}{s^n}$	$\dfrac{d\delta(t)}{dt}$	s
te^{-t}	$\dfrac{1}{(s+1)^2}$	$\dfrac{d^2\delta(t)}{dt^2}$	s^2

付 3　ラプラス変換の性質

（1）　線形性　　C_1, C_2 を定数とするとき

$$\mathscr{L}\{C_1 f_1(t) + C_2 f_2(t)\} = C_1 \mathscr{L}\{f_1(t)\} + C_2 \mathscr{L}\{f_2(t)\}$$
$$= C_1 F_1(s) + C_2 F_2(s)$$

（2）　関数の微分のラプラス変換

$$\mathscr{L}\left\{\frac{df(t)}{dt}\right\} = \int_0^\infty f'(t) e^{-st} dt = \left[f(t) e^{-st}\right]_0^\infty + s \int_0^\infty f(t) e^{-st} dt$$

$\mathscr{L}\{f(t)\} = F(s)$ とすると

$$\mathscr{L}\{f'(t)\} = -f(0) + s\mathscr{L}\{f(t)\} = sF(s) - f(0)$$

同様に

$$\mathscr{L}\{f''(t)\} = s\mathscr{L}\{f(t)\} = s^2 F(s) - sf(0) - f'(0)$$
$$\mathscr{L}\{f'''(t)\} = s^3 F(s) - s^2 f(0) - sf'(0) - f''(0)$$

（3）　関数の積分のラプラス変換

$$\mathscr{L}\left\{\int_a^t f(\tau) d\tau\right\} = \int_0^\infty \left\{\int_a^t f(\tau) d\tau\right\} e^{-st} dt$$

$$= \left[-\frac{e^{-st}}{s} \int_a^t f(\tau)\, d\tau \right]_0^\infty + \frac{1}{s} \int_0^\infty f(t)\, e^{-st} dt$$

$$\lim_{t \to \infty} \frac{e^{-st}}{s} \int_a^t f(\tau)\, d\tau = 0$$

であるから

$$\mathscr{L}\left\{ \int_a^t f(\tau)\, d\tau \right\} = \frac{1}{s} \int_a^0 f(\tau)\, d\tau + \frac{1}{s} F(s)$$

（4） 相似性

$$\mathscr{L}\{f(at)\} = \int_0^\infty f(at)\, e^{-st} dt = \int_0^\infty f(t)\, e^{-\frac{s}{a}t} \frac{1}{a} dt$$

$$= \frac{1}{a} \int_0^\infty f(t)\, e^{-\frac{s}{a}t} dt = \frac{1}{a} F\left(\frac{s}{a} \right)$$

（5） 減衰定理

$$\mathscr{L}\{e^{-at} f(t)\} = \int_0^\infty e^{-at} f(t)\, e^{-st} dt = \int_0^\infty f(t)\, e^{-(s+a)t} dt = F(s+a)$$

（6） 移動定理　　$U(t)$ を単位ステップ関数として，$f(t)$ を t 軸に沿って右に a だけ移動した関数 $f(t-a)\, U(t-a)$ のラプラス変換は

$$\mathscr{L}\{f(t-a)\, U(t-a)\} = \int_0^\infty f(t-a)\, U(t-a)\, e^{-st} dt$$

$$= \int_a^\infty f(t-a)\, e^{-st} dt = \int_0^\infty f(T)\, e^{-s(T+a)} dT$$

$$= e^{-sa} \int_0^\infty f(T)\, e^{-sT} = e^{-sa} F(s)$$

（7） 合成積のラプラス変換

$$f(t) * g(t) = \int f(\tau)\, g(t-\tau)\, d\tau$$

を $f(t)$ と $g(t)$ の合成積といい，$f(t) * g(t) = g(t) * f(t)$ の性質がある。そのラプラス変換は

$$\mathscr{L}\{f(t) * g(t)\} = \int_0^\infty \left[\int_0^t f(\tau)\, g(t-\tau)\, d\tau \right] e^{-st} dt$$

$$= \int_0^\infty \left[g(\tau) \int_0^\infty f(t-\tau)\, e^{-st} dt \right] d\tau$$

$$= \int_0^\infty g(\tau)\, F(s)\, e^{-s\tau} d\tau = F(s) \int_0^\infty g(\tau)\, e^{-s\tau} d\tau$$

$$= F(s)\, G(s)$$

引用・参考文献

1) 南谷晴之，森真作：電気回路演習ノート，コロナ社 (1991)
2) 森真作：電気回路ノート，コロナ社 (1977)
3) 遠藤勲，鈴木靖：電気回路II，コロナ社 (1999)
4) 末崎輝夫，森真作，高橋進一：回路理論例題演習，コロナ社 (1971)
5) 天野弘，中道一郎：わかる電気回路，日新出版 (1977)
6) 喜安善市，斎藤伸自：電気回路―三相・過渡現象・線路―，朝倉書店 (1977)
7) 内藤喜之：基礎電気回路，昭晃堂 (1976)
8) 東海大学回路光学研究会編：エレクトロニクスのための電気回路の基礎 I，東海大学出版会 (1974)
9) 東海大学回路光学研究会編：エレクトロニクスのための電気回路の基礎 II，東海大学出版会 (1975)
10) 森真作，吉田裕一編：電気回路・電子回路，電気電子工学大百科事典2，電気書院 (1984)

演習問題解答

1章

【1.1】 $0 \leq t < T/2$ で $v(t) = V$, $T/2 \leq t < T$ で $v(t) = 0$ であり,抵抗 r で消費される瞬時電力は $p(t) = v(t)i(t) = v^2(t)/r$ であるから,その平均電力は
$$P_a = \frac{1}{T}\int_0^T p(t)\,dt = \frac{1}{T}\int_0^{T/2} \frac{v^2(t)}{r}dt = \frac{V^2}{2r}$$

【1.2】 まず r_1 と r_2 の合成抵抗 r を求め,つぎに r と r_3 の合成抵抗 r' を求め,最後に r' と r_4 の合成抵抗 r'' を求める。
$$r'' = \frac{(r_1r_2 + r_2r_3 + r_3r_1)\,r_4}{r_1r_2 + r_2r_3 + r_3r_1 + r_2r_4 + r_4r_1}$$

【1.3】
$$v(t) = \frac{1}{C}\int_0^t i(\tau)\,d\tau$$
$0 \leq t \leq a$ で $i(t) = (2/a^2)t$ であるから
$$v(t) = \int_0^t \frac{2}{a^2}\tau\,d\tau = \frac{t^2}{a^2}$$
$t = a$ で $v(a) = 1$, $t \geq a$ で $v(t) = 1$

以上より,$v(t)$ は**解図 1.1** のようになる。

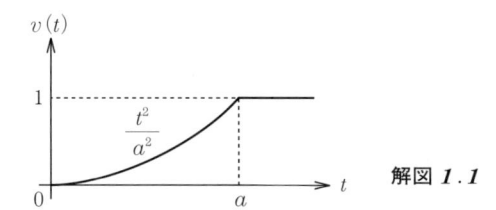

解図 1.1

【1.4】 まず,**解図 1.2**(*a*)に示す C_1 と C_2 の直列接続で合成容量 $C_{1,2}$ との電圧 $v_{1,2}$ は
$$C_{1,2} = \frac{C_1C_2}{C_1 + C_2}, \qquad v_{1,2} = v_1 + v_2$$

つぎに図(*c*)に示すように,$C_{1,2}$ と C_3 の並列接続で電荷を $q_{1,2}$, q_3, C_3 の電圧を v_3 とすると
$$q_{1,2} = \frac{C_1C_2}{C_1 + C_2}(v_1 + v_2), \qquad q_3 = C_3 v_3$$

図 1.29(*b*)のコンデンサの合成容量 C は
$$C = \frac{C_1C_2}{C_1 + C_2} + C_3 = \frac{C_1C_2 + C_2C_3 + C_3C_1}{C_1 + C_2}$$

であり,C の電荷 q は $q_{1,2}$ と q_3 の和となるから

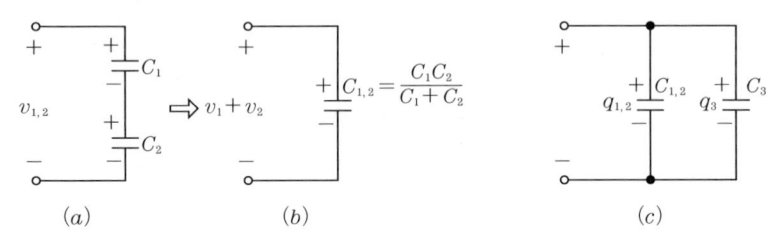

解図 1.2

(a) $v_{1,2}$ に C_1, C_2 直列 ⇒ (b) v_1+v_2 に $C_{1,2}=\dfrac{C_1C_2}{C_1+C_2}$ ⇒ (c) $q_{1,2}$ に $C_{1,2}$, q_3 に C_3 並列

$$q = q_{1,2} + q_3 = \frac{C_1C_2(v_1+v_2) + C_3(C_1+C_2)v_3}{C_1+C_2}$$

$q = Cv$ より

$$v = \frac{C_1C_2(v_1+v_2) + C_3(C_1+C_2)v_3}{C_1C_2 + C_2C_3 + C_3C_1}$$

【1.5】 コイルの合成インダクタンス L は

$$\frac{1}{L} = \frac{1}{L_1} + \frac{1}{L_2} + \frac{1}{L_3} = 1 \quad \therefore \quad L = 1 \text{[H]}$$

L に流れる初期電流 i は

$$i = i_1 + i_2 + i_3 = 1 + 2 + 3 = 6 \text{[A]}$$

【1.6】 まず 1-1′ 端子から左をみた抵抗 r_i を求める。電流源をはずして，その端子間を開放すると**解図 1.3** になるので，これより 1-1′ 端子間の抵抗 $r_i = 3/2 \text{[Ω]}$。

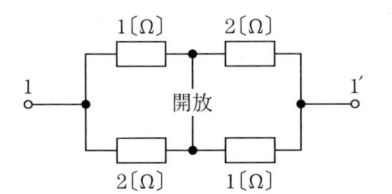

解図 1.3

つぎに図(a)の 1-1′ 端子間の電圧 v は

$$v = 2i_1 - i_2, \quad i_1 + i_2 = 2, \quad i_1 = i_2$$

より，$v = 1 \text{[V]}$。したがって，図(b)の回路で抵抗を $r_i = 3/2 \text{[Ω]}$，1-1′ 端子間の電圧を $v = 1 \text{[V]}$ として，電流源を $i_S = v/r_i = 2/3 \text{[A]}$ とすれば，図(b)の回路は 1-1′ 端子に接続される負荷抵抗に対して図(a)の回路と同じ働きをする。図(b)の回路で電源の変換を行えば，図(c)の $e_S = 1 \text{[V]}$，$r_i = 3/2 \text{[Ω]}$ が得られる。以上より，1-1′ 端子間に抵抗 $r = 1 \text{[Ω]}$ を接続すると，r に流れる電流 i は

$$i = \frac{1}{3/2 + 1} = \frac{2}{5} \text{[A]}$$

【1.7】 図 1.32 の回路で電源の変換を行い，回路を簡単化すると**解図 1.4** となる。図(c)より

$$i = \frac{10+5}{5+r} = \frac{15}{5+r}, \qquad p = r\left(\frac{15}{5+r}\right)^2$$

r で消費される電力 p が最大となる条件は

演 習 問 題 解 答   201

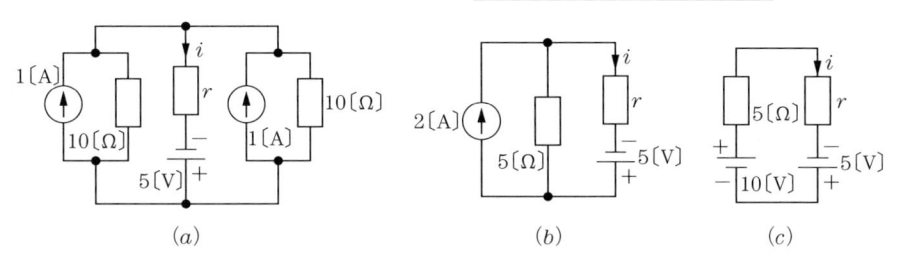

解図 1.4

$$\frac{dp}{dr} = \frac{225(5-r)}{(5+r)^3} = 0$$

$r = 5\,[\Omega]$ のとき，電力が最大となり，そのときの電流 i と電力 $p_{\max}$ は

$$i = \frac{15}{10} = \frac{3}{2}\,[\text{A}], \qquad p_{\max} = 5\left(\frac{3}{2}\right)^2 = \frac{45}{4}\,[\text{W}]$$

図 1.33 の回路についても電源の変換を行い，回路を簡単化すると**解図 1.5** となる。図 (d) より

$$i = \frac{3/2}{1+r} = \frac{3}{2(1+r)}, \qquad p = \frac{9r}{4(1+r)^2}$$

$$\frac{dp}{dr} = \frac{9}{4} \cdot \frac{1-r}{(1+r)^3} = 0$$

$r = 1\,[\Omega]$ のとき，電力が最大となり，そのときの電流 i と電力 $p_{\max}$ は

$$i = \frac{3}{4}\,[\text{A}], \qquad p_{\max} = \frac{9}{16}\,[\text{W}]$$

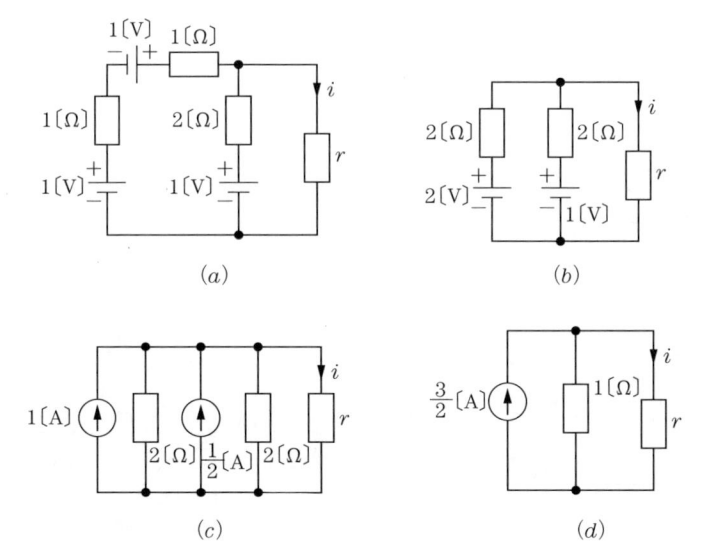

解図 1.5

2章

【2.1】

$$A = \begin{bmatrix} 1 & 0 & 0 & 0 & -1 & 1 & -1 & 0 & 0 & 0 \\ -1 & 1 & 0 & 0 & 0 & 0 & 0 & 1 & -1 & 0 \\ 0 & -1 & 1 & 0 & 0 & -1 & 0 & 0 & 0 & -1 \\ 0 & 0 & -1 & 1 & 0 & 0 & 1 & 0 & 1 & 0 \end{bmatrix}$$

【2.2】

$$B = \begin{bmatrix} 1 & 0 & 0 & -1 & 0 & 1 & -1 & 0 & 0 \\ 0 & -1 & 0 & 1 & 1 & 0 & 0 & -1 & 0 \\ 0 & 0 & 1 & 0 & 1 & 1 & 0 & 0 & -1 \\ 0 & 0 & 0 & 0 & 0 & 0 & 1 & 1 & -1 \end{bmatrix}$$

【2.3】 図 2.9(a) の節点 n から流出する電流を正に，流入する電流を負にして電流則を適用すると

$$i_1 - i_2 + i_3 - i_4 + i_5 - i_S = 0$$
$$i_1 + i_3 + i_5 = i_2 + i_4 + i_S$$

図 2.9(b) の閉路 l に沿って電圧則を適用すると

$$v_1 + v_2 - v_3 + e + v_4 - v_5 = 0$$
$$v_1 + v_2 + v_4 + e = v_3 + v_5$$

【2.4】 解図 2.1 に示すように時計回りに閉路 l_1, l_2, l_3 をとり，その閉路電流を i_1, i_2, i_3 として各閉路に電圧則を適用すると

$l_1: 4i_1 + 4 - 3i_3 = 0$
$l_2: 6i_2 - 2i_3 - 4 = 0$
$l_3: 5i_3 - 3i_1 - 2i_2 - 5 = 0$

となる。$i = i_1 - i_2$ であるから，これを上の3式に代入して i_1, i_2, i_3 を消去すると

$i = -1$ [A]

【2.5】 解図 2.2 に示すように 5 [Ω] と 1 [Ω] に流れる電流をそれぞれ i_1, i_2 とし，時計回りに閉路 l_1, l_2 をとって各閉路に電圧則を適用すると

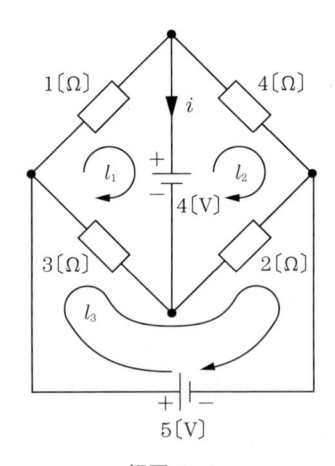

解図 2.1

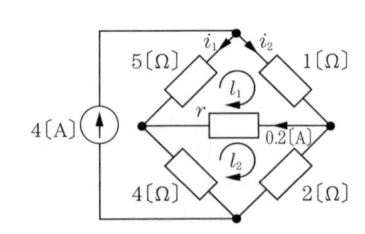

解図 2.2

$l_1 : 1i_2 + 0.2r - 5i_1 = 0$
$l_2 : 2(i_2 - 0.2) - 4(i_1 + 0.2) - 0.2r = 0$
また，$i_1 + i_2 = 4$ であるから，これを上の2式に代入して i_1, i_2 を消去すると
$r = 7\,[\Omega]$

3章

【3.1】 n_1, n_2, n_3 の各節点に電流則を適用すると
$n_1 : 2v_1 - v_2 = 1$
$n_2 : v_1 - 3v_2 + v_3 = 0$
$n_3 : -v_2 + 2v_3 = 3$
これより
$v_1 = 1\,[V], \quad v_2 = 1\,[V], \quad v_3 = 2\,[V]$

【3.2】 各抵抗の逆数を $1/r_n = g_n$ のようにコンダクタンスで表し，n_1, n_2, n_3, n_4 の各節点に電流則を適用し，$v_5 = 0$ と置き，行列の形で表すと

$$\begin{bmatrix} g_1 + g_4 + g_8 & -g_1 & 0 & -g_4 \\ -g_1 & g_1 + g_2 + g_5 & -g_2 & 0 \\ 0 & -g_2 & g_2 + g_3 + g_6 & -g_3 \\ -g_4 & 0 & -g_3 & g_3 + g_4 + g_7 \end{bmatrix} \begin{bmatrix} v_1 \\ v_2 \\ v_3 \\ v_4 \end{bmatrix} = \begin{bmatrix} i_1 \\ -i_1 \\ -i_6 \\ i_7 \end{bmatrix}$$

【3.3】 網路方程式を行列の形で表すと

$$\begin{bmatrix} 2 & -1 & 0 \\ -1 & 3 & -1 \\ 0 & -1 & 2 \end{bmatrix} \begin{bmatrix} i_1 \\ i_2 \\ i_3 \end{bmatrix} = \begin{bmatrix} 1 \\ 1 \\ -1 \end{bmatrix}$$

これより $i_1 = \dfrac{3}{4}, \quad i_2 = \dfrac{1}{2}, \quad i_3 = -\dfrac{1}{4}$

【3.4】 網路に沿って電圧則を適用すると網路方程式は行列の形でつぎのようになる。

$$\begin{bmatrix} r_1 + r_5 + r_8 & -r_9 & -r_8 & -r_5 \\ -r_9 & r_2 + r_6 + r_7 + r_9 & -r_7 & -r_6 \\ -r_8 & -r_7 & r_3 + r_4 + r_7 + r_8 & -r_4 \\ -r_5 & -r_6 & -r_4 & r_4 + r_5 + r_6 \end{bmatrix} \begin{bmatrix} i_1 \\ i_2 \\ i_3 \\ i_4 \end{bmatrix} = \begin{bmatrix} -v_1 \\ -v_2 \\ -v_3 \\ 0 \end{bmatrix}$$

4章

【4.1】 まず $v_2 = 0$ としたときの電流 i' を求める。r_1 に流れる電流を i_1 とすると
$r_1 i_1 + r_3 i' = v_1, \quad r_2(i_1 - i') = r_3 i'$
上の二つの式より
$$i' = \frac{r_2 v_1}{r_1 r_2 + r_2 r_3 + r_3 r_1}$$
つぎに $v_1 = 0$ としたときの電流 i'' を求める。回路の構成から上の式で r_1 と r_3 を入れ換え，v_1 と v_2 を入れ換えればよい。したがって
$$i'' = \frac{r_1 v_2}{r_1 r_2 + r_2 r_3 + r_3 r_1}$$
以上より式(4.5)が得られる。

【4.2】 まず**解図 4.1**(a)のように，1[A]の電流源と1[V]の電圧源を除いた状態で r に流れる電流 i' を求めると
$2i_1 = (1+r)i', \quad 2(i_1 + i') + 2i_1 = 2$

204　演 習 問 題 解 答

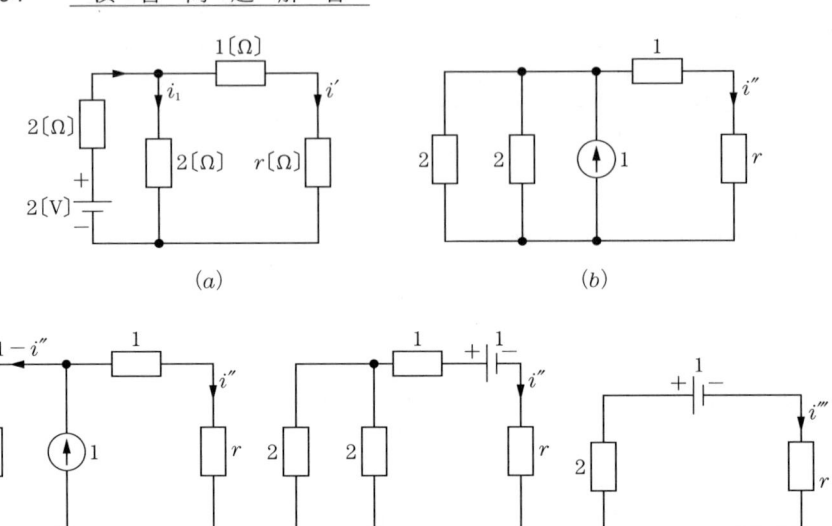

(a) (b) (c) (d) (e)

解図 **4.1**

上の二つの式より
$$i' = \frac{1}{2+r}$$

つぎに図(b)のように，2〔V〕の電圧源と1〔V〕の電圧源を除いた状態でi''を求めるが，図(b)は図(c)のように簡略化されるので
$$(1+r)i'' = 1(1-i'') \quad \therefore \quad i'' = \frac{1}{2+r}$$

最後に図(d)のように，1〔A〕の電流源と2〔V〕の電圧源を除いた状態でi'''を求めるが，図(d)は図(e)のように簡略化されるので
$$(2+r)i''' + 1 = 0 \quad \therefore \quad i''' = -\frac{1}{2+r}$$
$$\therefore \quad i = i' + i'' + i''' = \frac{1}{2+r} = \frac{1}{4} \text{〔A〕}$$

【**4.3**】 解図 **4.2**(a)のように抵抗$r = 2$〔Ω〕をはずし，図(b)のように簡略化して，その端子間電圧vを求めると
$$v = 2 - 1 = 1 \text{〔V〕}$$
また，電流源を開放し，電圧源を短絡して内部抵抗r_iを求めると
$$r_i = 2 \text{〔Ω〕}$$
が得られる。これより$r = 2$〔Ω〕に流れる電流iは
$$i = \frac{1}{2+2} = \frac{1}{4} \text{〔A〕}$$

【**4.4**】 解図 **4.3**のように$r = 1$〔Ω〕をはずして，1-1'端子間の端子電圧vと内部抵抗r_iを求める。
$$i_1 + i_2 = 2, \quad (1+2)i_1 = (2+1)i_2$$

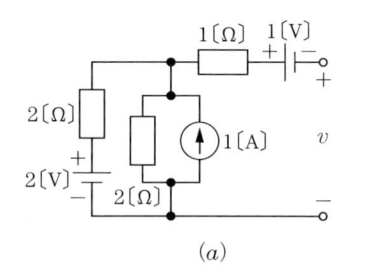

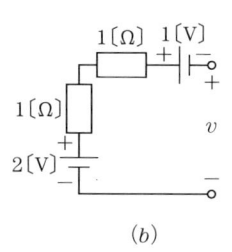

解図 4.2

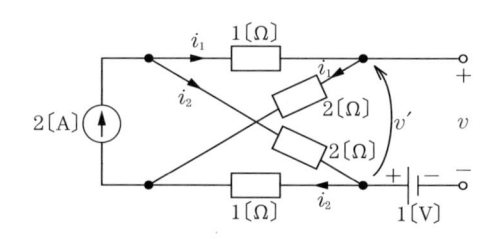

(a)

(b)

解図 4.3

$$\therefore \quad i_1 = i_2 = 1 \,[\text{A}]$$

また

$$v' = 2i_1 - 1i_2 = 1 \,[\text{V}]$$
$$v = v' + 1 = 2 \,[\text{V}]$$

一方, $r_i = 3/2 \,[\Omega]$

したがって

$$i = \frac{2}{3/2 + 1} = \frac{4}{5} \,[\text{A}]$$

【4.5】 $r = 2\,[\Omega]$ をはずして, 1-1' 端子間を短絡して**解図 4.4** のようにその枝に流れる電流を i とすると

$$i = \frac{9}{5} \,[\text{A}]$$

また, 1-1' 端子から左をみた内部コンダクタンス g_i は

$$g_i = \frac{13}{10} \,[\text{S}]$$

これより

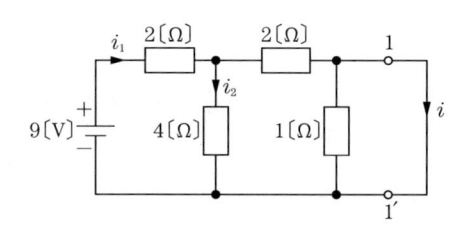

解図 4.4

$$v = \frac{9/5}{13/10 + 1/2} = 1 \,[\text{V}]$$

【**4.6**】 $r = 4\,[\Omega]$ をはずして,その端子間から左をみた内部コンダクタンスを g_i とし,また,その端子間を短絡してその枝に流れる電流を i とすると

$$g_i = \frac{5}{4}\,[\text{S}], \qquad i = 3\,[\text{A}]$$

が得られるので

$$v = \frac{3}{5/4 + 1/4} = 2\,[\text{V}]$$

【**4.7**】 回路の節点方程式は

$$\begin{bmatrix} g_1 + g_3 & -g_3 \\ -g_3 & g_2 + g_3 \end{bmatrix} \begin{bmatrix} v_1 \\ v_2 \end{bmatrix} = \begin{bmatrix} i_1 \\ i_2 \end{bmatrix}$$

$(g_1 + g_3)(g_2 + g_3) - g_3^2 = \varDelta$ と置くと

$$v_1 = \frac{1}{\varDelta}\{(g_2 + g_3)i_1 + g_3 i_2\}$$

$$v_2 = \frac{1}{\varDelta}\{g_3 i_1 + (g_2 + g_3)i_2\}$$

i_1, i_2 を i_1', i_2' としたときの v_1, v_2 を v_1', v_2' とすると,v_1', v_2' は上式で i_1, i_2 の代わりに i_1', i_2' と置けばよい。したがって

$$i_1 v_1' + i_2 v_2' = \frac{i_1}{\varDelta}\{(g_2 + g_3)i_1' + g_3 i_2'\} + \frac{i_2}{\varDelta}\{g_3 i_1' + (g_2 + g_3)i_2'\}$$

$$i_1' v_1 + i_2' v_2 = \frac{i_1'}{\varDelta}\{(g_2 + g_3)i_1 + g_3 i_2\} + \frac{i_2'}{\varDelta}\{g_3 i_1 + (g_2 + g_3)i_2\}$$

上の二つの式の右辺を比較すると両式は等しく,相反定理が成り立つ。

5 章

【**5.1**】

$$\frac{dv}{dt} + 2v = 0, \qquad v(t) = ke^{-2t}$$

$$v(0) = 1, \qquad v(t) = e^{-2t}$$

【**5.2**】

$$L\frac{di}{dt} + (R_1 + R_2)i = 0, \qquad i(t) = ke^{-\frac{R_1 + R_2}{L}t}$$

$$i(0) = \frac{R_2 R_3 I}{R_1 R_2 + R_2 R_3 + R_3 R_1}$$

$$i(t) = \frac{R_2 R_3 I}{R_1 R_2 + R_2 R_3 + R_3 R_1} e^{-\frac{R_1 + R_2}{L}t}$$

【**5.3**】

$$\frac{d^2 v}{dt^2} + 2\frac{dv}{dt} + 2v = 0, \qquad v(t) = e^{-t}(A\cos t + B\sin t)$$

$$v(0) = 1, \qquad i(0) = 1, \qquad \frac{dv(0)}{dt} = -2$$

$$v(t) = e^{-t}(\cos t - \sin t)$$

【5.4】
$$\frac{d^2v}{dt^2}+2\frac{dv}{dt}+2v=0, \qquad v(t)=e^{-t}(A\cos t+B\sin t)$$
$$v(0)=1, \qquad i(0)=1, \qquad \frac{dv(0)}{dt}=-2$$
$$v(t)=e^{-t}(\cos t-\sin t)$$

【5.5】
$$\frac{d^2v}{dt^2}+2\frac{dv}{dt}+2v=-4, \qquad v(t)=-2+e^{-t}(A\cos t+B\sin t)$$
$$v(0)=3, \qquad i(0)=3, \qquad \frac{dv(0)}{dt}=0$$
$$v(t)=-2+5e^{-t}(\sin t+\cos t)$$

【5.6】
$$\frac{d^2v}{dt^2}+2\frac{dv}{dt}+5v=25, \qquad v(t)=5+e^{-t}(A\cos 2t+B\sin 2t)$$
$$v(0)=5, \qquad i(0)=1, \qquad \frac{dv(0)}{dt}=-5$$
$$v(t)=5-\frac{5}{2}e^{-t}\sin 2t$$

【5.7】 $p(t)=t$, $q(t)=t$ と置いて，式(5.81)を使って解くと
$$x(t)=ke^{-\frac{t^2}{2}}+1$$

【5.8】 特性方程式は $s^2+4=0$ で，特性根は $s=\pm 2j$ であるから余関数は
$$x_t=C_1x_1+C_2x_2=C_1\cos 2t+C_2\sin 2t \quad (C_1, C_2 \text{は任意定数})$$
特解 X_s は
$$X_s=u_1x_1+u_2x_2$$
$$x_1=\cos 2t, \qquad x_2=\sin 2t$$
$$\frac{dx_1}{dt}=-2\sin 2t, \qquad \frac{dx_2}{dt}=2\cos 2t$$
で表されるから，定数変化法を用いて
$$u_1=-\frac{1}{2}\int_0^t \sin 2\tau \cdot \tau \sin \tau d\tau, \qquad u_2=\frac{1}{2}\int_0^t \cos 2\tau \cdot \tau \sin \tau d\tau$$
これらから
$$X_s=u_1x_1+u_2x_2=-\frac{1}{2}\cos 2t\int_0^t \sin 2\tau \cdot \tau \sin \tau d\tau$$
$$+\frac{1}{2}\sin 2t\int_0^t \cos 2\tau \cdot \tau \sin \tau d\tau$$
$$=\frac{1}{2}\int_0^t \tau \sin \tau \cdot \sin 2(t-\tau)d\tau=\frac{1}{3}t\sin t-\frac{2}{9}\cos t$$
解は $x=x_t+X_s$ で表される。

6章
【6.1】 （1）
$$A=\begin{bmatrix}-2 & 1\\ 1 & -2\end{bmatrix}$$
において状態還移行列を求めると

$$[sI-A]^{-1} = \frac{1}{(s+1)(s+3)}\begin{bmatrix} s+2 & 1 \\ 1 & s+2 \end{bmatrix}$$

$$e^{At} = \mathcal{L}^{-1}\{[sI-A]^{-1}\}$$

$$= \begin{bmatrix} \frac{1}{2}(e^{-t}+e^{-3t}) & \frac{1}{2}(e^{-t}-e^{-3t}) \\ \frac{1}{2}(e^{-t}-e^{-3t}) & \frac{1}{2}(e^{-t}+e^{-3t}) \end{bmatrix}$$

$$\begin{bmatrix} x \\ y \end{bmatrix} = \frac{1}{2}\begin{bmatrix} e^{-t}+e^{-3t} & e^{-t}-e^{-3t} \\ e^{-t}-e^{-3t} & e^{-t}+e^{-3t} \end{bmatrix}\begin{bmatrix} 1 \\ 1 \end{bmatrix} = \begin{bmatrix} e^{-t} \\ e^{-t} \end{bmatrix}$$

（2）

$$[sI-A]^{-1} = \frac{1}{(s+1)^2+1}\begin{bmatrix} s+3 & -5 \\ 1 & s-1 \end{bmatrix}$$

$$e^{At} = \begin{bmatrix} \cos t + 2\sin t & -5\sin t \\ \sin t & \cos t - 2\sin t \end{bmatrix}$$

$$\begin{bmatrix} x \\ y \end{bmatrix} = \mathcal{L}^{-1}\{(sI-A)^{-1}[x_0 + BV_s(s)]\}$$

$$= \mathcal{L}^{-1}\left\{\frac{1}{(s+1)^2+1}\begin{bmatrix} s+3 & -5 \\ 1 & s-1 \end{bmatrix}\begin{bmatrix} \dfrac{s}{s-1} \\ \dfrac{s-1}{s-2} \end{bmatrix}\right\}$$

$$= \begin{bmatrix} \dfrac{4}{5}e^t + \dfrac{7}{10}e^{2t} - \dfrac{1}{10}e^{-t}(5\cos t - 3\sin t) \\ -\dfrac{1}{5}e^t + \dfrac{1}{10}e^{2t} + \dfrac{1}{10}e^{-t}(7\cos t - 7\sin t) \end{bmatrix}$$

【6.2】 スイッチを閉じた後に左と右にある抵抗に流れる電流をそれぞれ i_1, i_2 とすると

$$i_1 = \frac{dv}{dt}, \quad i_1 + i + i_2 = 0, \quad i_1 + v = \frac{di}{dt} = i_2$$

これらの式から

$$\frac{d}{dt}\begin{bmatrix} v \\ i \end{bmatrix} = \begin{bmatrix} -\dfrac{1}{2} & -\dfrac{1}{2} \\ \dfrac{1}{2} & -\dfrac{1}{2} \end{bmatrix}\begin{bmatrix} v \\ i \end{bmatrix}$$

$$A = \begin{bmatrix} -\dfrac{1}{2} & -\dfrac{1}{2} \\ \dfrac{1}{2} & -\dfrac{1}{2} \end{bmatrix}$$

$$[sI-A]^{-1} = \frac{1}{(s+1/2)^2+(1/2)^2}\begin{bmatrix} s+\dfrac{1}{2} & -\dfrac{1}{2} \\ \dfrac{1}{2} & s+\dfrac{1}{2} \end{bmatrix}$$

$$\begin{bmatrix} v \\ i \end{bmatrix} = \mathcal{L}^{-1}\left\{[sI-A]^{-1}\begin{bmatrix} 1 \\ 0 \end{bmatrix}\right\}$$

以上より

$$v(t) = e^{-\frac{t}{2}}\cos\left(\frac{t}{2}\right), \quad i(t) = e^{-\frac{t}{2}}\sin\left(\frac{t}{2}\right)$$

演 習 問 題 解 答　209

【6.3】

$$\frac{d}{dt}\begin{bmatrix} v_1 \\ v_2 \end{bmatrix} = \begin{bmatrix} -2 & 1 \\ 1 & -2 \end{bmatrix}\begin{bmatrix} v_1 \\ v_2 \end{bmatrix}$$

$v_1(0) = 2, \quad v_2(0) = 1$

$$[sI - A]^{-1} = \frac{1}{(s+1)(s+3)}\begin{bmatrix} s+2 & 1 \\ 1 & s+2 \end{bmatrix}$$

$e^{At} = \mathcal{L}^{-1}\{[sI - A]^{-1}\}$

$$= \begin{bmatrix} \frac{1}{2}(e^{-t} + e^{-3t}) & \frac{1}{2}(e^{-t} - e^{-3t}) \\ \frac{1}{2}(e^{-t} - e^{-3t}) & \frac{1}{2}(e^{-t} + e^{-3t}) \end{bmatrix}$$

$$\begin{bmatrix} v_1 \\ v_2 \end{bmatrix} = \frac{1}{2}\begin{bmatrix} e^{-t}+e^{-3t} & e^{-t}-e^{-3t} \\ e^{-t}-e^{-3t} & e^{-t}+e^{-3t} \end{bmatrix}\begin{bmatrix} 2 \\ 1 \end{bmatrix} = \frac{1}{2}\begin{bmatrix} 3e^{-t}+e^{-3t} \\ 3e^{-t}-e^{-3t} \end{bmatrix}$$

【6.4】

$$\frac{d}{dt}\begin{bmatrix} v \\ i \end{bmatrix} = \begin{bmatrix} -3 & 1 \\ -2 & 0 \end{bmatrix}\begin{bmatrix} v \\ i \end{bmatrix}$$

$v(0) = 2, \quad i(0) = 4$

$e^{At} = \mathcal{L}^{-1}\{[sI - A]^{-1}\}$

$$= \begin{bmatrix} -e^{-t} + 2e^{-2t} & e^{-t} - e^{-2t} \\ -2e^{-t} + 2e^{-2t} & 2e^{-t} - e^{-2t} \end{bmatrix}$$

$$\begin{bmatrix} v \\ i \end{bmatrix} = \begin{bmatrix} -e^{-t}+2e^{-2t} & e^{-t}-e^{-2t} \\ -2e^{-t}+2e^{-2t} & 2e^{-t}-e^{-2t} \end{bmatrix}\begin{bmatrix} 2 \\ 4 \end{bmatrix} = \begin{bmatrix} 2e^{-t} \\ 4e^{-t} \end{bmatrix}$$

【6.5】

$$\frac{d}{dt}\begin{bmatrix} v \\ i \end{bmatrix} = \begin{bmatrix} -1 & 1 \\ -1 & -1 \end{bmatrix}\begin{bmatrix} v \\ i \end{bmatrix} + \begin{bmatrix} 0 \\ 4 \end{bmatrix}$$

$v(0) = 3, \quad i(0) = 2$

$$\begin{bmatrix} v \\ i \end{bmatrix} = \mathcal{L}^{-1}\left\{[sI - A]^{-1}\left[\begin{bmatrix} v(0) \\ i(0) \end{bmatrix} + Bv_s(s)\right]\right\}$$

$$= \mathcal{L}^{-1}\left\{\frac{1}{(s+1)^2+1}\begin{bmatrix} s+1 & 1 \\ -1 & s+1 \end{bmatrix}\begin{bmatrix} 3 \\ 2+\dfrac{4}{s} \end{bmatrix}\right\}$$

$$= \mathcal{L}^{-1}\begin{bmatrix} \dfrac{2}{s} + \dfrac{s+1}{(s+1)^2+1} \\ \dfrac{2}{s} + \dfrac{-1}{(s+1)^2+1} \end{bmatrix} = \begin{bmatrix} 2 + e^{-t}\cos t \\ 2 - e^{-t}\sin t \end{bmatrix}$$

7章

【7.1】 $Z = 1 + j\omega + \dfrac{2}{2+j\omega} = 1 + \dfrac{4}{4+\omega^2} + j\left(\omega - \dfrac{2\omega}{4+\omega^2}\right)$

位相差が $\pi/4$ となる条件は，Z の実部と虚部が等しい場合で，$\omega = 2$
このとき

$$Z = \frac{3}{2} + j\frac{3}{2}, \quad |Z| = \frac{3\sqrt{2}}{2}$$

したがって

$$i = \sqrt{2}\sin\left(2t - \frac{\pi}{4}\right)$$

$$P_a = \frac{1}{2}EI\cos\frac{\pi}{4} = \frac{1}{2}\cdot 3\sqrt{2}\cdot\frac{1}{\sqrt{2}} = \frac{3}{2}\,[\text{W}]$$

【7.2】 重ね合わせの理を使う。直流電圧源 E_0 による電流を i' とすると $i' = -E_0$，交流電圧源 $E\cos t$ による電流を i'' とすると，回路のインピーダンスは

$$Z = 1 + \frac{1}{1/j + 1 + j} = 2$$

であるから

$$i'' = \frac{E}{2}\cos t$$

したがって

$$i = i' + i'' = -E_0 + \frac{E}{2}\cos t$$

平均電力 P_a は

$$P_a = P_a' + P_a'' = E_0^2 + \frac{1}{2}E\cdot\frac{E}{2} = E_0^2 + \frac{E^2}{4}$$

【7.3】 Z に流れる電流を I とすると

$$V = ZI$$

$$j\,0.5\omega(I_s - I) = j\left(0.5\omega - \frac{4}{\omega}\right)I + V$$

上の二つの式より

$$V = \frac{j\,0.5\omega}{1 + j(0.5\omega + 0.5\omega - 4/\omega)\dfrac{1}{Z}}I_s$$

Z の値にかかわらず V が一定であるためには

$$\left(\omega - \frac{4}{\omega}\right) = 0$$

より

$$\omega = 2 \quad (\omega > 0)$$
$$V = jI_s$$

となり，位相差は $\pi/2$

【7.4】 1-1' 端子から左をみたインピーダンス Z_i と端子間電圧 V を求めると

$$Z_i = \frac{2R}{1 + j\omega CR}$$

$$V = \left(R - \frac{1}{j\omega C}\right)\frac{E}{R + (1/j\omega C)} = \frac{j\omega CR - 1}{1 + j\omega CR}E$$

したがって

$$I = \frac{\dfrac{j\omega CR - 1}{1 + j\omega CR}E}{Z + \dfrac{2R}{1 + j\omega CR}} = \frac{j\omega CR - 1}{2R + Z(1 + j\omega CR)}E$$

【7.5】

$$Z = \frac{R(1 - \omega^2 LC) + j\omega(CR^2 + L)}{1 - \omega^2 LC + j2\omega CR} + R$$

R-L と R-C の並列回路に流れている電流をそれぞれ I_1, I_2 とすると

$$I = I_1 + I_2, \quad RI + V = E$$
$$(R + j\omega L) I_1 = \left(R + \frac{1}{j\omega C}\right) I_2 = V$$

上の三つの式から
$$R\left(\frac{1}{R + j\omega L} + \frac{1}{R + 1/j\omega C}\right) V + V = E$$

$V = E/2$ であるためには
$$R\left(\frac{1}{R + j\omega L} + \frac{1}{R + 1/j\omega C}\right) = \frac{R(1 - \omega^2 LC) + j2\omega CR^2}{R(1 - \omega^2 LC) + j\omega(CR^2 + L)} = 1$$

これより $CR^2 = L$ が得られる。したがって
$$R = \sqrt{L/C} \quad (R \geqq 0), \quad \text{また } Z = 2R$$

このときの $e(t) = E\sin\omega t + E_0$ に対する電流 $i(t)$ とその実効値 I_{rms} は
$$i(t) = \frac{1}{2R}(E\sin\omega t + E_0)$$
$$I_{\text{rms}}^2 = \frac{1}{T}\int_0^T i^2(t)\,dt = \frac{1}{T}\int_0^T \left(\frac{E}{2R}\sin\omega t + \frac{E_0}{2R}\right)^2 dt$$
$$= \frac{1}{2}\left(\frac{E}{2R}\right)^2 + \left(\frac{E_0}{2R}\right)^2$$
$$I_{\text{rms}} = \frac{1}{2R}\sqrt{\frac{E^2}{2} + E_0^2}$$

【7.6】 回路のアドミタンスは
$$Y = j\omega + 1 + \frac{1}{j\omega}$$

重ね合わせの理を使って $i_1(\omega = 1)$, $i_2(\omega = 2)$ のとき v_1, v_2 を求める。
$$V_1 = \frac{2}{j + 1 - j} = 2, \quad V_2 = \frac{1}{j2 + 1 - j0.5} = \frac{1}{1 + j1.5}$$
$$v_1 = 2\sin t, \quad v_2 = \frac{2}{\sqrt{13}}\cos(2t + \theta_2), \quad \theta_2 = \tan^{-1}(-1.5)$$
$$v(t) = 2\sin t + \frac{2}{\sqrt{13}}\cos(2t + \theta_2)$$

瞬時電力 $p(t)$ と平均電力 P_a は
$$p(t) = v(t)i(t) = (2\sin t + \cos 2t)\left\{2\sin t + \frac{2}{\sqrt{13}}\cos(2t + \theta_2)\right\}$$
$$P_a = \frac{1}{T}\int_0^T p(t)\,dt = 2 + \frac{1}{\sqrt{13}}\cos\theta_2 = 2 + \frac{2}{13} = \frac{28}{13}$$

【7.7】 インピーダンス Z の端子電圧を V_3 とする。
$$P_a = \frac{1}{2}(\overset{*}{V}_3 I_3 + V_3 \overset{*}{I}_3), \quad V_3 = RI_2, \quad I_1 = I_2 + I_3$$
$$I_1^2 = \overset{*}{I}_1 I_1 = (I_2 + I_3)(\overset{*}{I}_2 + \overset{*}{I}_3) = I_2^2 + I_3^2 + \overset{*}{I}_2 I_3 + I_2 \overset{*}{I}_3$$

より
$$P_a = \frac{1}{2}\{R(\overset{*}{I}_2 I_3 + I_2 \overset{*}{I}_3)\} = \frac{1}{2}R(I_1^2 - I_2^2 - I_3^2)$$

【7.8】
$$P_a = \frac{1}{2}(\overset{*}{V}_3 I_3 + V_3 \overset{*}{I}_3), \quad V_2 = RI_3, \quad V_1 = V_2 + V_3$$
$$V_1^2 = \overset{*}{V}_1 V_1 = (V_2 + V_3)(\overset{*}{V}_2 + \overset{*}{V}_3) = V_2^2 + V_3^2 + \overset{*}{V}_2 V_3 + V_2 \overset{*}{V}_3$$

より
$$P_a = \frac{1}{2R}(\overset{*}{V}_2 V_3 + V_2 \overset{*}{V}_3) = \frac{1}{2R}(V_1^2 - V_2^2 - V_3^2)$$

【7.9】
$$E_1 = RI_1, \quad I_1 = \frac{E_1}{R} = \frac{E_m}{R}$$

$$E_2 = j\omega L I_2, \quad I_2 = \frac{E_2}{j\omega L} = \frac{E_m}{j\omega L}\left(-\frac{1}{2} - j\frac{\sqrt{3}}{2}\right)$$

$$E_3 = \frac{1}{j\omega C}I_3, \quad I_3 = j\omega C E_3 = j\omega C E_m\left(-\frac{1}{2} + j\frac{\sqrt{3}}{2}\right)$$

$$I_N = I_1 + I_2 + I_3$$
$$= \left\{\frac{1}{R} - \frac{1}{j2\omega L}(1+j\sqrt{3}) - j\frac{\omega C}{2}(1-j\sqrt{3})\right\}E_m$$
$$= \left\{\frac{1}{R} - \frac{\sqrt{3}}{2}\left(\frac{1}{\omega L} + \omega C\right) + \frac{j}{2}\left(\frac{1}{\omega L} - \omega C\right)\right\}E_m$$

$I_N = 0$ であるためには，右辺の実部 $= 0$，および虚部 $= 0$，したがって

$$\frac{1}{\omega L} = \omega C, \quad \omega = \sqrt{\frac{1}{LC}} \quad (\omega > 0)$$

$$\frac{1}{R} = \sqrt{\frac{3C}{L}}, \quad R = \sqrt{\frac{L}{3C}}$$

【7.10】 Y 結線で線間電圧 100〔V〕によって流れる線電流が 10〔A〕であるから

$$10R = \frac{100}{\sqrt{3}} \quad \therefore \quad R = \frac{10}{\sqrt{3}}$$

Δ 結線したときの R に流れる電流（実効値）I は

$$I = \frac{100}{R} = 10\sqrt{3}$$

したがって，線電流は式(7.63)および例題【7.7】から

$$I_a = I_b = I_c = 10\sqrt{3} \times \sqrt{3} = 30\,〔\text{A}〕$$

Y 結線のときの全平均電力は

$$P_a = 3 \cdot \frac{100}{\sqrt{3}} \cdot 10 = 1\,732\,〔\text{W}〕$$

Δ 結線のときの全平均電力は，R に流れる電流が $10\sqrt{3}$ であるから

$$P_a = 3 \cdot 100 \cdot 10\sqrt{3} = 5\,196\,〔\text{W}〕$$

式(7.66)は電圧，電流とも最大値に対する電力の計算式であるから，実効値の場合は，式(7.66)に $\sqrt{2} \times \sqrt{2} = 2$ をかけて求めればよい．また，順抵抗 R であるから力率 $= 1$．

8 章

【8.1】
$$R_1 I + j\omega L_1 I - j\omega M I + R_2 I + j\omega L_2 I - j\omega M I = E$$
$$\{(R_1 + R_2) + j\omega(L_1 + L_2) - j2\omega M\}I = E$$
$$Z = \frac{E}{I} = (R_1 + R_2) + j\omega(L_1 + L_2 - 2M)$$

同相となるためには虚部 $= 0$　$(\omega \neq 0)$

$$L_1 + L_2 - 2M = 0, \quad L_1 + L_2 = 2M$$

【8.2】　　$RI + j\omega L_1 I - j\omega MI + \dfrac{1}{j\omega C}I + j\omega L_2 I - j\omega MI = E$

$\left\{R + j\omega(L_1 + L_2) - j2\omega M + \dfrac{1}{j\omega C}\right\}I = E$

$Z = \dfrac{E}{I} = R + j\left\{\omega(L_1 + L_2 - 2M) - \dfrac{1}{\omega C}\right\}$

同相となるためには虚部 $= 0$。したがって

$\omega(L_1 + L_2 - 2M) = \dfrac{1}{\omega C}$

$\omega = \sqrt{\dfrac{1}{(L_1 + L_2 - 2M)C}}$

このとき $RI = E$

$V = \dfrac{1}{j\omega C}I = \dfrac{1}{j\omega CR}E$

$\dfrac{E}{V} = j\omega CR, \quad \left|\dfrac{E}{V}\right| = \omega CR$

【8.3】　　$v_0 = 3(i_0 - i) + 1(i_0 - i + ki), \quad v_0 = 1i$

上の二つの式から

$v_0 = 4i_0 + (k-4)v_0$

$R_0 = \dfrac{4}{5-k}$

$R_0 = 2$ では $k = 3$ となる。

【8.4】　インダクタンスに流れる電流を I' とすると

$I = I_s + I' - kI_s, \quad 2I_s = j\omega I', \quad E = 2I_s$

これらより

$\{2 + j\omega(1-k)\}\dfrac{E}{2} = j\omega I$

$Z = \dfrac{E}{I} = \dfrac{j2\omega}{2 + j\omega(1-k)} = \dfrac{j4\omega + 2\omega^2(1-k)}{4 + \omega^2(1-k)^2}$

位相差が $\pi/4$ であるためには，上式の実部 $=$ 虚部であればよい。したがって

$4\omega = 2\omega^2(1-k) \quad \therefore \quad \omega = \dfrac{2}{1-k}$

$k = -1$ であるから

$\omega = 1, \quad Z = \dfrac{1}{2} + j\dfrac{1}{2}, \quad I = E(1-j)$

回路で消費する平均電力は

$P_a = \dfrac{1}{2}\operatorname{Re}(E\overset{*}{I}) = \dfrac{1}{2}\operatorname{Re}\{E\overset{*}{E}(1+j)\} = \dfrac{E^2}{2}$

【8.5】　インダクタンス L_1, L_2 に流れる電流を I_1, I_2 とすると

$I = V + j\omega V + I_1 - I_s, \quad V = j\omega I_1 + j\omega I_2$

$V_2 = j\omega I_2 + j\omega I_1, \quad I_2 = I_s = gV_2$

以上の式から

$Y = \dfrac{I}{V} = 1 + j\omega + \dfrac{1 - j2\omega g}{j\omega} = 1 - 2g + j\left(\omega - \dfrac{1}{\omega}\right)$

$Y = 0$ であるためには

$$1 - 2g = 0, \qquad \omega - \frac{1}{\omega} = 0$$
$$g = \frac{1}{2}, \qquad \omega = 1$$

Y が実数であるためには
$$\omega - \frac{1}{\omega} = 0, \qquad \omega = 1 \quad (\omega > 0)$$

9章

【9.1】 2次側を開放して $I_2 = 0$ のとき
$$V_1 = \frac{Z_1 + Z_2}{2} I_1, \qquad Z_{11} = \left(\frac{V_1}{I_1}\right)_{I_2=0} = \frac{Z_1 + Z_2}{2}$$
$$V_2 = \frac{Z_2 - Z_1}{2} I_1, \qquad Z_{21} = \left(\frac{V_2}{I_1}\right)_{I_2=0} = \frac{Z_2 - Z_1}{2}$$

一方，1次側を開放して，$I_1 = 0$ のとき
$$V_2 = \frac{Z_1 + Z_2}{2} I_2, \qquad Z_{22} = \left(\frac{V_2}{I_2}\right)_{I_1=0} = \frac{Z_1 + Z_2}{2}$$
$$V_1 = \frac{Z_2 - Z_1}{2} I_2, \qquad Z_{12} = \left(\frac{V_1}{I_2}\right)_{I_1=0} = \frac{Z_2 - Z_1}{2}$$

つぎに，2次側を短絡して $V_2 = 0$ のとき
$$V_1 = Z_2(I_1 + I_2), \qquad V_1 = Z_1(I_1 - I_2)$$
となり
$$I_1 = \frac{Z_1 + Z_2}{2Z_1 Z_2} V_1, \qquad Y_{11} = \left(\frac{I_1}{V_1}\right)_{V_2=0} = \frac{Z_1 + Z_2}{2Z_1 Z_2}$$
$$I_2 = \frac{Z_2 - Z_1}{2Z_1 Z_2} V_1, \qquad Y_{21} = \left(\frac{I_2}{V_1}\right)_{V_2=0} = \frac{Z_1 - Z_2}{2Z_1 Z_2}$$

一方，1次側を短絡して，$V_1 = 0$ のとき
$$V_2 = Z_2(I_1 + I_2), \qquad V_2 = Z_1(I_2 - I_1)$$
となり
$$I_2 = \frac{Z_1 + Z_2}{2Z_1 Z_2} V_2, \qquad Y_{22} = \left(\frac{I_2}{V_2}\right)_{V_1=0} = \frac{Z_1 + Z_2}{2Z_1 Z_2}$$
$$I_1 = \frac{Z_1 - Z_2}{2Z_1 Z_2} V_2, \qquad Y_{12} = \left(\frac{I_1}{V_2}\right)_{V_1=0} = \frac{Z_1 - Z_2}{2Z_1 Z_2}$$

【9.2】 図 9.32(a) の Z パラメータは
$$Z_{11} = \frac{5}{6}, \qquad Z_{22} = \frac{3}{2}, \qquad Z_{12} = \frac{1}{2}, \qquad Z_{21} = \frac{1}{2}$$
図(b)の Z パラメータは
$$Z_{11} = Z_1 + Z_3, \qquad Z_{22} = Z_2 + Z_3, \qquad Z_{12} = Z_3, \qquad Z_{21} = Z_3$$
以上より
$$Z_1 = \frac{1}{3}, \qquad Z_2 = 1, \qquad Z_3 = \frac{1}{2}$$

【9.3】
$$A = 3 + j\left(\omega CR - \frac{1}{\omega CR}\right), \qquad B = R + \frac{1}{j\omega C}$$

演習問題解答　　　*215*

$$C = \frac{1}{R} + j\omega C, \qquad D = 1$$

$$\frac{V_1}{V_2} = 3 + j\left(\omega CR - \frac{1}{\omega CR}\right)$$

同相であるためには　虚部 $= 0$

$$(\omega CR)^2 = 1, \qquad \omega = \frac{1}{CR} \quad (\omega > 0)$$

このとき

$$\frac{V_1}{V_2} = 3$$

【9.4】 図 (a) の場合

$$Z_i = \frac{Z_{11}Z_{22} - Z_{12}Z_{21}}{Z_{11} - Z_{12} - Z_{21} + Z_{22}}$$

図 (b) の場合

$$Z_i = \frac{Z_{11}Z_{22} - Z_{12}Z_{21} + ZZ_{11}}{Z_{11} - Z_{12} - Z_{21} + Z_{22} + Z}$$

【9.5】 図 9.35 の回路は，**解図 9.1** に示すような二つの二端子回路の並列接続で表される。例題 9.3 の Y パラメータを使って

$$\begin{bmatrix} Y_{11}' & Y_{12}' \\ Y_{21}' & Y_{22}' \end{bmatrix} = \begin{bmatrix} 2Y & -Y \\ -Y & 2Y \end{bmatrix}, \qquad \begin{bmatrix} Y_{11}'' & Y_{12}'' \\ Y_{21}'' & Y_{22}'' \end{bmatrix} = \begin{bmatrix} \dfrac{2Y}{3} & -\dfrac{Y}{3} \\ -\dfrac{Y}{3} & \dfrac{2Y}{3} \end{bmatrix}$$

これより

$$\begin{bmatrix} Y_{11} & Y_{12} \\ Y_{21} & Y_{22} \end{bmatrix} = \begin{bmatrix} 2Y + \dfrac{2Y}{3} & -Y - \dfrac{Y}{3} \\ -Y - \dfrac{Y}{3} & 2Y + \dfrac{2Y}{3} \end{bmatrix}$$

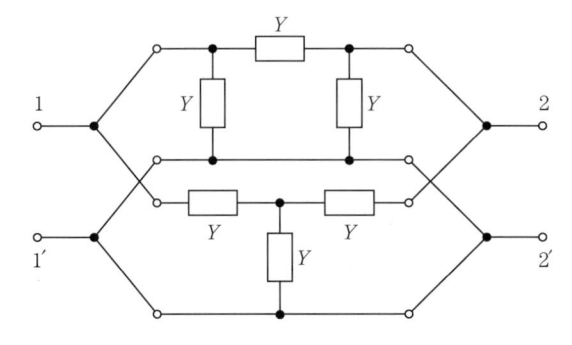

解図 9.1

【9.6】 この回路は二つの二端対回路の直列接続と考える。

$$[Z'] = \begin{bmatrix} Z & Z \\ Z & Z \end{bmatrix}$$

$$[Z] = \begin{bmatrix} Z & Z \\ Z & Z \end{bmatrix} + \begin{bmatrix} Z_{11} & Z_{12} \\ Z_{21} & Z_{22} \end{bmatrix} = \begin{bmatrix} Z + Z_{11} & Z + Z_{12} \\ Z + Z_{21} & Z + Z_{22} \end{bmatrix}$$

$$Z_i = \frac{(Z+Z_{11})(Z+Z_{22}) - (Z+Z_{12})(Z+Z_{21})}{Z+Z_{22}}$$

【9.7】 **解図 9.2** のように二つの二端子回路の並列接続と考え，それぞれの Y 行列を求めると

$$\begin{bmatrix} Y_{11}' & Y_{12}' \\ Y_{21}' & Y_{22}' \end{bmatrix} = \begin{bmatrix} \dfrac{1+j2\omega CR}{R(2+j2\omega CR)} & \dfrac{-1}{R(2+j2\omega CR)} \\ \dfrac{-1}{R(2+j2\omega CR)} & \dfrac{1+j2\omega CR}{R(2+j2\omega CR)} \end{bmatrix}$$

$$\begin{bmatrix} Y_{11}'' & Y_{12}'' \\ Y_{21}'' & Y_{22}'' \end{bmatrix} = \begin{bmatrix} \dfrac{j\omega C(2+j\omega CR)}{2+j2\omega CR} & \dfrac{(\omega C)^2 R}{2+j2\omega CR} \\ \dfrac{(\omega C)^2 R}{2+j2\omega CR} & \dfrac{j\omega C(2+j\omega CR)}{2+j2\omega CR} \end{bmatrix}$$

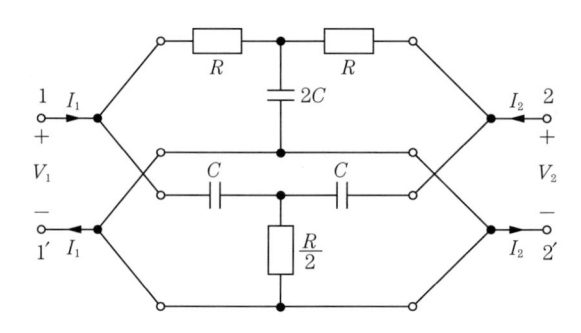

解図 9.2

図 9.36 の回路で電圧と電流の関係をアドミタンス行列で表すと

$$\begin{bmatrix} I_1 \\ I_2 \end{bmatrix} = \begin{bmatrix} Y_{11} & Y_{12} \\ Y_{21} & Y_{22} \end{bmatrix} \begin{bmatrix} V_1 \\ V_2 \end{bmatrix} = \begin{bmatrix} Y_{11}'+Y_{11}'' & Y_{12}'+Y_{12}'' \\ Y_{21}'+Y_{21}'' & Y_{22}'+Y_{22}'' \end{bmatrix} \begin{bmatrix} V_1 \\ V_2 \end{bmatrix}$$

$I_2 = 0$ であるから $Y_{21}V_1 + Y_{22}V_2 = 0$ より

$$\frac{V_2}{V_1} = -\frac{Y_{21}}{Y_{22}} = -\frac{Y_{21}'+Y_{21}''}{Y_{22}'+Y_{22}''} = \frac{1-(\omega CR)^2}{1-(\omega CR)^2+j4\omega CR}$$

$\omega_0 = 1/CR$ とすると

$$\frac{V_2}{V_1} = \frac{1-(\omega/\omega_0)^2}{1-(\omega/\omega_0)^2+j4(\omega/\omega_0)}$$

$$\left|\frac{V_2}{V_1}\right| = \frac{|1-(\omega/\omega_0)^2|}{\sqrt{\{1-(\omega/\omega_0)^2\}^2+16(\omega/\omega_0)^2}}$$

周波数特性を**解図 9.3** に示す。

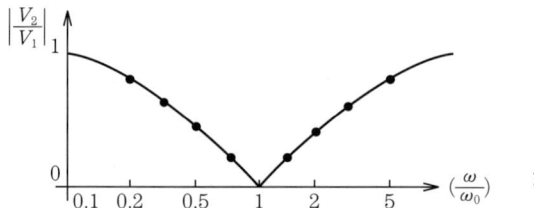

解図 9.3

【9.8】 図(a), (b)の伝送パラメータは

(a) $\begin{bmatrix} A & B \\ C & D \end{bmatrix} = \begin{bmatrix} \dfrac{Z_1^2 + 2Z_1Z_2 + Z_1Z_3 + Z_2Z_3}{Z_1^2 + 2Z_1Z_2 + Z_2Z_3} & \dfrac{(Z_1^2 + 2Z_1Z_3)Z_3}{Z_1^2 + 2Z_1Z_3 + Z_2Z_3} \\ \dfrac{2Z_1 + Z_3}{Z_1^2 + 2Z_1Z_2 + Z_2Z_3} & \dfrac{Z_1^2 + 2Z_1Z_2 + Z_1Z_3 + Z_2Z_3}{Z_1^2 + 2Z_1Z_2 + Z_2Z_3} \end{bmatrix}$

(b) $\begin{bmatrix} A & B \\ C & D \end{bmatrix} = \begin{bmatrix} \dfrac{Z_1 + Z_2}{Z_2 - Z_1} & \dfrac{2Z_1Z_2}{Z_2 - Z_1} \\ \dfrac{2}{Z_2 - Z_1} & \dfrac{Z_1 + Z_2}{Z_2 - Z_1} \end{bmatrix}$

式(9.54)の関係を使って，図(b)の影像インピーダンスを求めると
$$(Z_{i1})^2 = Z_1Z_2, \quad (Z_{i2})^2 = Z_1Z_2$$
また，図(a)の影像インピーダンスは
$$(Z_{i1})^2 = \frac{(Z_1^2 + 2Z_1Z_2)Z_3}{2Z_1 + Z_3}, \quad (Z_{i2})^2 = \frac{(Z_1^2 + 2Z_1Z_2)Z_3}{2Z_1 + Z_3}$$
以上より，両者の影像インピーダンスが等しくなるには
$$Z_3 = \frac{2Z_1Z_2}{Z_1 + Z_2}$$

【9.9】 $L = 15.9$ [mH], $\quad C = 63.7$ [nF]

【9.10】 $L = 23.9$ [mH], $\quad C = 0.265$ [μF]

10章

【10.1】
$$Z_0 = \sqrt{\frac{L}{C}} = 1, \quad \gamma = j\omega\sqrt{LC} = j\omega = j, \quad V_1 = ZI_1$$

$$V_0 = V_1 \cosh \gamma l + Z_0 I_1 \sinh \gamma l, \quad I_0 = \frac{V_1}{Z_0} \sinh \gamma l + I_1 \cosh \gamma l$$

以上の式から
$$Z_i = \frac{V_0}{I_0} = Z_0 \frac{Z \cosh \gamma l + Z_0 \sinh \gamma l}{Z \sinh \gamma l + Z_0 \cosh \gamma l}$$

(1) $Z = 0$ [Ω] のとき
$$Z_i = Z_0 \frac{\sinh \gamma l}{\cosh \gamma l} = Z_0 \frac{j \sin \omega l}{\cos \omega l} = j \tan \omega l = j \tan 1 \quad (\omega l = 1)$$

(2) $Z = 1$ [Ω] のとき $Z_i = 1$

(3) $Z = \infty$ のとき
$$Z_i = Z_0 \frac{\cosh \gamma l}{\sinh \gamma l} = Z_0 \frac{\cos \omega l}{j \sin \omega l} = -j \cot \omega l = -j \cot 1 \quad (\omega l = 1)$$

【10.2】 (1) $\dfrac{R}{L} = \dfrac{G}{C} = 1 = \alpha$

であるから，波動方程式は
$$\frac{\partial^2 y}{\partial x^2} = LC \frac{\partial^2 y}{\partial t^2} \quad (y \text{ は線路の電圧 } v \text{ または電流 } i)$$

で表され，その解は
$$v(x, t) = e^{-\alpha t}\{F(x - ut) + G(x + ut)\}$$
$$i(x, t) = \frac{1}{Z_0} e^{-\alpha t}\{F(x - ut) + G(x + ut)\}$$

$$Z_0 = \sqrt{\frac{L}{C}} = 2$$

半無限長線路 $(x \to \infty)$ では反射は起こらないので
$$v(x, t) = e^{-\alpha t}F(x - ut)$$
$$i(x, t) = \frac{1}{Z_0}e^{-\alpha t}F(x - ut)$$

したがって 1-1' 端子間の電圧, 電流から
$$Z = \frac{v(0)}{i(0)} = Z_0 = 2$$

（2） **解図 10.1** の回路で表されるので, 1-1' 端子間の電圧は $v = 1\,[\mathrm{V}]$

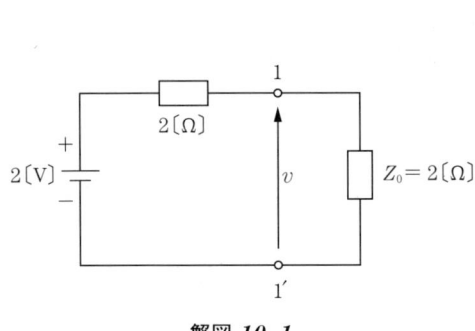

解図 10.1

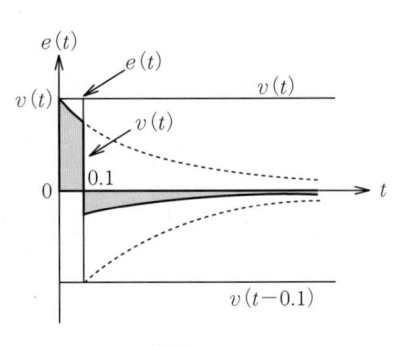

解図 10.2

（3） $e(t) = U(t) - U(t - 0.1)$ に対する $x = 1\,[\mathrm{m}]$ における電圧 $v(1, t) = e^{-t}F(1 + ut)$ を**解図 10.2** に示す.

【**10.3**】 $0 \leqq x \leqq 1\,[\mathrm{m}]$ では $L = 1$, $C = 1$, $u = 1$
$1 < x\,[\mathrm{m}]$ では $L = 2$, $C = 2$, $u = 0.5$
であるから, $v(x)$ は**解図 10.3** のようになる.

【**10.4**】 図 10.19 の回路構成で $R = \infty$ と $R = 0$ の場合を考えればよい.
$$Z_i = Z_0 \frac{R \cosh \gamma l + Z_0 \sinh \gamma l}{R \sinh \gamma l + Z_0 \cosh \gamma l}$$
受信端開放 $(R = \infty)$ で
$$Z_i = Z_0 \frac{\cosh \gamma l}{\sinh \gamma l} = Z_1$$
受信端短絡 $(R = 0)$ で
$$Z_i = Z_0 \frac{\sinh \gamma l}{\cosh \gamma l} = Z_2$$
これより
$$Z_0^2 = Z_1 Z_2$$
無損失線路で $Z_0 = \sqrt{L/C}$, $\gamma = j\omega\sqrt{LC}$ であるから
$$Z_0 = \sqrt{Z_1 Z_2}, \quad Z_1 Z_2 = \frac{L}{C}, \quad \beta = \omega\sqrt{LC}$$

【**10.5**】 不連続点 $l = 1$ より右側の分布定数線路は半無限長であるから

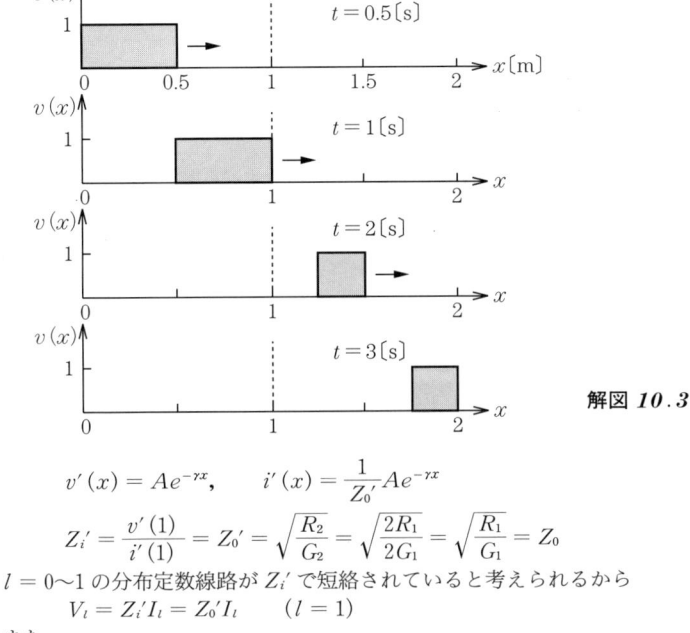

解図 10.3 shows four plots of $v(x)$ at $t=0.5$ [s], $t=1$ [s], $t=2$ [s], $t=3$ [s], with pulses moving to the right.

$$v'(x) = Ae^{-\gamma x}, \qquad i'(x) = \frac{1}{Z_0'}Ae^{-\gamma x}$$

$$Z_i' = \frac{v'(1)}{i'(1)} = Z_0' = \sqrt{\frac{R_2}{G_2}} = \sqrt{\frac{2R_1}{2G_1}} = \sqrt{\frac{R_1}{G_1}} = Z_0$$

$l = 0 \sim 1$ の分布定数線路が Z_i' で短絡されていると考えられるから

$$V_l = Z_i' I_l = Z_0' I_l \qquad (l = 1)$$

また

$$V_l = Ae^{-\gamma l} + Be^{\gamma l}, \qquad Z_0 I_l = Ae^{-\gamma l} - Be^{\gamma l}$$

$$V_0 = A + B, \quad Z_0 I_0 = A - B$$

これらの式より

$$Z_0(V_0 \cosh \gamma l - Z_0 I_0 \sinh \gamma l) = Z_0'(-V_0 \sinh \gamma l + Z_0 I_0 \cosh \gamma l)$$

$$Z_i = \frac{V_0}{I_0} = Z_0 \frac{Z_0' \cosh \gamma l + Z_0 \sinh \gamma l}{Z_0 \cosh \gamma l + Z_0' \sinh \gamma l} = Z_0 \frac{\cosh \gamma l + \sinh \gamma l}{\cosh \gamma l + \sinh \gamma l}$$

$$= Z_0 = \sqrt{\frac{R_1}{G_1}}$$

【10.6】

$$\Gamma_v = \frac{Z_L - Z_0}{Z_L + Z_0} = \frac{100 + j150 - 50}{100 + j150 + 50} = \frac{50 + j150}{150 + j150} = \frac{1 + j3}{3 + j3}$$

$$|\Gamma_v| = \frac{\sqrt{10}}{\sqrt{18}} = \frac{\sqrt{5}}{3}$$

$$\rho = \frac{1 + |\Gamma_v|}{1 - |\Gamma_v|} = \frac{1 + \sqrt{5}/3}{1 - \sqrt{5}/3} = 6.853$$

索　　　　引

【あ】

アドミタンス　　　　　　　100
アドミタンス行列
　　（Y 行列）　　　　　　141

【い】

位相（角）　　　　　　　　95
位相速度　　　　　　　　169
位相定数　　　　　　156,184
インピーダンス　　　　　　97
インピーダンス行列
　　（Z 行列）　　　　　　137
インピーダンス・
　　マッチング　　　　　174

【え】

影像インピーダンス　　　154
影像パラメータ　　　　　155
枝　　　　　　　　　　　21

【お】

オイラーの公式　　　　　66
オーム　　　　　　　　　3
　——の法則　　　　　　3

【か】

回転磁界　　　　　　　　119
回　路　　　　　　　　　1
　——の共振　　　　　　109
可逆定理　　　　　　　　47
角周波数　　　　　　　　95
過減衰　　　　　　　　　67
重ね合わせの理　　　　　40
カットセット　　　　　　33
過渡解　　　　　　　　　57
過渡現象　　　　　　　　54

【き】

木　　　　　　　　　　　33
逆行列　　　　　　　　　83
キャパシタ　　　　　　　6

　

キャパシタンス　　　　　6
共　振　　　　　　　　191
共振角周波数　　　　　109
共振，共鳴　　　　　　107
共振曲線　　　　　　　109
共振周波数　　　　　　109
キルヒホッフの電圧則　24
キルヒホッフの電流則　22
キルヒホッフの法則　　21

【く】

グラフ　　　　　　　　21
クラメールの公式　　　37

【け】

結合係数　　　　　　　124
ケーリー・ハミルトン
　　の定理　　　　　　85
減衰振動　　　　　　　67
減衰定数　　　　　156,184

【こ】

コイル　　　　　　　　10
高域通過フィルタ　158,161
公称インピーダンス　　159
固有値　　　　　　　　85
固有方程式　　　　　　84
コンダクタンス　　　3,100
コンデンサ　　　　　　6

【さ】

最大値　　　　　　　　95
サセプタンス　　　　　100
三相交流　　　　　　　111
三相電力　　　　　　　117
三相発電機　　　　　　111
三電圧計法　　　　　　121
三電流計法　　　　　　121

【し】

自己インダクタンス　　11
磁　束　　　　　　　　10

　

実効値　　　　　　　　105
時定数　　　　　　　　56
ジーメンス　　　　　3,100
遮断周波数　　　　　　158
縦続接続　　　　　　　146
従属電源　　　　　　　130
周波数　　　　　　　　95
瞬時値　　　　　　　　95
瞬時電力　　　　　　3,102
状態遷移行列　　　　　83
状態微分方程式　　　　79
状態変数　　　　　　　79
初期位相（角）　　　　95
初期値　　　　　　　　55
進行波　　　　　　　　168
振　幅　　　　　　　　95

【せ】

正弦波交流　　　　　　94
静電容量　　　　　　　6
接続行列　　　　　　　23
節　点　　　　　　　　21
節点方程式　　　　　　29
線間電圧　　　　　　　114
線電流　　　　　　　　115
線路の共振　　　　　　190

【そ】

相互インダクタンス　　123
双　対　　　　　　　　50
双対の理　　　　　　　49
相電圧　　　　　　　　114
相反定理　　　　　　　47

【た】

帯域除去フィルタ　　　158
帯域阻止フィルタ　　　158
帯域通過フィルタ　　　158
対称三相起電力　　　　111
ダランベールの解　　　168
単位インパルス関数　8,63
単位行列　　　　　　　82

索　　　引　　*221*

単位ステップ関数	*8,63*	電　力	*3*	【へ】	
【ち】		【と】		平均電力	*3,103*
中性点	*112*	透過係数	*171*	並列接続	*149*
直列接続	*152*	特解（特殊積分）	*57*	閉　路	*22*
【て】		特性インピーダンス	*170*	閉路行列	*25*
		特性根	*56,65*	閉路方程式	*34*
定 K 形フィルタ	*159*	特性方程式	*56,65*	ヘンリー	*11*
低域通過フィルタ	*158,159*	【な行】		【ほ】	
抵　抗	*3*				
定在波	*189*	内部インピーダンス	*15*	補　木	*33*
定在波比	*189*	内部抵抗	*15*	補償の定理	*45*
定常解	*57*	二端子対回路	*134*	【ま行】	
定数変化法	*73*	二電力計法	*117*		
テブナンの定理	*41*	入射波	*168*	未定係数法	*57*
電　圧	*3*	ノッチフィルタ	*158*	無損失線路	*167*
電圧源	*14*	ノートンの定理	*44*	網　路	*31*
電圧制御形電圧源	*130*	【は】		網路方程式	*31*
電圧制御形電流源	*130*			【や行】	
電圧利得	*155*	波動インピーダンス	*170*		
電位差	*2*	波動方程式	*167*	有効電力	*103*
電　荷	*2*	反共振	*191*	容　量	*6*
電気回路	*1*	反射係数	*171,188*	余関数（補関数）	*57*
電気回路理論	*1*	反射波	*169*	【ら行】	
電源の変換	*16*	半値幅	*110*		
電信方程式	*167*	【ひ】		ラプラス逆変換	*88,195*
伝送行列（F 行列）	*144*			ラプラス変換	*88,195*
伝送パラメータ		微分方程式	*72*	リアクタンス	*100*
（F パラメータ）	*144*	【ふ】		力　率	*103*
伝達定数	*155*			臨界減衰	*67*
伝搬速度	*169*	ファラド	*6*	類　推	*50*
伝搬定数	*184*	フィルタ	*157*	レジスタンス	*100*
電　流	*2*	フェーザ法	*95*	ロンスキアン	*75*
電流源	*16*	負　荷	*112*	【わ】	
電流制御形電圧源	*130*	ブロンデルの定理	*118*		
電流制御形電流源	*130*	分布定数回路	*166*	ワット	*3*
電流利得	*155*	分布定数線路	*166*		
		RLC 回路	*64*	【Z】	
【Q】		【Y】		Z パラメータ	*137*
Quality factor	*109*	Y パラメータ	*141*		
【R】		Y 結線（星形結線）	*112*		
RC 回路	*54*			δ 関数	*63*
RL 回路	*61*			Δ 結線（環状結線）	*112*

―― 著者略歴 ――

南谷　晴之（みなみたに　はるゆき）
1966年　慶應義塾大学工学部電気工学科卒業
1970年　慶應義塾大学助手
1971年　慶應義塾大学大学院博士課程単位取得
　　　　退学（電気工学専攻）
1973年　工学博士（慶應義塾大学）
1983年　慶應義塾大学助教授
1988年　慶應義塾大学教授
2009年　慶應義塾大学名誉教授
2009年　千歳科学技術大学特任教授
2014年　退職

松本　佳宣（まつもと　よしのり）
1988年　東北大学工学部電子工学科卒業
1993年　東北大学大学院博士課程修了（電子工
　　　　学専攻）博士（工学）（東北大学）
1993年　豊橋技術科学大学助手
1999年　慶應義塾大学専任講師
2003年　慶應義塾大学助教授
2007年　慶應義塾大学准教授
2010年　慶應義塾大学教授
　　　　現在に至る

詳しく学ぶ　電気回路 ―基礎と演習―
Electric Circuits Theory―Principles and Exercises―
　　　　　　　　　　　　Ⓒ Haruyuki Minamitani, Yoshinori Matsumoto 2005

2005 年 4 月 28 日　初版第 1 刷発行
2020 年 9 月 10 日　初版第 7 刷発行

検印省略	著　者	南　谷　晴　之
		松　本　佳　宣
	発行者	株式会社　コロナ社
		代表者　牛来真也
	印刷所	三美印刷株式会社
	製本所	有限会社　愛千製本所

112-0011　東京都文京区千石 4-46-10
発　行　所　株式会社　コロナ社
CORONA PUBLISHING CO., LTD.
Tokyo Japan
振替 00140-8-14844・電話 (03)3941-3131(代)
ホームページ　https://www.coronasha.co.jp

ISBN 978-4-339-00774-9　C3054　Printed in Japan　　　（新宅）

〈出版者著作権管理機構　委託出版物〉
本書の無断複製は著作権法上での例外を除き禁じられています。複製される場合は，そのつど事前に，出版者著作権管理機構（電話 03-5244-5088，FAX 03-5244-5089，e-mail: info@jcopy.or.jp）の許諾を得てください。

本書のコピー，スキャン，デジタル化等の無断複製・転載は著作権法上での例外を除き禁じられています。購入者以外の第三者による本書の電子データ化及び電子書籍化は，いかなる場合も認めていません。
落丁・乱丁はお取替えいたします。